U0120150

中國兵學大系

【11】

李浴日◎選輯

洴澼百金方

《洴澼百金方》

洴澼百金方目錄

序

洴澼百金方者。惠麓酒民之所編也。天下古今之通病多矣。治之必有其方。方固多傳於古人。而用之貴得其當。或治未病。或治將病。或治已病。攻補兼施。鍼砭膏丹並用。而病乃無不可治。其首預備。何也。絺綌忘裘。狐貉忘葛。抱薪厝火。不知其燃。比比也。世之病恆在玩。故以預備首之。石城十仞。湯池百步。帶甲百萬。無粟不守。世之病在貧。故積貯次之。卒不可用。以其將與敵也　驅市人而戰之。皆走矣。世之病恆在渙。故選練又次之。器械不利。以其卒與敵也。乃上以刻減爲心。下以苦窳爲應。世之病恆在慳，故制器又次之。語云。兵可千日而不用。不可一日而不備。此四者皆治於未病之方也。賫之粮。使敵因之以困我。授之材。使敵用之以攻我。智者不爲也。世之病恆在愚。故清野次之。以戰爲守則守固。不知犄角。泥丸自封。敗道也。世之病恆在怯。故險要又次之。學醫費人。學將費兵。青山綠水。畫本分明。世之病恆在陋，故方略又次之。此三者皆於警報既聞。而爲可戰可守之計。方之治於將病者也。令不行。禁不止。譬如驕子不可用矣。世之病恆在縱。故號令禁約次之。木先腐而後虫生之。己先瑕而後敵入之。世之病恆在疏。故設防又次之。攻守相反。其道相師。因敵轉化。弄丸解之。世之病恆在鈍。故拒禦又次之。蓋兵臨城下。威信不立則無以靖內。智術不周則無以禦外。三者皆治於已病之方也。善用兵者。不以短擊長。而以長擊短。此兵之要術也。世之病恆在廢法。故營陣車攻次之，長江天塹以限南北。使船如馬。南人之長技也。世之病恆在畫。故水戰又次之。守城之道。無恃其不來。恃吾有以待之。無恃其不攻。恃吾有所不可攻。世之病恆在致於人。而不能致人。故以制勝終焉。南北異宜。水陸異具。運用之妙。因形用權。故人無同病。病無同方。或攻焉。或補焉。或鍼砭焉。或膏丹焉。扁鵲復生。亦不外是。而病無不可治矣。從來膺民社者。紐金章。綰墨綬。幸當無事。則循良報最。不數歲而致大官。不幸而小醜跳梁。內訌外亂。則倉皇急遽。束手而不知所爲。其平日忠義自許者。不過殉之以身。於國家之事。一無所補。其不才者。懷印微服。妻子不顧。涕泣而逃。泥首上官之庭。以求庇獲。苟不脫於憲網。則身膏斧鑕。爲人僇笑者。往往而是。苟得是書而讀之。則設施有序。可以生智。捍衞有方。可以生勇。何至生爲僇臣。死爲愚鬼哉。酒民幼好兵家者言。以爲七書雖多。十三篇盡之矣。及讀諸家之說。大抵誇多鬥靡。而精蘊或寡。非揣摩之書也。後於友人處借得鈔本城守書二種。至簡至明。而可施諸實用者。乃略爲删節。合而編之。爲一十四卷。名曰洴澼百金方。蓋取莊子不龜手藥之意。用之而可封侯者也。或曰酒民有是方也。何不挾之以干卿相。而自安於洴澼爲。曰酒民無食肉相也。山野之性。不受牢籠。且頻年病酒。自治且無其方。則是方亦俟喜用之人爾。酒民非所能也。或曰。是編雖兼言戰。而實主乎守者居多。未可以爲成書也。子安閒多暇。曷不删輯古書之繁者以編戰略。曰此固酒民之志。而未逮也。酒民貧病日甚。治生自急。何暇淸談。或有能愛是方而以百金買之者。自當日浮大白。以作後編。歲在柔兆執徐如月初吉惠麓酒民書。

洴澼百金方序

序

劉婁有言。善治病者。不使至危憊。故醫家注意於血氣之營衛。營卽衛之貫注於血脈。與衛蓋二而一者也。衛得其道。豈惟不致於危憊。將不難遏其病之源。而攻補鍼砭。皆有備無患之方術。其爲衛乃益鞏固於無形矣。惠麓酒民氏所編洴澼百金方。蓋鑒於當時之將佐官吏。率皆疲癃痲木。病徵已著。而且慴於攻補鍼砭之施。故爲起死回生。對症下藥之計。對於治兵守土之略。詳定方案。凡分十四門。而以治未病治將病治已病爲次第。皆洞明癥結之見。固本培元之方。余於軍務倥傯之餘。詳加披覽。以爲於今世痿痺窒閼之通病。深抉膏肓。躬膺戰守之將吏。果人人懲於危憊之徵象。按其方而切意講求。其庶有瘳乎。顧其書罕傳本。爰亟付刊印。俾有軍事與政治之責者。知所取法。而裨於攻守綏戢之前途。更名曰自衛新知。蓋仍取醫家營衛之指。神明變化。依古法而不背於時宜耳。中華民國二十二年十月蔣中正

洴澼百金方序

預備第一

時平宜備

發動宜備

衝要宜備

閒道宜備

勿因敵遠而忽之宜備

勿因地險而恃之宜備

城宜備

濠宜備

敵臺宜備

城梁宜備

城門宜備

內濠宜備

牛馬牆宜備

巷戰宜備

暗門宜備

保甲宜備

粟宜備

水宜備

薪宜備

芻宜備

鹽宜備

賢才宜備

椅勇宜備

伎藝宜備

預備第一

守城必用之人宜備

京邊銃臺宜備

守城必用之物宜備

預備

身處太平之世。目不見旌旗。耳不聞金鼓。豈非生民大幸哉。然古人安不忘危。盛必慮衰。是在有心人矣。易曰。君子以思患而豫防之。春秋傳曰。預備不虞。善之大者也。又曰。有備無患。輯預備。

時平宜備

董安于備晉陽

智伯使人之趙。請蔡臯狼之地。趙襄子弗與。智伯陰結韓魏將以伐趙。襄子召張孟談而告之曰。今吾安居而可。孟談曰。夫董安于。簡子之才臣也。世治晉陽。而尹鐸循之。其餘政教猶存。君其定居晉陽。君曰諾。乃之晉陽。召孟談曰。吾城郭已完。府庫足用。倉廩實矣。無矢奈何。孟談曰。臣聞董子之治晉陽也。公宮之垣。皆以荻蒿苦楚廧之。其高至丈餘。君發而用之。於是發而試之。其堅則箘簬之勁。不能過也。君曰。矢足矣。吾銅少若何。孟談曰。臣聞董子之治晉陽也。公宮之室。皆以鍊銅爲柱質。請發而用之。則有餘銅矣。君曰善。備守已具。三國之兵乘晉

陽城。遂戰。三月不能拔

酒民曰。寓矢於牆。寓兵於柱。深心而託之於無心。實用而藏之以不用。

幾動宜備

顏眞卿備平原

顏眞卿爲平原太守。安祿山逆狀芽蘖。眞卿度必叛。陽託霖雨。增陴濬隍。科丁壯。儲倉廩。日與賓客泛舟飲酒。以紓祿山之疑。果以爲書生。不虞也。祿山反。河朔盡陷。獨平原城守俱備。

衝要宜備

沈璞備盱眙

初守盱眙太守沈璞到官。王元謨猶在滑台。江淮無警。璞以郡當衝要。乃繕城浚隍。積財谷。儲矢石。爲城守之備。僚屬皆非之。朝廷亦以爲過。及魏兵南向。守宰多棄城走。惟璞城守。魏人肉搏登城。分番相代。墜而復升。莫有退者。殺傷萬計。尸與城平。凡攻之三旬不拔。會魏軍疾疫。魏主燒攻具退走。

李抱眞備澤

唐李抱眞兼澤潞節度副使。抱眞策山東有變。澤潞兵所走集。戰征之後。賦重人困。無以贍軍。乃籍戶。三丁擇一壯丁者蠲其徭租。給弓矢。令習射。歲終大較。親按籍。第能否賞責。比三年皆爲精兵。舉所部得戍卒二萬。旣不廩於官。而府庫實。故天下稱昭義步兵爲諸軍冠云。

趙犨備陳州

唐黃巢在長安。陳州刺史趙犨謂將佐曰。巢不死長安。必東走陳。其冲也。且巢素與忠武爲仇。不可不爲之備。（巢自初起與李威張勉等戰皆忠武兵也）乃完城塹。繕甲兵。積芻粟。多募勇士。使子弟分將之。巢下蔡州。果移兵擊陳。掘塹五重。百道攻之。陳人大恐。犨數引銳兵。開門擊賊。破之。攻圍三百日乃解決。

按江南經略云。一城也。有關係一方之利害者。守令事也。關係數千里數百里之利害者。將帥事也。須提重兵以鎭之。合羣帥以援之。其城無恙。敵不敢越此而他攻。是一城而庇百城者也。

間道宜備

預備第一

總論

古之善攻者。不盡兵以攻堅城。善守者。不盡兵以守敵冲。盡兵以攻堅城。則鈍兵費糧。而緩於成功。盡兵以守敵冲。則兵不分。而彼間行。襲我無備。故善攻者。攻敵所不守。善守者。守敵所不攻。攻者有三道焉。一曰正。二曰奇。三曰伏。坦垣之路。車轂擊、人肩摩、出亦此。入亦此。我所必攻。彼所必守者。曰正道。大兵攻其南。銳兵攻其北。大兵攻其東。銳兵攻其西者。曰奇道。大山峻谷。中盤絕徑。潛師其間。不鳴金。不撾鼓。突出乎不意。以冲敵人腹心者。曰伏道。故兵出於正道。勝敗未可知也。出於奇道。十出而五勝矣。出於伏道。十出而十勝矣。何則。正道之城。堅城也。正道之兵。精兵也。奇道之城。不必堅也。奇道之兵。不必精也。伏道。則無城也。無兵也。攻正道而不知奇道伏道焉者。其將木偶人也。守正道而不知奇道與伏道焉者。其將亦木偶人也。所謂正道者。若秦之函谷。吳之長江、蜀之劍閣是也。昔者六國嘗攻函谷矣。而秦將敗之。曹操嘗攻長江矣。而周瑜敗之。鍾會嘗攻劍閣矣。而姜維拒之。何則。其爲之守備者素也。劉濞反攻大梁。田祿伯請以五萬人別循江淮。收淮南長沙。以與濞會武關。岑彭攻公孫述。自江州泝都江徑拔武陽。遶出延岑軍後。疾以精騎赴廣都。距成都不數十里。李愬攻蔡。蔡悉精兵以拒李光顏。而不備愬。愬自文城破張柴。疾馳二百里。夜半到蔡。黎明擒元濟。此用奇道也。漢武攻南越。唐蒙請發夜郎兵。浮船牂牁。道番禺城下。以出越人不意。鄧艾攻蜀。自陰平由景谷。攀木緣磴 魚貫而進。遂降劉禪。田令孜守潼關。關之左有谷曰禁。而不之備。林言尚讓入之。夾攻關而關潰。此用伏道也。吾觀古之善用兵者。一陣之間。尚猶有正兵奇兵伏兵三者以取勝。況守一國。攻一國。而社稷之安危係焉者。其可不知三道而欲使之將耶。故曰間道宜備也。善守者如環。其謂是歟。

淸流關間道

南唐皇甫暉。提兵十萬。控扼滁陽。以援壽州。宋太祖與暉遇於淸流關。大爲暉所敗。是夜暉整全師。入憩滁陽。太祖兵聚淸流處暉再至。聞諸村人云。有趙學究。在村中敎書。多智計。太祖乃微服往訪之。學究曰皇甫威名冠東北。太尉自量。與暉如何。曰。非敵也。學究曰。今兩軍勝負如何。曰。彼方勝而我敗。所以問計於君爾。學究曰。然。使彼來日整兵出戰。師絕歸路。不復有噍類矣。太祖曰。當奈何。學究曰。我有一計。可以因敗爲勝。今關背有徑路。人無行者。雖牌軍亦不知也。可以直抵城下。方西澗水大漲之時。彼必謂既敗之餘。無敢躡其後者。誠能由山背小路。率兵浮西澗。徑至城下。彼方解甲休衆。不爲備。斬關而入。可以得志矣。太祖大喜。即下令誓師夜出。跨馬浮西澗以迫城。暉果不爲備。奪門以入。擒之。遂下滁州。

饒風嶺間道

吳玠與金人。大戰饒風嶺。金人披重鎧。登山仰攻。一人先登。則二人擁後。先者旣死。後者代攻。玠軍弓弩亂發。大石摧壓。如是者六晝夜。死者山積。會玠小校有得罪奔金者。道以祖溪間路出關背。乘高以瞰饒風。諸軍不支。遂潰。

勿因敵遠而忽之宜備

弦恃遠不備而滅

春秋。江黃道柏。皆弦姻也。而睦於齊。弦子恃之而不事楚。又不設備。曰。郢去我九百里。安能害我。楚卒滅弦。

勿因地險而恃之宜備

蜀恃陰平不備而滅

姜維列營守險。鍾會攻之不能克。粮道險遠。軍食乏乏。欲引還。鄧艾遂自陰平行無人之地七百餘里。鑿山通道。山谷高深。至爲艱險。又糧運將匱。瀕於危殆。艾以毡自裹。推轉而下。將士皆攀木緣崖魚貫而進　先登至江油。蜀守將馬邈降。

陳恃長江不備而滅

隋命晉王廣出六合。用秦王俊出襄陽。楊素出永安。韓擒虎出廬州。賀若弼出廣陵帥師伐陳。舟艫被江。旌旗曜日。陳將樊毅曰。京口采石。俱是要地。各須防備。奏請再三。陳主從容謂侍臣曰。王氣在此。齊兵三來。周師再來。無不摧敗。彼何爲者耶。孔範曰。長江天塹。限隔南北。今日虜軍豈能飛渡耶。邊將欲作功勞。妄言事急。臣每患官卑。虜若渡江。定作太尉公矣。陳主以爲然。故不爲深備。奏技縱酒。賦詩不輟。隋開皇九年正月朔。陳主會朝。大霧四塞。陳主昏睡。至晡時乃寤。是日。賀若弼自廣陵引兵濟江。韓擒虎將五百人自橫江宵濟。采石守者皆醉。遂克之。於是弼自北道。擒虎自南道並進。緣江諸戍。望風盡走。陳主惟晝夜啼哭。擒虎軍直入朱雀門。陳主曰。吾自有計。乃從宮人十餘。出景陽殿。將自投於井。後閤舍人夏侯公韵以身蔽井。陳主與爭久之。乃得入。既而軍人窺井。呼之不應。欲下石。乃聞叫聲以繩引之。驚其太重。及出。乃與張貴妃孔貴嬪同束而上。陳遂滅。

卜漏恃輪囤不備而滅

政和中。晏州夷酋卜漏反。漏據輪囤。其山崛起數百仞。林箐深密。壘石爲城。外樹木柵。當道穿坑阱。仆亘拚。布渠答。夾以守障。官軍不能進。時趙遹爲招討使。環按其旁。有崖壁峭絕處。賊恃險不設備。又山多生猱。乃遣壯丁捕猱數十頭束麻作炬。傅以膏蠟。縛之猱背。於是身率正兵攻其前。旦夕戰。羈縻之。而陰遣奇兵從險絕處負梯啣枚。引猱上。日以賊棚。出火燃炬。猱熱狂跳。賊廬舍皆茅竹。猱竄其上。輒發火。賊號呼奔撲。猱益驚。火益熾。官軍鼓譟破棚。遹望見火。直前迫之。前後夾攻。賊赴火墜崖死者無算。卜漏突圍走。追獲之。晏州平。

酒民曰。扼險者固。恃險者仁。言此三者可鑑矣。

城。所以衞民也。城之堅脆。民之生死係之。孟子策滕。不過曰鑿斯城也。宜備。

城論

守城之法。從攻城之謀而生。於是虞仰攻。則高壘以衞之。虞直攻。則厚築以衞之。虞其迫於垣隳靡也。復開隍池爲衞。虞其遠於垣而憑陵也。復加障郛爲衞。衞盡善。守斯盡善。故欲善守。必明善攻。預知患端。方能扞患。試觀古者公輸墨翟。相反而恆相師。

城基

築城先貴定基。譬猶樹木之根。其植深。其本大。其土實。斯人力拔之不動。颶風撼之不搖。故善工必於定基之始。務令根深土實而本斯固焉。所謂根深者。或開土丈許得石。或類石。或自然之堅土。皆可爲負重之本。所謂土實者。取成塊之土沉於水漬之。經晝夜不稍弛解。斯爲實土。若其地爲鬆沙。爲浮泥。必開鑿合盡。方可定基。蓋沙泥不經水漬。風雨日久。傾圮必矣。或云鬆沙浮泥之下。未必有本然實土。試觀掘井者。一層沙一層泥。最下一層。始爲黃土。此必然之理。故知開鑿可盡焉。至於基址廣厚。必較其上所載者倍之始妙。如築基不實。上下厚薄相等。不設敵臺。少犄角顧盼之勢。但利速就。土未蒸篩。攙入瓦礫。四者皆築城所忌也。故不久而傾。

城　制

凡大城除梁。城身必高四丈。或三丈五尺。至下亦三丈。面闊必二丈五尺。底闊六丈。次城除梁。城身高二丈五尺。面闊二丈。底闊五丈。小城除梁。城身高二丈。面闊一丈五尺。底闊四丈。此其大較。若再加寬闊益善。勢不可再減。但底加面不加可也。面加底不加不可也。底不加而加面。斷然傾覆。凡城身第一石。第二磚。第三土。若除梁外城身只高丈五者。則不可守。此咸南塘確論也。故城有三宜有八忌。詳之於左。

一宜高

王晏球議定州城不可攻

後唐明宗。以義武節度使王都篡父位。惡之。詔王晏球發兵會討定州。唐主遣使者促晏球攻城。

晏球與使者聯騎巡城。謂之曰。城體峻如此。借使主人使外兵登城。亦非梯衝所及。徒多殺精兵。無損於賊。不若食三州之租。愛民養兵以俟之。彼必內潰。從之。定州將馬讓。果開門納官軍。都無族自焚。初晏球知州城高峻未易急攻。朱宏昭張虔釗宣言大將畏怯。有詔促令攻城。晏球不得已。攻之。殺傷將士三千人。

五代史（王都非勇智之將也。城高則難犯如此。形勝之所以爲要也。

二宜堅

統萬城

夏王勃勃。蒸土築統萬城。以利錐試之。若錐針入一寸許。卽斬蒸土者。於是堅如鐵石。

周世宗京城

金父老所傳。周世宗築京城。取虎牢土爲之。堅密如鐵。及蒙古攻汴。受砲所擊。唯凹而已。

三宜厚

夫人城

晉朱序鎭襄陽。符丕圍序。序母韓氏。謂西北角當先受敵（西北角必疏薄故也）領百餘婢。并城中女丁。於其角斜築二十餘丈。賊攻西北潰。便固守新城。襄人謂之夫人城。

按左傳。晉侯使申公巫臣如吳。假道於莒。與渠邱公立於池上。曰城已惡。莒子曰。辟陋在夷。其孰以我爲虞。對曰。夫狡焉思啓封疆以利社稷者。何國蔑有。勇夫重閉。況國乎。楚子重伐莒圍渠邱。莒邵城惡。衆潰奔莒。戊申。楚入渠邱。師圍莒。莒城亦惡。庚申。莒潰。楚遂入鄆。莒無備故也。君子曰。恃陋而不備。罪之大者也。備預不虞。善之大者也。莒恃其陋而不脩城郭。浹辰之間而楚克其三都。無備也。夫詩曰。雖有絲麻。無棄菅蒯。雖有姬姜。無棄蕉萃凡百君子。莫不代匱。言備之不可以已也。

源高於城。可灌而沉。一忌。

智伯灌晉陽

趙襄子走晉陽。三家圍而灌之。城不浸者三版。沉竈產蛙。民無叛意。

曹操決漳水灌鄴

曹操攻鄴。決漳水以灌之。自五月至八月。城中餓死者過半。

章叡堰淝水灌合肥

梁章叡討合肥。案行山川廛曰。吾聞汾水可以灌平陽。卽此是也。乃堰淝水。頃之。堰城水通。舟艦繼至。因戰破之。

吳明徹導淝水灌壽陽

陳吳明徹進逼壽陽。導淝水灌城。城中苦溼。多腹疾。手足皆腫。死者十六七。

丁會壅汴水灌宿州

梁朱全忠。遣丁會攻宿州。刺史張筠堅守。會乃於州東築堤。壅汴水以浸城。筠乃降。

宋太祖壅汾水灌太原

宋太祖征太原。命築長堤。壅汾水灌其城。其後師退。北漢主決城下水。注之臺駘澤。水落而城多摧圮。契丹使者韓知璠猶在太原。歎曰。王師引之水浸城也。知其一。不知其二。若知先浸而後涸。則并人無類矣。

高岳堰洧水灌潁川

魏王思政守潁川。東魏高岳攻之。堰洧水以灌城。時洧怪獸。每冲壞其堰。然城被灌已久。亦多崩壞。堰成。水大至。城中懸釜而炊。糧力俱竭。及城陷之日。存者纔三千人。

居士曰。明季賊李自成攻開封。決黃河水灌城。亦此類也。

山高於城。可俯而瞰。二忌

魏勝圍孤山

海州城補南枕孤山。敵至登山。瞰城中虛實立見。故西南受敵最劇。魏勝築重城。圍山在內。自則先據之。不能害。

李庭芝包平山堂

李庭芝兼知揚州。始平山堂瞰揚城。敵至則構望樓其上。張弓弩以射城中。庭芝大築城包之。募汴南流民二萬餘人以實之。號武銳軍。

流泉不供。可坐而困。三忌。（以上天爲災也）。

匈奴壅絕澗水

漢耿恭以疏勒城旁有澗水可因。乃引兵據之。匈奴復來攻恭。遂於城下壅絕澗水。恭穿井十五丈。不得水。吏士渴乏。榨馬糞汁而飲之。

陳泰斷流水

漢姜維攻雍州。依麴山築二城。使句安李歆守之。魏陳泰圍麴城。斷其運道。反城外流水。將士困窘。分糧聚雪。以引日月。維救不及。安等孤絕。遂降。

北魏作地道洩虎牢井

北魏攻宋虎牢。不能拔。乃作地道。以洩牢虎城中井。井深四十丈。山勢峻峭。不可得防。城中人馬渴乏。被創者不復出血。遂破之。

高歡移汾

高歡攻玉壁。城中無水。汲於汾。歡使移汾。一夕而畢。

西川乏水

西川民聞蠻寇將至。爭走入成都。人又乏水。取摩訶池泥汁。澄而飲之。

城大人少。可乘其疏。四忌。

睢陽六百人而陷

睢陽士卒。死傷之餘。纔六百人。賊登城。將士病不能戰。城遂陷。張巡許遠俱不屈死。

按孫武子地生稱。稱生勝。正謂量人數多寡以稱地形廣狹也。睢陽之陷。固由食絕。亦由人盡。

人衆糧少。可待其潰。五忌。

司馬懿困襄平

魏遼東太守公孫文懿反。賊保襄平。司馬懿進軍圍之。會霖潦。大水。平地數尺。賊恃水。樵牧自若。諸將欲取之。皆不聽。司馬陳珪曰。昔攻上庸。八部並進。晝夜不息。故能一旬之半。拔堅城。斬孟達。今者遠來而更安緩。愚竊惑焉。懿曰。孟達衆少而食支一年。文懿將士四倍於達。而糧不淹月。以一月圖一年。安可不速。以四擊一。正令失牛。猶當爲之。是以不計死傷。與糧競也。今賊衆我寡。賊饑我飽。水雨乃爾。功力不設。雖當促之。亦何所爲。自發京師。不憂賊攻。但恐賊走。今賊糧竭盡。而圍落未合。掠其牛馬。抄其樵採。此故驅其走也。夫兵者詭道。善因事變。賊憑衆恃雨。故雖饑困。未肯束手。當示無能以安之。取小利以驚之。非計也。既而雨止。遂合圍。起土山地道。楯櫓鉤衝。晝夜攻之。城中震懼。文懿大懼攻南圍突出。懿縱兵擊破之。斬於梁水之上。

蓄貨外積。可因其資。六忌。

牟駝岡

斡離不軍抵都城西北。據牟駝岡。天駟監芻馬二萬匹。芻豆如山。蓋郭藥師熟知其地。故導金兵先據之。

軍旅單弱。可奪其氣。七忌。

諸葛亮萬人守陽平

蜀諸葛亮軍於陽平。遣魏延諸軍並兵東下。亮惟萬人守城。司馬懿率二十萬衆來。與延軍錯道。徑至前當亮。亮欲前赴延軍。而相去遠。將士皆失色。亮意氣自若。勅軍中臥息旗鼓。不得妄出菴幔。又令大開四城門。掃地却洒。懿常謂亮持重。而猥見弱勢。疑有伏兵。於是引軍北趨山。

蕭承之數百人守濟南

魏兵攻濟南。濟南太守蕭承之。帥數百人拒之。魏衆大集。承之便偃兵。開城門。衆曰。賊衆我寡。奈何輕敵之甚。承之曰。今懸守窮城。事已危急。若復示弱。必為所屠。唯當見強以待之耳。魏人疑有伏兵。遂引去。

强仲潰卒三四千忠孝軍百餘守洛城

蒙古立砲攻洛。洛城中唯三峯潰卒三四千及忠孝軍百餘守禦而已。蒙古兵圍其三面。强仲括衣帛為幟。立之城上。率士卒赤身而戰。以壯士數百往來救應大呼。以憨子軍為號。亦聲勢與萬衆無異。兵器已盡。以錢為鏃。得蒙古兵一箭。截而為四。以筒鞭發之。又刱遏砲。用不過數人。能發大石千百步外。所擊無不中。伸奔走四應。所至必捷。蒙古益兵力攻。凡三月餘。不能拔。乃退。

洒民曰。諸葛亮萬人。蕭承之數百人。强仲止潰卒三四千及忠孝軍百餘人。亮示弱幸而退懿。承之示强幸而退魏。至於蒙古則攻圍至三月矣。而强仲竟以力戰破之。為功更難。則所云單弱奪氣者。特為庸將言耳。

豪強梗命。可破其城。八忌（以上人事失也）

總引

兵臨城下。而高貴鄉紳藐視有司。不行其令。諭以積穀。不聽。諭以出丁。不聽。高屋傅城。恐賊乘之而上。又不聽焚拆。囷廩在外。恐賊因糧於我。又不聽徙藏。坐視而城破而家亡而身殉。臍可噬乎。雖然。亦有司之過耳。國容不入軍。旣膺專城之責。則倔强者。在所必繩。

西域城制附

古之爲軍也。大陣包小陣。大營包小營。一陣破。則諸陣尙全。一營破。則諸營尙全。爲其曲盡分合變化之妙。所以再無全軍覆沒之理。西域造城。卽仿其意。而爲大城包小城之制焉。或界而爲四。或界而爲六。或界而爲九。四復爲四。則有一十六城焉。六復爲六。則有三十六城焉。九復爲九。則有九九八十一城焉。深合古人營陣之法。視中國數萬雉井。止恃一牆。一隙疎虞而全牆屠戮者。萬萬不同。是可師也。今存其式。

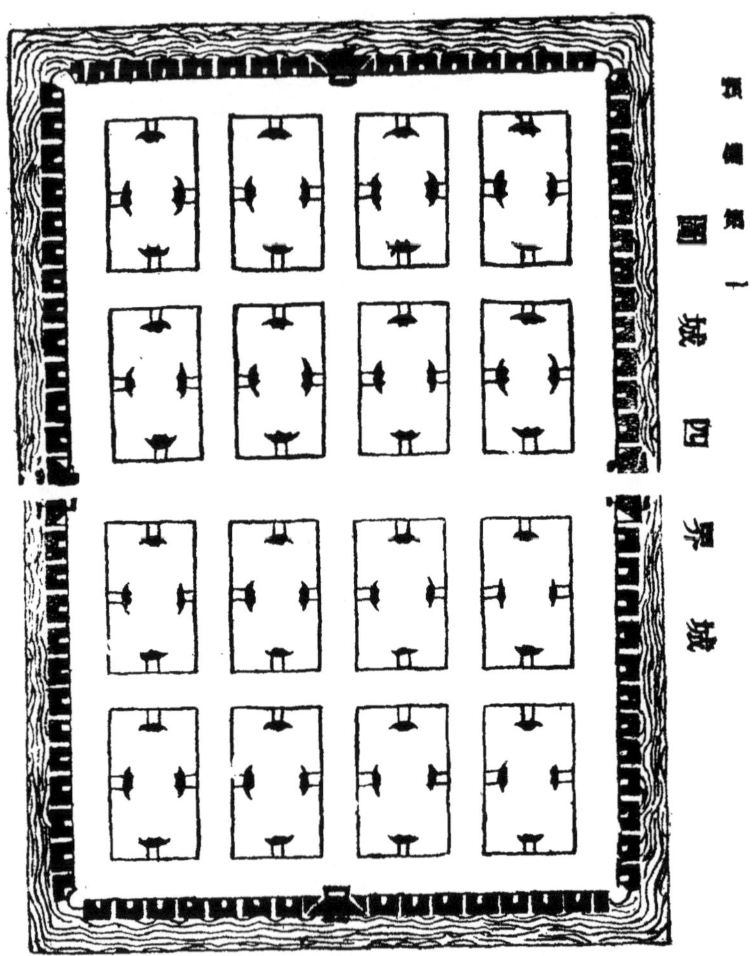

附圖第一

圖城四界城

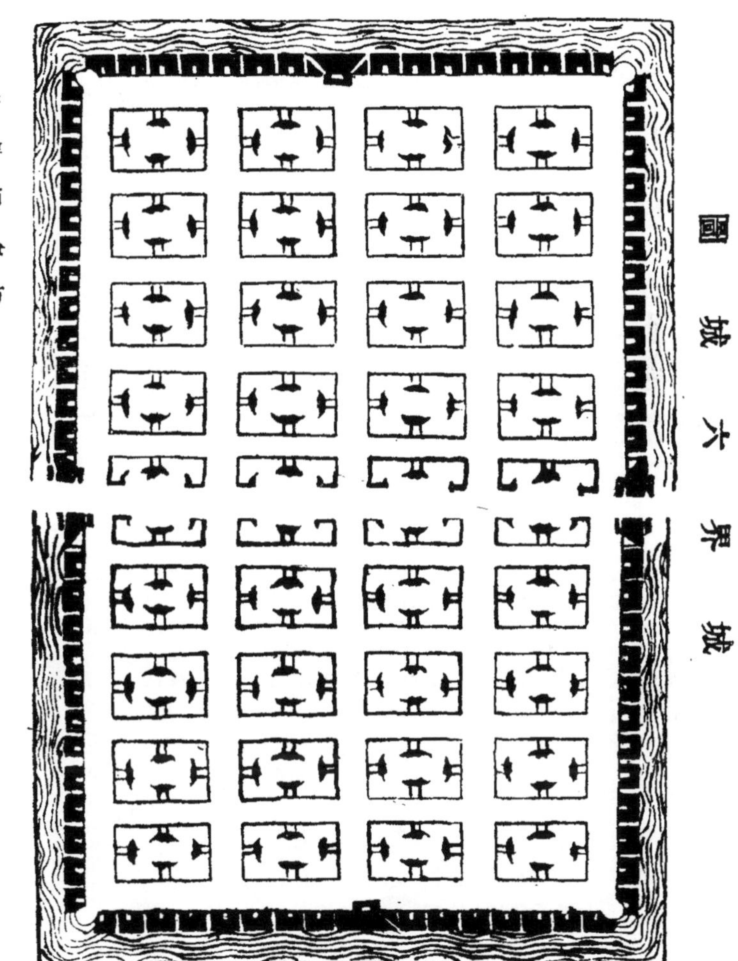

圖城六界城

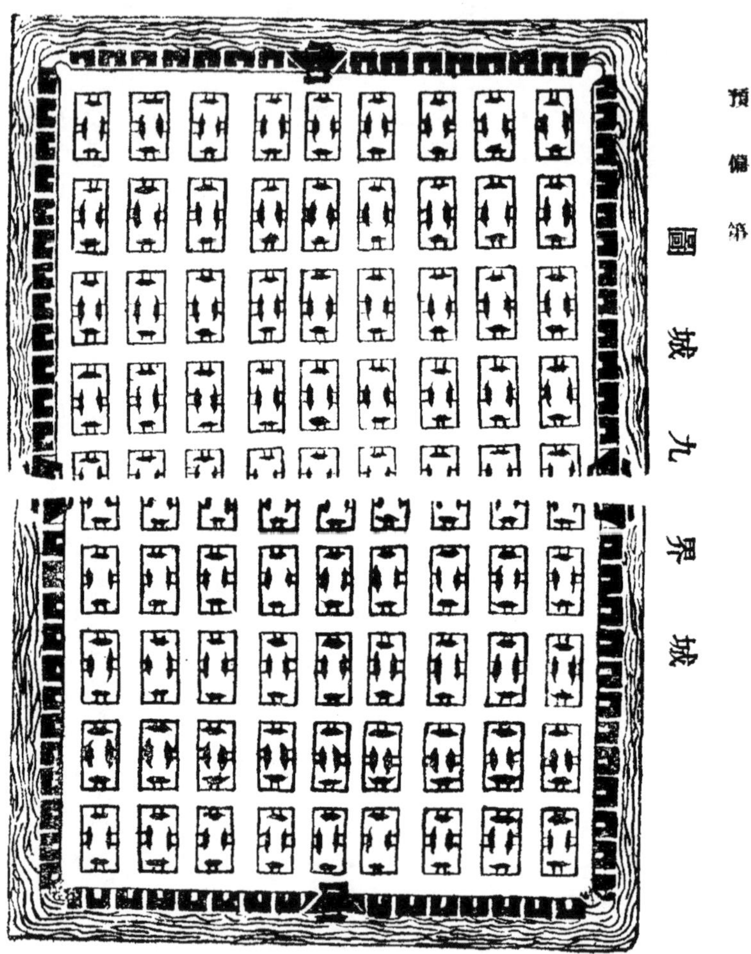

圖城九界城

濠。所以衛城也。濠之廣狹。城之存亡係之。孟子策滕。不過曰鑿斯池也。宜備。

深

深則不易塡矣。以三丈爲度。若濠淺者。許城內外居民。修蓋屛屋。托坯燒磚和泥。聽於城濠取土。官府修理公衙。責令徒夫托坯。減日帶鐐工作。小民犯罪。輕則量罰挑土若干。內培城脚。免其笞杖。務令數月間池深及泉。雖旱不乾。方爲長計。諺云。池深一丈。城高十丈。池深及泉。城高觸天。是池深愈助城高也。

廣

廣則不易越矣。而以闊十丈。底以闊五丈爲度。凡作池之寬。以城上鳥銃之彈得到其外岸爲率。太遠則銃力不及。敵得任意出沒矣。沿池兩岸。宜多栽槃根宿草。以耐崩坍。

暗穽

有暗穽則不易偷渡矣。凡池底每十步。鑿一圓井。口闊一丈。深一丈。謂之重淵。及泉無度。復外引河水。內引城中霖潦之水。以助其深可也。

洒民曰。暗穽法甚妙。又嘗於中設置數道淺處。我則暗爲表識。以便遣兵渡水擊賊。賊若效我徑渡。必墮深淵矣。

明用品樁

濠水可通舟楫者。釘品字樁木百餘根於水中。高與水平。防樓船衝我城也。

暗用鐵杙（餘力反撅也）

後晉交州亂。漢主龔遣其子宏操。將兵攻之。吳權引兵逆戰。先於海口多置大杙。銳其首。冒之以鐵。遣輕舟乘潮挑戰而僞遁。宏操逐之。須臾潮落。艦礙鐵杙不得反。大敗。溺死。徐濤輝攻九江。李黼出戰。大敗賊兵。黼曰。賊不利於陸。必以舟薄我。乃令以長木數千。冒錐鐵於杪。暗置沿岸水中。賊舟數千艘。順流鼓譟而至。遇木樁不得運。黼發火箭射之。焚溺無算。由此觀之。與其明用品字樁於水上。不若暗用鐵杙於水中。從來利器。有形則賊明防。無形則賊必陷故也。

掘坑坎

山城無池。以地不可池也。須離城二丈許。掘爲高下坑坎。或空間安寘石條。以拒臨衝呂公車。翻梯踏雲車。即有池之城。內外岸上。亦宜如此布寘。是謂重險。

馬燧引晉決汾

唐馬燧鎮太原。以晉陽王業所基。度都城東西平易受敵。時邊警數至。乃引晉水注城東瀦爲池。

寇至。計省守陴者萬人。又決汾水環城。多爲池沼。植柳固堤。

孟宗政潴水限騎

宋孟宗政知棗陽。以金人迫濠而陳。易於馳騁。乃於西北濠外潴水爲濇以限騎。

余闕三塹

元余闕守安慶。抵官十日而寇至。乃浚隍增陴。隍外環以深塹三重。南引江水注之。時羣盜環布四外。闕居其中。左提右挈。屹爲江淮一保障焉。

洒民曰。今忠宣公三塹。雖半爲豪右所侵。遺跡僅存。然尚能賴之以爲無恐。

敵臺宜備。敵者。敵也。以殺敵爲義。不能殺敵。無貴爲臺矣。

臺論

城牆正面。不便俯視。不敢眺望者。恐其矢彈正面對攻。易於被傷也。是以賊得薄逼城下。任意施爲。如今之城。何必矢彈對攻。雖槍銃亦上刺有餘矣。全仗高臺兩邊顧視夾擊。使賊不敢直前衝挖。是人恃城以爲衞。而城又借臺以爲衞矣。故有城無臺。同於無城。有臺無制。同於無臺。全在制度盡善。方能制賊。其法貴長出。不貴橫闊。左右牆之下。照凸字形。開成銃眼。以便放打佛狼機百子銃等項火器。○○○○上留馬眼。□○□□○○以便照看取准。銃眼之制。內狹外闊▽以便左右取准。上蓋瓦屋。使兵夫得以安身。火器得蔽風雨也。各臺地步相去不宜太近。太近則恐對放神器。自擊其城。更不宜太遠。太遠則恐矢石無力。鉛箭火藥。須備百倍。兩敵臺交相射打。則兩敵臺之間。雖守梁無人。而賊亦不敢登矣。

實敵臺不如虛敵臺

築實敵臺。不如建虛敵臺。其法用大石厚砌臨濠一面。而空左右之中。中有二層。以木板爲樓。用梯上下。每層多留空眼（眼制如前）以便窺覘。以便放鳥銃火箭之類。賊不知銃箭出自敵臺內也。凡賊攻城。但顧上擊。不虞旁攻。故凡轒輼尖頭木驢旱船之類。皆防上而不防下。守城者每每無如之何。任其挖掘。以致失事。若有虛臺之制。從左右夾攻。城可保無虞矣

突門

兩敵臺之側。平城之下。當留二小門如斗口大。週圍用極巨堅石砌之。僅容一人扁身出入。其厚約五尺。門口設一陷坑。內鋪釘板。賊入即陷。方爲全萬。門中預備大砲一二十門。若賊駕行天橋折疊車之類。必抵城下始得施展。吾以大砲直從兩肋更裝疊放。賊必敗走。

酒民曰。此法極妙。郭青螺先生虛臺。即是此意。眞發古人所未發。且用此爲突門。又便出兵剿賊。實一舉而兩利也。

城朶宜備。朶者。躲也。以躲身爲義。不能躲身。無貴爲朶矣。

朶論

朶身不宜太高。高則擲石無力。朶口不宜太窄。窄則礙賊礙身。今朶身率高六尺。幾與肩齊。朶口率寬一尺。難容半臂。此無朶制也。必於朶身之內。各以堅石砌成臺基一層。高闊各三尺。一則免朶身太薄。易於擊碎釣拼。一則使守城軍民。便於施放器械。一則朶軍無事。可以坐憩息力。凡朶磚形。宜如劍脊。使賊不能託足。

懸眼

每朶當中。自城面平爲孔。高九寸。約磚三層。磚厚用二層。平面以下兩方磚。對中爲彎。漸漸下縮。每磚一模。編成層數字號。燒於磚上。臨用只照號砌城。如尋常甃砌相同。庶磚皮不削則可久。磚變不鑿則工省。約用幾丈尺深。計爲若干層。今圖內只六層。每磚三寸。只得一尺七寸。示其大略耳。或二十三十等層。以齒爲度。

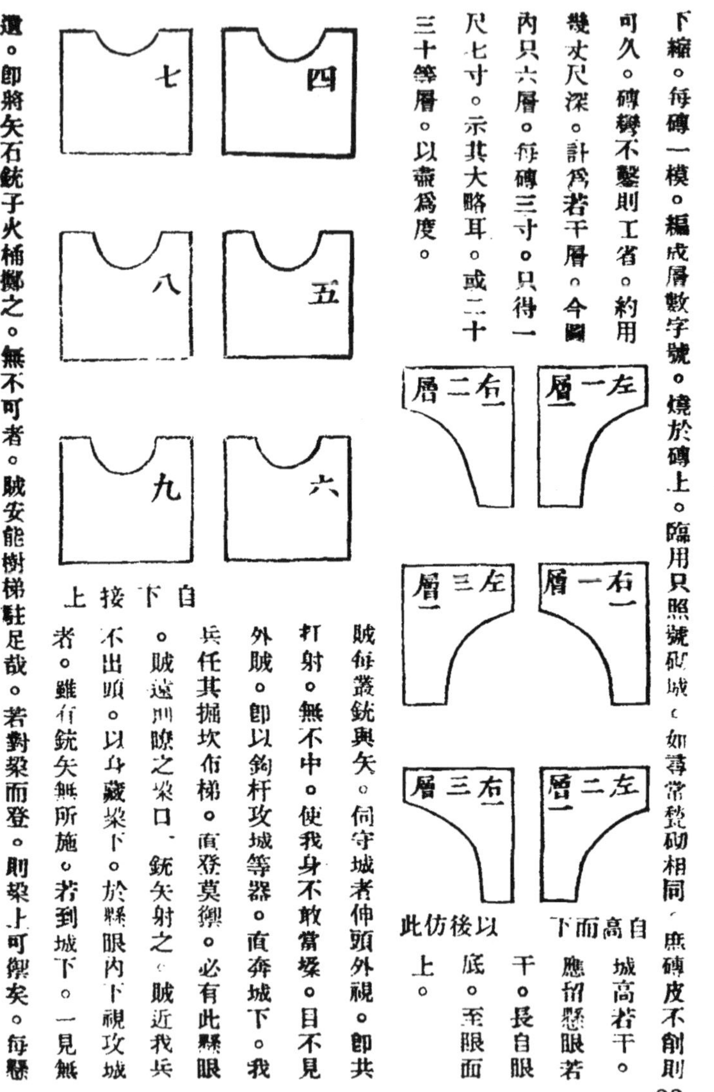

自高而下　以後仿此

城高若干。應留懸眼若干。長自眼底。至眼而上。

自下接上

賊每叢銃與矢。伺守城者伸頭外視。卽共打射。無不中。使我身不敢當堞。目不見外賊。卽以鉤杆攻城等器。直奔城下。我兵任其掘坎布梯。直登莫禦。必有此懸眼。賊遠則瞭之梁口。銃矢射之。賊近我兵不出頭。以身藏梁下。於懸眼內下視攻城者。雖有銃矢無所施。若到城下。一見無遺。卽將矢石銃子火桶擲之。無不可者。賊安能樹梯駐足哉。若對梁而登。則梁上可禦矣。每懸眼上。加木蓋一個。以防銃矢。尤妙。

梁磚

常見城有自梁根砌成山字形者。失之太闊。賊登不可禦。身無可庇。矢石不能當。若梁口之內外平直。大則人身可入。小則不能左右射。必照今式。將口磚削爲脊。此磚不可臨時坎尖。一則易朽。一則費工。須於造磚時即用尖模。長短二種。以便砌子。其梁下身高三尺。口上高三尺。共六尺。

磚制

長若干。橫可得長之半。橫若干。厚可得橫之半。庶縱橫六面。甃砌皆成方。乃可久。尖磚自尖作尺寸。

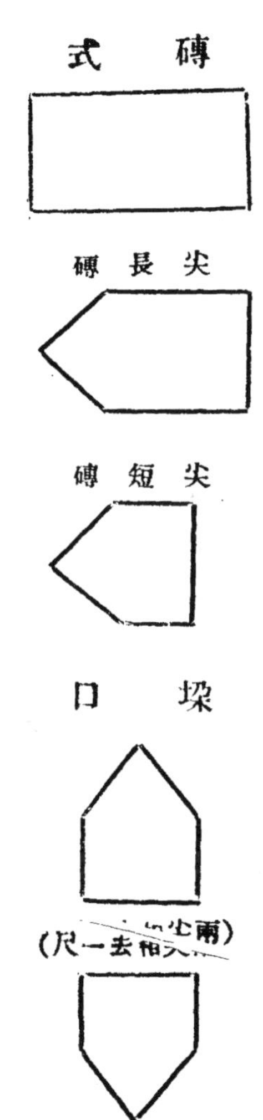

城門宜備

總引(詳具設防部)

今田舍翁多挾米粟。尚知堅其門閭。詳其關鍵。況合城數萬生靈。止係一門。是宜萬分愼重。今人做官。視同傳舍。故事事苟且。不圖後計。若治官如治家。則城如金湯矣。

磴道棚附牆

城內附牆。多留磴道。半里一座。以便急時往來。今各處城內止有四門四路。甚爲失計。每磴道須留一門。嚴司啓閉。一防賊人登城。一防守城人夫偷安竊下。城上用內欄牆。高與心齊。以防進城之賊。便於射打。

內濠宜備

總論

藩籬單簿。深爲可虞。賊一入城。更無限域。眞敗道也。宜於城內設內濠一重。其深廣制度。大約與外濠相配。內岸周遭作牛馬牆。派人守之。賊卽入城。牆內之人與城上之人。互相夾擊。步步皆是賊之死地矣。

張巡城內作濠

尹子奇圍睢陽。張巡所爲。皆應機立辦。賊服其智。不敢復攻。遂於城外築三重濠。立木柵以守巡。巡亦在內作濠以拒之。

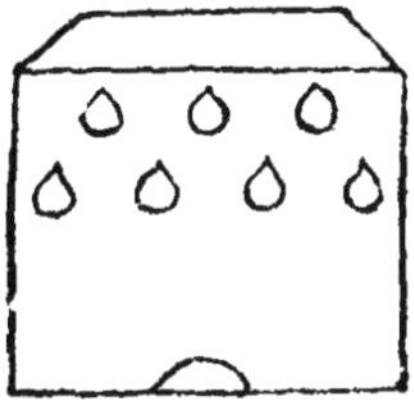

牛馬牆宜備 圖見內濠

總論

牆在城外濠岸上。濠岸不拘寬狹。狹即一丈或八尺皆可。寬不可逾二丈。其外爲牆。磚石土皆可。三合土亦可。牆身每對一雉。下底開一大將軍銃眼。以人身不能鑽入爲度。牆徑高三尺。平過五尺。爲一小銃眼。可容佛郎機。每眼上加一直縫。三寸高。二寸闊。以便瞭眼。高下應賊。自此眼高之。再三尺又眼一層。寬一寸。止容手銃。上又開長眼三寸。以便眼瞭。牆脊用斧刀磚石。使不可立。賊對濠。則用銃於小眼擊之。賊衆。則用大將軍於地眼擊之。賊登牆。用長柄大斧大棍。一擊而落。再爲偷襲之虞矣。我一時收斂不及。或昏夜難辨。不敢開門。一應避難之人。牛馬之類。皆可暫於牆內收避。牆恃城爲險。城又恃牆爲衛。緩急有城上人可以助力張威。若守牆人不用命。城上衆目所見。徑可擊死也。此牛馬牆所以爲有用。施之水深河寬之城。尙不見其力。施之無濠處。萬分倚賴此牆

巷戰宜備

總論

數賊入城。合城鼎沸。聽憑焚戮。惟謀奔避者。巷戰之法不講故也。若能按巷設伏。步步陷賊。入於死地。雖開門揖盜。不敢前矣。縱不能一城盡然。且於近城要路。如法施行。賊亦安能爲害哉。有堅城。有內濠。有巷戰。藩籬三重。可以全民。可以制敵。可以殺賊。或云。巷戰之法。不傳久矣。奚從而學之。曰。是不難。或升屋擲瓦。或潛伏兩旁門屋中。橫勾直截皆是也。然須

於巷口用力。若容賊入巷。則賊先升屋放火。難捍禦矣。但古來殊少佳謨。惟許逵之法萬全無弊。

許逵巷戰法

許逵令樂陵期月。令行禁止。時流賊勢熾。逵預築城濬隍。貧富均役。踰月而成。又使民各築牆。高過屋簷。仍開牆竇如圭。僅可容一人。家令一壯丁。俟於竇內。其餘人皆入隊伍。令曰。守吾號令。視吾旗鼓。違者從軍法。又設伏巷中。洞開城門。未幾。賊果至。火無所施。兵無所加。旗舉伏發。盡擒斬之。

設門穽

門內兩邊馬道口頭。壘砌壁牆。直與街房相接。牆下留門。以便百姓出入。各家備勾槍短刀。賊一入城。橫勾直截。又去城門一丈遠。掘塹坑一道。寬五尺深一丈。長通街之兩邊。坑底用鋒利槍頭。長一尺　釘於板上。滿坑鋪之。坑邊釘小橛。以麻繩往來絡之。上布以席。席上浮土務與地平。不可辨認。待攻門鬨時。一擁爭進。自陷坑中。上以擂石亂下。彼不敢再進。百姓若要行走。則於塹坑兩邊鋪連三大板。仍出闌干當之。恐一失脚入塹。

填閫巷

松柏楡柳棗棠椒枳等枝梢。俱將枝頭削尖。迎梢向外。堆積巷中高可丈餘。厚可十步。賊若進城。馬自難前。又須防火。浸水令透可也。

巷戰車式

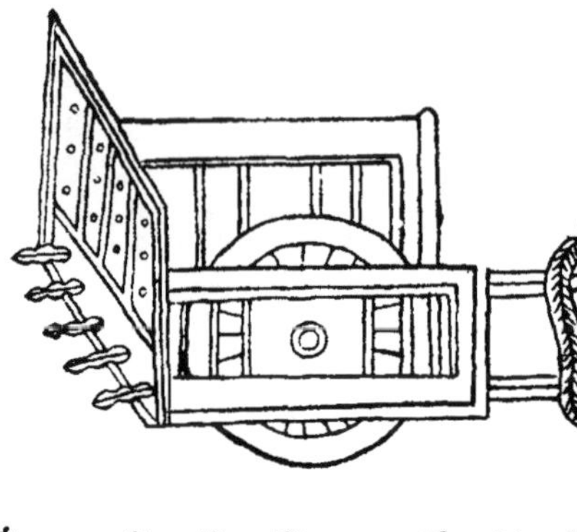

鐵釘板

用連三大板。長通兩街。寬可一丈。釘長三寸。四指一釘。板陷地中。釘與地平。上鋪蘆蓆。覆以薄土。人馬陷者。兩受其傷。

陷馬坑

陷馬坑長五尺。闊三尺。深四尺。坑中植鹿角槍竹簽。二物皆削尖。入火令堅。覆以弱草。我上種草苗。令人不覺。凡敵來路。及城門內外皆設之。

酒民曰。守城之法。使賊一入門。手忙脚亂矣。且所拒有數。安能盡殲滅哉。是或別有方略。上四款爲巷戰之助可也。

暗門宜備

總論

凡城內器械已備。守禦已堅。當出奇用詐。以戰代守。以擊解圍。先爲暗門。於兵出入便處。潛鑿城爲門。外存尺餘勿透。以備出兵襲敵。其制高七尺。闊六尺。內施排棚。柱上施橫木搭頭。下施門。或因賊初至。營陣未整。或暮夜乘賊不覺。或賊攻城初息。或賊圍久已懈。潛出精騎銜枚擊之。擊敗亦不遠襲。攻自疲而通矣。仍於城上多積巨石塊。慮敵人犯門。卽下石擊而斷之。

石勒密爲突門

暗門式

王浚遣都護王昌。及鮮卑段疾陸眷。與弟末柸等。部五萬之衆以討石勒。勒兵出戰皆敗。諸將勸勒堅守。張賓孔萇曰。鮮卑之種。段氏最勇。而末柸尤甚。其銳卒皆屬焉。今剋日來攻北城。必謂我孤弱。不敢出戰。意必懈惰。宜且勿出。示之以怯。鑿北城爲突門二十餘道。俟其來至。列守未定。出其不意。直突末柸帳。彼必震駭。不暇爲計。破之必矣。末柸敗。其餘不攻而潰矣。勒從之。密爲突門。既而疾陸眷攻北城。勒登城望之。見其將士或釋仗而寢。乃命孔萇督銳卒。從突門出擊之。不克而退。末柸逐之。入其壘門。爲勒衆所獲。諸軍皆退走。萇乘勝追擊。枕尸三十餘里。

酒民曰。藏於九地之下爲暗。動乎九天之上爲突。其法稍異。而意則同。總之欲以戰代守。以擊解圍。所謂善守者。敵不知其所攻也。暗門防奸細之逸出。突門防敵人之襲入。

保甲宜備

定編立之法

將各地方挨門順戶。每十戶編爲一甲。每十甲編爲一保。各戶各頁一小紙牌。不拘軍民親族人丁多寡。逐一填寫籍貫年貌生理。如係己房。即填注己房。係典租房。即填注典租某人房。係外省州縣人。卽塡注某省州縣人典租某人房。又如村落中。止有十三四戶。准共編一甲。止有六七八戶。亦編作一甲。如孤村三四五家。亦編作一甲。不必取盈於數。除每戶各寘紙牌外。每一甲仍共寘一横長牌。總書十戶長年貌籍貫。并十戶人口數目。俱送正官親標印記。如有出入存亡增減姓名。本戶至甲長處說明。改注紙牌上日記簿內。朔望日甲長同保約正類報正官。改正底冊

編立要公平

各保甲在城者。俱以府縣衙門爲主。分別東西南北四至。以天地元黃四字。分爲號數編之。或照原坊原舖編之。在鄉者。亦照里中都圖挨次編之。不分紳士軍民。一體挨編。此係排門保甲。無事互相保守。有事逐戶挨查。非有接應差遣之苦。若優免便生規避。且火盜發生。富貴與貧賤。雖均有之。還是富貴家干係更大。如富貴家優免晏安。止責貧賤者守望救助。其誰甘之。

編立要周遍

各處寺廟庵堂。多停留遠方僧道不明之人。或倡行邪教。惑衆騙財。或盜財隱名。懷奸窺伺。爲地方害不小。須一體編入保甲冊內。倡優家尤奸盜藏匿之所。每月俱令隨行鄉約。以便稽查。不便與良家同編。另寘一牌。勿得遺漏。

巡行要親到

州縣官每月除在城朔望嚴查外。仍量抽一二百乘肩輿。省騶從。巡行村落。即家道之貧富。錢糧之完欠。亦可一覽無遺。不許多帶人役。騷擾地方。須大書禁約示衆。仍查點鄉兵。令其習練。稽考社學。令其訓讀。即窮鄉僻壤。必須周編。不得遺漏一處。致有向隅之慨。

火盜要救護

每甲置木鐸一個。以便傳宣戒嚴諸條目。置銅鑼一面。以便臨時鳴號。每戶各置刀槍鉏棍等器械。以便臨時防戶。每一甲每日挨輪一人。早間振鐸宣傳。晚間執牌查問。有無出入人戶。及面生可疑之人。隨即傳報甲長。登日記簿內。夜間在十家門首往來擊梆。以備不虞。遇火盜諸警。即鳴鑼爲號。一傳十。十傳百。齊執器械。併力救護。不許畏避不出。尤不許乘機搶奪。事畢。聽甲長會同保長收牌。查點不到者。即登日記簿。馳報府縣。以憑拿究。如甲長保長查點含糊。不行實報。及各戶不報查點。互相推避者。一併嚴究。

保甲長要得人

每甲即於十戶內按糧冊。選有家有行者。編爲甲長。每十甲即於百戶內按糧冊。選有家有行者編爲保長。須四十歲外。五十歲內者。（令衆人公舉爲妥）。方有精力幹旋。若六十七十歲。則筋力衰耗。且易犯多得之戒。編定。州縣官即將保甲長年　籍貫親注冊內。仍各置油腰牌書給之。止

令朝夕專心。化導鄉民。其迎送及火夫等雜差俱免。平時止聽正官調度稽查。不許委佐貳巡捕等官查點生擾

保甲長要優禮

保甲長。專爲化導鄉民而設。差役既免。即地方有事。勿擅行拘喚傷體。一年內化導無怠。舉報善惡公實者。正官申報道府。記名旌善亭。三年內無怠者。道府申報兩院。給箚付頂帶。送匾旌其家。如奉行不勤。舉報不實。查確究革。記名癉惡亭。另選有家有行補之。

登報要公實

戒嚴諸條遵行無犯者。各甲長每日查明。即於日記簿內。公同衆目註遵法二字。違法者。初犯。甲長約各戶同戒諭之。不聽。再同保長戒諭之。又不聽。方許登簿。報官懲治。如隱匿不記。與登記各戶善惡不公不實者。地方各自有口。事實從重究革。各地方人戶告狀見證。止許用本戶左右鄰。與本甲長。不許另用私交親友。違者即係誣告。

講會要舉行

審編既定。即移文該學。請鄉士大夫數位爲約正。無則推高年耆德者。選生員五六人。實辦會事。講會不拘何所。止尋空闊可容人處願聽講者。不論貴賤。依次站立。不許喧嘩。講會日。保約

長同甲長老人。寅時先至會所。掃除陳設香案。宣講

聖諭。若有姦民干礙倫理。難以緩縱者。卽時公舉呈究。不必拘定講約日期。

善惡要旌癉

無論在城在鄉。俱設旌善癉惡二橫牌。大書姓名。用昭懲勸。倘有改節。卽於旌善牌上去其姓名。另寘改節橫長牌。大書其姓名。倘能改過。卽於癉惡牌上去其姓名。另寘改過橫長牌。大書其姓名。庶爲善克終。改過不吝。其於化民成俗之法。尤大裨益云。

十家牌法

凡寘十家牌。先將各家門面小牌。挨審的實。如人丁若干。必査某丁爲某官吏。或生員。或當某差役。習某技藝。作某生理。或過某房出贅。或有某殘疾。及戶籍田糧等項。逐一査明。十家編排既定。照式造冊一本。當官以備査考。遇勾攝差調等項。按冊處分。更無躱閃脫漏。一邑之事。如視諸掌。每十家內。或有盜竊。卽令此衆自相挨緝。若係甲內漏報。幷治同甲之罪。如此。則奸僞無容身之所。而盜賊亦可息矣。十家內有爭訟等事。同甲卽時勸解。恃强不聽者。相率禀官。責治省發。不必收監淹滯。凡詞狀涉誣告者。仍究同甲不行勸稟之罪。又每日各家照牌。互相勸諭。務令講信修睦。息訟能爭。日漸開導。如此。則小民知鬥爭之非。而詞訟亦可簡矣。其

法甚約。其治甚廣。果能實實舉行。不但盜賊可息。詞訟可簡。因是而修之。補其偏而救其弊。則賦役可均。因是而修之。連其伍而制其什。而外侮可禦。因是而修之。警其薄而勸其厚。則風俗可淳。因是而修之。導以德而訓以學。則禮樂可興。凡有司之高才遠識者。不必更立法制。其於民情土俗。或有未備。但循此而潤色修舉之。則一邑之治。眞可不勞而致也已。

居士曰。有司如能辦全副精神行保甲。爲治之道。思過半矣。

定里甲法

各省府廳州縣。各有有司分理之。院司道府統治之。每州縣有里。里有甲。甲有戶。國初制極盡善。凡里老地方諸人。各舉德行著聞。通明道理者。使爲一里模楷。此即古重德重齒之意。邇來不問德行年齒何如。惟於一里中推一人爲里長。以至十里皆然。類皆貪暴無恥棍徒。日以蠶食弱戶爲計。兼有不才有司。刁惡衙役。需索里長。里長因一科十。民之呼天籲地。誰復恤也。至於地方鄉約保正諸人。類皆半丁不識。貪鄙棍徒。有司任意作踐彼等。彼等任意橫行鄉里。欲化行俗美。惡可得乎。竊意一如國初之制。於一里百戶中。請高年有德。通曉文理者數人。擇其尤賢者爲里長。有司以禮相接。免其差徭。次者爲老人。或本里致仕士夫。舉監生員。山林隱士。德行可爲人範者。有司禮聘。使爲鄉約正副。里人咸介帥之。又選公廉誠守百姓。使爲地方總甲。

每里擇寬闊處所。爲聚講之地。每月約正副里老地方。並本里人戶。咸許入會。總講格言善行有關世教諸書。善惡皆有簿籍。一如前式。當事者更酌時勢而實行之。此三代之治也。

鄉村緝盜法

編十家牌。不立牌頭者。防脇制侵擾之弊。然在鄉村。遇有賊警。不可以無統紀。合立保長。督領鄉村庶衆。志齊於一。各鄉村推選才行爲衆信服者一人爲保長。專一防禦盜賊。平時各甲詞訟。悉照牌諭不許保長干與。因而武斷鄉曲。但遇盜警。保長統率各甲。設謀截捕。其城郭坊巷鄉村。各於要地寘鼓一面。相去稍遠者。起高樓寘鼓其上。遇警卽登樓擊鼓。一巷擊鼓。各巷應之。一村擊鼓。各村應之。但聞鼓聲。各甲各執器械。齊出應援。俱聽保長調度。或設伏把隘。或并力夾擊。後期不出者。保長公同各甲告官罰治。若鄉村各家。皆寘梆一具。一家有警擊梆。各家應之。尤爲快便。此則各隨才力爲之。不在牌例。有司仍不時稽察。務臻實效。毋事虛文。

地圖法

地圖一法。可以簡田畝、聯伍保。助守望。可以知險易礙塞水陸衿喉之所。在昔人所謂視都知野知國。可考據而知焉者也。政事之暇。時作一二緊要村落。特省農功。而因以親驗其肥瘠險易。輿圖相參。若此法立。得有下落。自此以後。輿籍作賦。設備追胥。不知省却幾多氣力。絕却幾多弊端。此惟實心爲民者能行之。否則徒增一番騷擾。後日貴委之故紙無用耳。

分方法

小民比屋而居。貧富貴賤。雖各不同。總以四至衢巷。分爲一方。本方之中。推年尊而衆服者一人爲方司。擇公而有力者二人爲方保。有心勤力壯。上善承値官府。下善采訪民情者二人爲方甲。能舉五百觔。手開十力弓者六人爲方卒。此八人者。各有代耕之祿。願充者聽。司保得以役屬之。本方奸細之有無。丁壯之多寡。身家之貧富。責令司保等人。從公確報。如小心奉法。則有優賞。若清查人戶之時。或受賄賣免。或乘機報復。或借端索詐。一有此等情弊。卽許被害之人。指名呈首。審實定以軍法從事。當時梟首示衆。若如予逐段分方之法行之。則每方之中。不過數十家。每家之中。不過數人。出入閭里。朝夕相見。卽其人之面貌姓字。尙可一見而決。至於孰良孰奸。孰貧孰富。自不可得而掩矣。一値兵荒之日。卽以本方之富。而賑其本方之貧。則數少易給。不以難繼爲憂。因以本方之貧。而傭於本方之富。則計功受値。不以冒貪爲愧。卽有罷癃殘疾。老弱婦女。安坐而食。數亦無幾。富者亦可作功德想。而不必屑屑計之矣。

洒民曰。分方之法。其利有三。淸查人戶之時。奸豪不得隱冒一也。賑濟之時。本方自濟本方。更無一人得攙越擠塞諠叫紛爭二也。有警之時。富者捐財。貧者效力。彼此相資。不爲浪擲。且貧民得生。內變不起三也。昔照甯就村賑濟。張詠照保糶米。徐甯孫逐鎮分散。朱文公分都支給。皆用此法也。

居士曰。前已有編立諸法。此又截分方法。併方司方保方甲方卒者。總以備當事者之參考也。今各省府廳州縣。南北異地。風土異宜。廣狹異制。均之一法。或用之此邑則安。用之彼邑則擾。有未可一律拘者。惟在臨期相機通融。斟酌而行之爾。

清戶牌式

清戶牌

方上中下戶　某　人　係本縣　籍　內注生理有職注職

現住房產　間係自租典業　驗原買租典契銀　兩

別方房產　所式如前無則注無後仿此

在縣冊田　畝係自典業　驗原買典契銀　兩

父某　母　氏　兄　人　弟　人

妻　氏　子　人　左鄰　人　右鄰　人

已冠男丁共　口　義男共　口

老弱婦女共　口　僱工共　口

印

右牌，稽縣籍者何。所以辨流寓也。

稽生理者何。所以辨遊民也。

稽職役者何。所以辨貴賤也。

稽田產者何。所以辨貧富也。

稽銀數者何。所以防欺隱也。

稽六親者何。所以防介特也。（無所係屬之人易爲奸盜）

稽鄰舍者何。所以嚴保結也。

稽丁男者何。所以便差役也。

稽口數者何。所以計廩給也。

粟宜備詳見積貯部

總論

守城賴民。養民賴食。是以神農之敎曰。有石城十仞。湯池百步。帶甲百萬。而亡粟弗能守也。

況賊寇臨城之日。四方援兵集此。避難百姓萃此。萬口待哺。急於常時。一或不備。無庸外攻。

內變先起。歷觀什牒。見有兵精將勇。城高池深。但坐無食自破者。十居八九。歷引前車。鑑之於左。以見食爲民天。乃守城第一要務也。

耿恭食筋革

漢車師與匈奴。共攻耿恭。數月食盡窮困。乃煮鎧弩。食其筋革。死亡數十人。

臺城雜食人肉

梁臺城被圍日久。軍士或煮鎧熏鼠捕雀而食之。屠馬於省殿間。雜以人肉。食者必病。梁王常蔬食。至是蔬茹皆絕。乃食雞子。

睢陽括人爲食

唐尹子奇久圍睢陽。城中食盡。士日賦米一勺。齕木皮。鬻紙而食茶。紙既盡。遂食馬。馬盡。羅雀掘鼠。雀鼠又盡。巡出愛妾。殺以食士。許遠亦殺其奴。然後括城中婦人食之。繼以男子老弱。城破。所餘纔四百人。

鄴城一鼠值錢四千

唐郭子儀等九節度使圍鄴城。自冬涉春。安慶緒食盡。一鼠值錢四千。

奉天採蕪菁根進御

唐奉天圍攻經月。資糧俱盡。時供御纔有糲米二斛。每伺賊之休息。夜縋人於城外。採蕪菁根而進之。

揚州兵自食其子

元阿朮攻揚。久而無功。乃築長圍攻之。城中食盡。死者枕籍滿道。兵有自食其子者。（時李庭芝守揚）

淮安父子夫婦老稚更相食

元阿不華扞禦淮安。賊掘塹圍之。芻餉路絕。元帥吳德秀運米八斛入河。爲賊所抄。攻圍日急。城中餓者仆道上。人卽取而啖之。草木螺蛤。魚蛙鳥燕。及靴皮鞍韉革箱敗弓之筋皆盡。而後父子夫婦老稚更相食。城陷。

酒民曰。以上數條觀之。無食之害。至於如此。凡有守土之責者。宜預講積糧之法。然保甲行。而積糧易易矣。

水宜備

耿恭拜井

漢耿恭據疏勒城。匈奴來攻。於城下壅絕澗水。恭穿井十五丈。不得水。吏士渴乏。榨馬糞汁飲之。恭嘆曰。昔貳師將軍。拔佩刀刺山。飛泉湧出。今漢德神明。豈有窮哉。乃整衣向井再拜。有頃。水泉奔出。衆呼萬歲。於是令士卒且勿飲。先和泥塗城。幷揚示之。虜以爲神引去。

李允則濬湖穿井

宋李允則遷知滄州。濬浮陽湖。於營壘官舍間穿井。未幾。契丹來攻。老幼皆入保。而水不乏。斵冰代砲。契丹遂解去。

高歡移汾水

高歡攻玉壁。城中無水。汲於汾。歡使移汾。一夕而畢。

苟金龍妻絞布絹衣服水

北魏梓潼太守苟金龍病。梁兵至。不堪部分。其妻武氏帥民乘城拒戰。百有餘日。井在城外。爲梁兵所據。會天大雨。武氏命取公私布絹衣服懸之。絞取水而儲之。梁兵退。

青澗城

宋种世衡建言城故寬州。以當寇衝。然處險無泉。議不可守。鑿地百五十尺。始至石。工徒拱手曰。是不可井知。世衡曰。過石而下。將無泉耶。爾其屑而出之。凡一畚償爾百錢。工復致力。

過石數重。泉果沛發。朝廷因署爲靑澗城焉。

楊銳浚井

明楊銳守備安慶。聞甯濠變作。於城中治兵。兵多浚井。居士曰。他如句安李歆。分糧聚雪。北魏作地道洩虎牢井。西川民飲摩訶池泥汁。皆無水之鑒也。

薪宜備

總　引

城上燒賊。必須稻草乾柴。先期派價與柴戶。領買千萬束。堆寘空閑倉廒。以需急用。

臺城壞尙書省爲薪

初臺城之閉也。公卿以食爲念。男女貴賤。並出負米。而不備薪。至是壞尙書省爲薪

淮安撤屋爲薪

元褚不華圍淮安。芻餉皆盡。撤屋爲薪。人多露處。坊陌生荆棘。力盡城陷。

酒民曰。積薪不如積炭。積炭不如積煤，以炭可免延燒。煤允堪露積也。

芻宜備

臺城剉薦飼馬

初臺城之閉也。公卿以食爲念。而不備芻。至是撤薦剉以飼馬。

鄴城淘牆䴸馬矢飼馬

郭子儀等九節度使圍鄴城。自冬涉春。城中芻盡。淘牆䴸及馬矢以飼馬。（䴸與職反初以麥雜土築牆今圍急乏芻故淘之以飼馬。）

鹽宜備

臺城身腫氣急

臺城之閉。不備魚鹽。被圍既久。人多身腫氣急。死者十八九。全城不滿四千人。

穎川攣腫

魏高澄攻穎川。時城中無鹽。攣腫死者十八九。

賢才宜備

曹眞使郝昭守陳倉

魏曹眞以諸葛亮懲於祁山。後必出從陳倉。乃使郝昭守陳倉。亮果出散關圍陳倉。起雲梯以臨城。昭以火箭逆射其梯。其上人皆燒死。亮用衝車。昭以繩連石磨壓其衝車。衝車折。亮更爲井闌百尺以射城中。以土丸塡塹。欲直攀城。昭於內築重牆。亮又爲地穴。欲踊出於城裏。昭又於城內穿井横截之。晝夜相攻。二十餘日。亮糧盡引去。

酒民曰。此備賢才之效也。曹眞可師矣。

精勇宜備

臥彪

北魏李崇。深沉有將略。在壽春十年。嘗養壯士數千人。寇賊侵邊。所向摧破。號曰臥彪。

練卒

唐高崇文。屯長武。練卒五千。常如寇至。

捕盜將

唐山東道節度使徐商。以封疆險闊。素多盜賊。選精兵數百人。別置營訓練。號稱盜將。及湖南逐帥。詔商討之。商遣捕盜將二百人平之。

伎藝宜備

總引

爲主將者延問軍中。或民間。奇謀勇力。機捷斷略。精伎辯口之士。如鷄鳴狗盜之類。無不加禮。以備訪用。

錢工三

史思明圍太原。李光弼募軍中有少技皆取之。人盡其用。得安邊錢工三。善穿地道。賊宴城下。令倡優居臺上。仰而侮詈。光弼遣人從地道中曳其足而入。臨城斬之。自是賊行皆視地。又賊爲梯冲土山以攻城。光弼爲地道以迎之。近城輒陷。又賊圍守益固。光弼遣人詐與賊約。刻日出降。而使錢工三潛穿地道爲溝。周賊營中。搘之以木。至期。光弼勒軍城上。遣裨將將數千人以出。如欲降者。賊皆屬目。而賊營忽陷。死者甚衆。賊衆驚亂。因鼓譟乘之。俘斬萬計。

居士曰。太原之不破。皆一錢工之力也。藥籠中物。豈可少哉。

守城必用之人宜備

總目

鐵匠　弓匠　箭匠　帑匠　火藥匠　甲匠　木匠　石匠

銀匠　鑄冶匠　泥水匠　裁縫　銅匠　皮匠　竹匠　油漆匠

紙引　窰匠　畫工　醫士（皆係必用之人各宜設局處之）

守城必用之物宜備

總目

帑箭　弓矢　錛斧　擂木　鈎鐮　鏈　齊眉棍　長槍

神砲　鳥銃　毒烟　火箭　三眼槍　搥衣石　磨盤石　杆頭

鐵鉛子　紙　高牌紙　筆硯墨　斑猫　燄硝　柳灰　石灰

水缸　水絮袋　醋水盆　蠟燭　燈籠　香油　葦席　雜柴

預備第一

雜糧廠　大小碎石塊　草苫　尿屎桶(用物未易枚舉此特其大概耳)54

京邊銃臺宜備

總引

夫守城之最得力者。莫利於神砲。今神砲已貯。而銃臺未築。是以有用之器。置之無用之地也。嘗歷覽海島。見濠澳夸所築銃臺。制度極精。大約造之城上。於城頭雉堞之下。做一石竇。以便發銃。城內仍加厚一層。以防銃之伸縮。眞堅固之極。活動之甚。比之甯遠銃臺。大不相同。今京師及邊關險隘之處。宜仿此式造之。

積貯第二

積糧法　常平倉
義倉　社倉
勸農　儲穀
興屯　救荒
賑濟　平糶
勸富

積貯第二

積貯

唐劉晏常言。善治病者不使至危憊。善救災者勿使至賑給。言粟之不可不預備也。周禮廩人掌九谷之數。以歲之上下數邦用。若食不能人二鬴。則移民就食。詔以數邦用。蓋臯臯乎重之哉。積貯為天下之大命。未有一郡一邑無粟而可守者。輯積貯。

積糧法

官督私藏

先將合城居民。矢公矢愼。按巷分方。細行査核。其擁貲厚而占田多者為上戶。僅能自食者為中戶。恃作而食朝不及夕者為下戶。中戶俾令計口若干。約積百日之糧。平時不許浪費一粒。以待有警自食。下戶俾令計口若干。分方造冊送官。以憑臨時賑給。除鰥寡孤獨。聾瞽殘疾。得坐食公廩外。其有膂力方剛足任驅使者。每人米二升。錢十文。為薪資。受公値。任公役。不願者聽。則上無虛縻之費。下無匱乏之憂矣。至於上戶。原自不同。有上上者。有上中者。有上下者。妄意室中。難以為據。田產多寡。可以辨之。不拘在城在鄉。無分紳弁士庶。逐一查明。視力派積。如家在萬金以上。卽派積米千石。以次下之。百石而止。令各照數積完。各在本家收貯。報官親詣查驗。務一一足數。又一一實在城內。查驗明白。其米仍係各家私物。官不得取用半粒。謂之官督私藏。一遇有警。城門關閉。許照未關城時米價稍增十分之一。以償耗脚。各聽本方下戶糴買。其有越方強糴。及有力之家。冒充下戶糴買。希爲奸利者。卽許糶戶扭稟。輕則杖決。重則梟懸。官或因兵糧不足。有時取用。必照十一加增之價。如數先給銀兩。不許賒欠分文。如此則於民無損。而於地方有益。雖似無米而炊權宜之術。實則藏富於民制用之經也。但須賢明有司。能以此意家諭戶曉。又酌其士俗人情。商同巨室鄉耆。議妥舉事。行之有法。如一家之人自爲生計始善。若張皇簽報。致生疑畏。更或借此行其不肖。人必不肯樂從。使良法美意。反成擾害。族歸寢擱。地方何所賴哉。

酒民曰。城守莫要於積糧。積糧莫便於自積。蓋輸之於官。雖顆粒亦有難色。貯之於家。雖崇墉誰不樂從。勿論有事之時。可飽父母妻子。幸而無事。出其所藏。亦可本利兼收。此眞先事預圖。有益無損者也。

積穀票式。中戶積穀票式亦同。此只官督私藏四字。換自積自食四字。以爲別耳。

官督私藏

○○方○○戶某　人係○○圈內塡註本身職役
在冊田地　百　畝　驗契實價銀　兩
現住房產　間　驗契實價銀　兩
別寘房產　間　驗契實價銀　兩
生理資本　估　銀　兩
以上共計銀　兩
照銀應積穀　石
本縣限　日　完
查已完　石
未完　石
誓　督藏者以民濟民官不賒借者取一粒男盜女娼

此票極得法。按冊查田。則田不得欺隱。驗契查銀。則銀不得欺隱。照銀數之多寡。爲積數之多寡。則確有憑據。無由規避。視委任羣小。聽憑簽報。得以上下其手。滋爲奸弊者。萬萬不侔矣。自積自藏。有利無害。然百姓每圖規避不肯順從者。爲不信其上爾。非民之罪也。信誓旦旦。豈徇已哉。

既上所派米若干石。限十日。百石。限一日。藏於各家圖所。卽中戶自食者。亦須各家用箱盛貯。屆期。俟本縣照票驗糧。如有積不照數。遲不如限。用不稟官者。查出。照所欠之數。罰入義倉備賑。仍勒限催補完數。

守城所最患者。第一曰豪强不用命。以五斗縣令。而欲尊貴鄉紳俯首聽命。倡率小民。勢必不行。如明季秦晉楚豫各州縣。爲流寇所殘破者。半由鄉紳慳吝不肯捐輸。動掣縣官之肘也。今使之自積。夫復何辭。然此不過爲一時城守計爾。實倉立社。勸農興屯。貴粟賤金。抑末務本。皆守土所宜預籌者。故附載于左。

常平倉

李悝三熟三饑

魏李悝謂文侯曰。善平糴者。必謹觀歲。有上中下三熟。上熟其收自四餘四百石。中熟自三餘三百石。下熟自一餘百石。小饑則收百石。中饑七十石。大饑三十石。故上熟則上糴三而舍一。中熟則糴二。下熟則糴一。使民適足。價平則止。小饑則發小熟之所斂。中饑則發中熟之所斂。大饑適發大熟之所止而糶。故雖遭饑饉水旱。糴不貴而民不散。取有餘而補不足也。行之魏國。國以官强。

酒民曰。此常平義倉之祖也。後世迂儒不知變通。乃以盡地力罪悝。夫不盡地力而盡民力乎。其先爲三熟以待三饑。較歲數之豐儉。若低昂鐵炭。事有必至。物有必直。故能與歲運爭衡。而爲民司命。

耿壽昌賤糴貴糶

漢宣帝時豐穰。穀一石五錢。大司農丞耿壽昌。奏言歲數豐穰。穀賤。農人少利。故事。歲漕關東穀四百萬斛。用卒六萬人。今宜糴三輔宏農五郡穀。足供京師。可省關東漕卒過半。又白令邊郡皆築倉。以穀賤時增其價而糴以利農。穀貴時減價而糶。名曰常平倉。民便之。賜昌關內侯。

酒民曰。一言爲萬世之利。侯封其宜哉。但後世循行。愈失其初。府縣配戶督米。上倉有稽遲。則迫償鞭撻。甚於稅賦。名爲和糴。其實害民。至救荒時。慳吝不發。即發亦多衙門有力者包之。不能徧及鄉村也。若用常平錢。於豐熟處循環收糴。以濟饑民。而鄉村下戶。即以錢賑之亦可。

常平米

昔蘇文忠公自謂在浙二年。親行荒政。只用出糶常平米一事。更不施行餘策。若欲賑濟饑貧。不惟所費浩大。有出無收。而此弊一作。饑民雲集。盜賊疾疫。客主俱斃。惟將常平斛斗糶出。官司簡使。不勞給納煩費。但將數萬石斛斗在市。自然壓下物價。境內百姓。人人受賜。此前賢已試之法。故曰常平法斷當復也。其法專主糴糶。而糴本常存。蓋不費之惠。其惠易徧。弗損之益。其益無窮。誠救荒之良策矣。

義倉

長孫平義倉奏

隋文帝開皇三年。度支尙書長孫平。見天下多罹水旱。百姓不給。　令民間每秋出粟麥一石已下。貧富差等。儲之閭巷。以備凶年。名曰義倉。收穫之日。隨其所得。勸課出粟及麥。於當社造倉窖貯之。卽委社司執帳簡驗。每年收積勿使損敗。若時或不熟。當社有饑饉者。卽以此穀賑給。自是諸州儲米委積。

王祺請復義倉

仁宗明道二年。詔議復義倉。不果。景祐中。集賢校理王祺請復置。令五等以上戶隨夏秋二稅。二斗別輸一升。水旱減稅則免輸。州縣擇便地置倉貯之。領於轉運使。計以一中郡正稅。歲入十萬石。則義倉可得五千石。推而廣之。其利溥哉。且兼幷之家。占田常廣。則義倉所入常多。中下之家。占田常狹。則義倉所入常少。及水旱之際。則兼幷之家、未必待此而濟。中下之民實先受其賜矣。

居士曰。如此明晰。何以不行。正因不利於兼幷之家。故從中阻格耳。

賈黯乞立民社義倉

皇祐五年。右司諫賈黯。乞立民社義倉。上下其議。或謂稅賦外兩重供輸。或謂恐招盜賊。或謂已有常平賑給。或謂置倉煩擾。黯復奏曰。臣嘗判尚書刑部。見天下歲斷死刑。多至四千餘人。其中盜賊率十六七。蓋愚民迫於饑寒。枉陷重辟。故臣請復義倉以備凶歲。若謂賦稅外兩重供輸。則義倉之實。乃斂民儲積。以備水旱。官爲立法。非以自利。行之既久。民必樂輸。若謂恐招盜賊。盜賊利在輕貨。不在粟麥。今鄉村富室。有貯粟數萬石者。不聞有劫掠之虞。且盜賊之起。本由貧困。民有貯積。雖遇水旱。不憂乏食。則人人自愛而重犯法。正消除盜賊之源也。若謂有常平足以賑給。則常平之設。原以準平穀價。使無甚貴賤之傷。凶饑發賑。既已失其本意。而費又出公帑。近歲非無常平。小有水旱。輒流離餓莩。則是常平果不足仰以賑給也。若謂置倉廩。斂材木。恐滋煩擾。今州縣修治郵傳驛舍。皆斂於民。豈於義倉獨畏煩擾哉。人情可與樂成。不可與謀始。願自朝廷斷而行之。

劉行簡義倉奏狀

劉行簡奏狀略曰。義倉創於隋。廣於唐。國朝因焉。其後病煩擾轉輸。罷之。神宗始復舊制。然推行有未盡合者。義倉取粟於民。還以賑民。不可不均。今寘倉入粟。止在州縣歲饑散給。山澤僻遠之民。往往不霑其利。其力能赴州縣就食者。蓋亦鮮少。況所得不足償勞。流離顛沛。不可勝言。此豈社會本意哉。臣謂當於本縣鄉村。多寘倉窖。自始入粟。以及散給。悉在其間。大縣七八處。小縣三四處。遠近分布。俾適厥中。縣令總其凡。以時簡較。遇饑饉時。丞簿尉等分行鄉村。計口給散。旬一周之。庶幾僻遠之民。均受其賜。不復棄家流轉道路。此利害之較然者也

社倉

趙汝愚社倉疏略

宋孝宗時。趙汝愚知信州。請逐鄉寘廒。委社司掌管。縣丞簡察。疏略曰。城郭之患。輕而易見。鄉村之害。重而難知。求所以施行之策。亦不過勸諭上戶廣行出糶。轉移常州義倉之米以賑之而已。夫勸諭上戶。殆成虛文。轉移米斛。復多欺弊。望遠採隋唐社倉之制。而去其損耗乏絕之

弊。明詔有司。將逐州每年合納義倉米斛。除五分依見行條法隨正稅就州縣送納外。將五分於逐鄉寘廒。每歲輸差上戶兩名。充社司掌管受納。委佐貳官簡察欺弊。不如法者正治之。則鄉里晏然。若有所恃。雖遇歉歲。奸宄之心無自生矣。

朱文公社倉法

乾道四年。民艱食。朱熹請於府。得常平米六百石賑貸。夏受粟於倉。則冬加息以償。歉蠲其息之半。大饑盡蠲之。凡十有四年。以原數六百石還府。見儲米三千一百石。以爲社倉。不復收息。每石止收耗米三升。以故一鄉四五十里間。雖遇歉年。民不缺食。詔下其法於諸路。其法。以十家爲甲。甲推一人爲首。五十家則推一人通曉者爲社首。其逃軍及無行之士。衣食不缺者。並不得入甲。應入甲者。又問其願不願。願者開具其家大小口若干。大口一石。小口五斗。五歲以下者不與。寘籍以貸之。其以濕惡不實還者有罰。

居士曰。陸象山嘗言社倉固爲民之利。然年常豐。田常熟。則其利可久。如一遇歲歉。則有散而無斂。來歲秧時缺本。便無以賑之。莫如兼置平糴一倉。豐時糴之。使無價賤傷農之患。闕時糶之。以抑富民封廩騰價之計。析所糴爲二。每存其一。以備歉歲代社倉之匱。實爲民便也。近桐城方宮保觀承總制直隸時。亦仿朱文公行社倉法。籌畫分析。立制周詳。計通省村集三萬九千六百八十有七。爲倉一千有五。一鄉之貯。足以救一鄉之民。使民知雖在官。而猶積於家。既無胥役之侵擾。亦無往來道路之苦。誠良法也。

建安社倉

建安社倉記曰。成周之制。縣都各有委積。以待凶荒。隋唐所設相倉。亦近古良法也。今皆廢矣。獨常平義倉。尙有古遺意。然皆藏於州縣。所恩不過市井惰游輩。深山長谷之民。雖饑餓瀕死而不能及也。及爲法太密。吏之避事者。又視民殍而不肯發。往往全其封鐍。遞相傳受。一旦不獲已。發之。已化爲浮埃聚壤而不可食矣。夫以國家愛民之深。其慮豈不及此。特以里社不必皆可任之人。欲聽其所爲。則恐其計私害公。欲謹其出入。則鉤較彌密。上下相遁。其害又有甚焉。是在良有司加之意哉。

金華社倉

金華社倉記曰。世俗所以病社倉者。不過以王氏青苗爲說爾。夫青苗立法本意未爲不善。但其給之也。以金不以穀。其處之也。以縣不以鄉。其職之也。以官吏而不以鄉人士君子。其行之也。以聚斂亟疾之意。而不以慘怛忠厚之心。是以能行之一邑不能行之天下。程子嘗極論之。而卒不免悔其已甚而有激也。

酒民曰。盜之熾也。大概爲饑驅耳。或困於重斂。或厄於天災。兵馬旣擾耕鋤。居處復生荊棘。走險偷生。勢所必至。君門萬里。賙賑難徧及蔀屋。爲民父母者可不早爲之計乎。心誠求之。富敎之方。更僕難數。而倉庾儲粟。尤救荒弭盜第一義。今天下郡邑倉庾。名固在也。半耗之那借。半耗於侵漁。半充上司無礙鏹糧之用。卽有實心任事之有司。後來者不可知矣。有治人。無治法。自古言之。

勸農

素書稱逆說

素書曰。蔬粟不足。末作不禁。民必有飢餓之色。而工以彫文刻鏤相稱也。謂之逆。布帛不足。衣服無度。民必有凍寒之腹。而女以美衣錦繡綦組相稱也。謂之逆。

神農養生捹形

神農曰。丈夫丁壯而不耕。天下有受其饑者。婦人當年不織。天下有受其寒者。是故其耕不彊者。無以養生。其織不彊者。無以捹形。

筦子富强先於粟

鶡子曰。先王知衆民强兵廣地富國之必生於粟也。故禁末作。止奇巧。而利農事。今爲末作奇巧者。一日作而五日食。農夫終歲之作。不足以自食也。然則民舍本事而事末作。則田荒而國貧也。

亢倉子先務農業

亢倉子曰。人舍本而事末。則不一令。不一令。則不可以守。不可以戰。人舍本而事末。則其產約。其產約。則輕流徙。則國家時有災患。皆生遠志。無復居心。人舍本而事末。則好智。好智則多詐。多詐則巧法令。巧法令。則以是爲非。以非爲是。右先聖王之所以理人者。先務農桑也。

淮南子天時地利人力

淮南子曰。食者民之本也。民者國之本也。國者君之本也。人君上因天時。下盡地利。中用人力。是以羣生遂長。五穀蕃殖。教民養育六畜。以時種樹。務修田疇。滋殖桑麻。肥磽高下。各因其宜。邱陵阪險不生五穀者。以樹竹木。春伐枯槁。夏取果實。秋畜疏食。冬伐薪蒸。以爲民資

王符以一奉百說

王符曰。今務本者少。浮食者衆。資末業者。什於農夫。虛僞游手者。什於末業。是則一夫耕

。百人食之。一婦蠶。百人衣之。以一奉百。孰能供之。

晁錯開資財之道

晁錯曰。聖王在上。而民不凍饑者。非能耕而食之。織而衣之也。爲開其資財之道也。故堯禹有九年之水。湯有七年之旱。而國無損瘠者。以蓄積多而備先具也。民貧生於不足。不足生於不農。不農則不地著。不地著則離鄉輕家。民如鳥獸散。雖高城深池。嚴法重刑。烏能禁之。

韓麒麟計口受田

孝文帝太和十一年。韓麒麟陳時務曰。經國立治積儲九稔。謂之太平。用能衣食滋茂。禮敎興行。逮於中代。亦崇斯業。入粟者與斬敵同爵。力田者與孝弟同賞。今民庶不田者多。遊食之口。三分居二。競務矜夸。遂成侈俗。車服第宅。奢僭無限。喪葬婚娶。爲費實多。富貴之家。童僕侈服。工商之族。玉食錦衣。農夫餔糟糠。蠶婦乏短褐。故令耕者日少。饑寒之本。實在於斯。愚謂凡珍玩之物。皆宜禁斷。吉凶之禮。備爲格式。令貴賤有別。民歸樸素。計口受田。四時巡行。勸相勸課。嚴加賞賜。數年之中。必有盈贍。雖遇災凶。免於流亡矣。

賈誼驅民歸農

賈誼曰。筦子曰。倉廩實而知禮節。民不足而可治者。自古及今。未之嘗聞。一夫不耕。或受之饑。一女不織。或受之寒。生之有時。而用之無度。則物力必屈。古之治天下。至纖至悉。故其蓄積足恃。今背本而趨末。食者甚衆。是天下之大敝也。淫侈之俗。日益以長。是天下之大賊也。苟粟多而財有餘。何爲而不成。以攻則取。以守則固。以戰則勝。今驅民而歸之農。皆著於本。使天下各食其力。末技游食之民。轉而緣南畝。則蓄積足。而人樂其所矣。

龔遂勸民務農

龔遂守渤海。見齊俗奢侈。好末技。不田作。乃躬率以儉約。勸民務農桑。令戶種一樹。榆百本。薤五十本。葱一畦。二母彘。五母雞。民有帶持刀劍者。使賣劍買牛。賣刀買犢。春夏無日不趨田畝。秋冬課取。郡中有積蓄。吏民皆富實。訟獄止息。

召信臣出入阡陌

召信臣爲上蔡長。視民如子。歷零陵南陽太守。好爲民興利。務在富之 出入阡陌。勸農稀有甯居。時行視水泉。開溝瀆數十處。以廣灌溉。歲歲增加。多至三萬頃。民得其利。爲民作均水約束。刻石立田畔。防水爭。禁婚喪奢靡。務儉約。府縣吏子弟好遊遨不田作者。輒斥罷之。化大行。盜賊獄訟衰止。吏民親愛之。號召父。

酒民曰。今燕齊地方不修水利。旱則赤地。雨則漫溢。民無兼歲之蓄。豐則怒馬鮮衣。歉則流離轉輸。不識可以信臣之政行之否。又聞南力到山頭。而兩廣地不盡利。四川兩湖苦粟賤金貴。而山東無粱食子。守令其地者。如能留心區畫。亦莫大功德也。

樊準督課農桑

漢樊準守鉅鹿。時饑荒之餘。人戶且盡。準課督農桑。廣施方略。期年間。穀粟豐賤數十倍。而趙魏之郊。數爲羌所鈔暴。準外禦寇虜。內撫百姓。郡境以安。

秦彭興起稷田

漢秦彭守山陽。興起稻田數千頃。每於農月。親度頃畝。分別肥瘠。差爲三品。各立文簿。藏之鄉縣。於是奸吏跼蹐。無所容許。彭乃上言。宜令天下同之。

茨充教民種植

漢茨充守桂陽。俗不事贏織。民多徒跣。十二月盛寒時。股裂血出。燃火燎之。春溫膿潰甚苦。充初到憫焉。乃教民種植桑柘麻苧。養蠶織履。民甚利之。

鄭渾驅民之農

漢鄭渾令邵陵時。遭李郭之亂。人咸不念產殖。農桑盡廢。境內蕭然。渾嚴立條約。驅民之農。開稻田招撫流遺。計人給畝。命牆下植桑。教以繭絲。怠惰者有常罰。時遣吏人。存問耆老。賜以肉帛。其年禾穀大登。民咸安業。

郭禹通商務農

唐郭禹爲荊南留後。勵精爲治。撫集凋殘。通商務農。晚年殆及萬戶。時藩鎭莫以養民爲事。獨華州刺吏韓建。招撫流散。勸課農桑。數年間民富軍贍。時人謂之北韓南郭。

張全義立屯將

唐張全義尹河南。東都薦經寇亂。居民不滿百戶。全義選麾下十八人。給一旗一榜。謂之屯將。使詣十八縣故墟落中。植旗張榜。招懷流散。勸之樹藝。民歸如市。出見田疇美者。輒下馬。與僚佐共觀之。勞以酒食。蠶麥多者。親至其家。悉呼老幼。賜以茶綵。民間言張公不喜聲伎。見之未嘗笑。獨見佳麥良繭則笑耳。有田荒穢者。集衆杖之。或訴以乏人牛。乃召其鄰里。責使助之。由是比戶豐實。遂成富庶。

高允言農事

魏大武禁封良田。游食者衆。高允曰。臣少也賤。所知惟田。請言農事。古人云。一方里。則爲田三百七十頃。方百里。則田三萬七千頃。若勸之則畝益三升。不勸則畝損三升。方百里損之。率爲二百三十二萬斛。況以天下之廣乎。若公私有儲。雖遇饑年。復何憂乎。帝善之。遂除田禁。悉以授百姓。

張詠拔茶植桑

張詠。字復之。濮州人。中進士乙科。知崇陽縣。民以茶爲業。詠曰。茶利厚。官將搉之。命拔茶植桑。民以爲苦。其搉茶。他縣皆失業。而崇陽之桑。皆已成爲絹。歲百萬匹。民富至今。詠在崇陽。嘗坐城門下。見里人有負菜歸者。問何從得之。曰。買之市。詠怒曰。汝居田里。不自種菜而食。何惰耶。笞而遣之。

范純仁勸植桑

宋范純仁知襄城。民不蠶織。勸使植桑。有罪而情輕者。視所植多寡除其罰。民益賴之。

劉涣買耕

宋劉涣知澶州。値河北地震。民乏食。率賤賣耕牛。以圖朝夕。涣發倉儲買之。明年。耕牛價增十倍。涣卽出所市牛。以原値與民。賴不失業。

紇石烈良弼惟農是務

金世宗問宰臣曰。堯有九年之水。湯有七年之旱。而民不病饑。今一二歲不登。而人民乏食。何也。紇石烈良弼對曰。古者地廣人淳。崇尚節儉。而又惟農是務。故蓄積多而無饑饉之患也。今地狹民衆。又多棄本逐末。耕之者少。食之者衆。故一遇兇歲。而民已病矣。上然之。命有司懲戒荒縱不務生業者。

江公望大器以農爲急

江公望曰。民爲邦本。食爲民天。洪範八政以食爲先。故教生於旣富。禮興於足食。操大器者。未有不以農爲急。漢文帝以孝弟力田者同科。詔書勸諭。謁者賜勞。自爾海內富足。幾致刑措。今郡守縣令。以外任之輕。安於苟簡。致民不安業。澤不下流。無足怪也。願行勸課力田之詔。發於惻怛。重於丁甯。終以不倦。如田疇加民安其政。雖長子孫勿易。於是久任之道寓焉。璽書勉諭。加秩賜金。須公卿。則簡之郡守。闕郎選。則縣令入補。於是外重之勢舉焉。一舉而三得之矣。

洪武課百姓植桑棗

洪武二十七年。令工部移文天下。課百姓植桑棗。每百姓。初年課種二百株。次年四百株。三年六百株。栽種訖。具如日報。違者謫戍邊。

儲穀

王制一年三年之食

禮記王制曰。國無九年之蓄。曰不足。無六年之蓄。曰急。無三年之蓄。曰國非其國也。三年耕必有一年之食。九年耕必有三年之食。以三十年之通。雖有凶旱水溢。民無菜色。然後天子食。日舉以樂。

積穀有四

積穀有四。贖罰糴勸。勸借之法。非凶年決不可行。至於律雖禁罰。蓋罰外加罰爾。果不問罪而罰穀。不折銀而納穀懲罪人。寬重法。以備萬民救死之資。許以科罰罪之哉。倘折銀。及罪外加罰。常以守論。

贖鍰備賑

儲蓄之法。不必如賈誼募民屯種也。不必如晁錯募民入爵免罪也。但就今之贖鍰責其實。而郡邑監司。歲可積五千石以上。雖使者布臬。所積尤多。行之十年。足備一年之賑矣。夫民饑得粟數斗卽活。今以供饋遺。是饋者以數百人生命。結人一朝之歡。而受者囊數百人之命以去。奈何不思之泣下也。人以行政。政以修備。其在親民賢令乎。

贓罰糴穀

今之撫司。有第一美政。所急當舉行者。將各項下贓罰銀。督令各府縣。盡數糴穀。其罪犯。自徒流以下。許其以穀贖罪。大率上縣每年要穀一萬。下縣五千。兩湖三江浙省下。有縣凡一百。則每年有穀七十餘萬。積至三年卽有二百餘萬矣。若遇一縣有水旱之災。聽於無災縣內通融借貸。俟豐熟補還。則百姓可免流亡。而朝廷於財賦之地。永無南顧之憂矣。儲穀之善。無過於此。

居士曰。此法能行。上不耗朝廷之財賦。下以備百姓之餘糧。一遇歲荒。取之如寄。眞儲穀之良法也。

詞訟出粟贖罪

民間詞訟屬戶律者。如戶婚。田土。坊場。津渡。墟市之類。訟而得理者。俾量力而出。（爭田者上田一畝三斗中田二斗下田一斗爭婚者上戶三十石中戶二十石下戶十石或四五石之類）其無理者。亦罰米以贖罪。皆貯之倉。以備荒政。

鬻戶絕田收租貯倉

宋制。凡戶絕之田。舉歸官。不聽旁支繼業。以息爭端。官爲公鬻之。韓魏公奏請戶絕田弗鬻。募人耕而收其租。別爲倉貯之。曰廣惠倉。以提刑領其事。歲終具田納之數。上三司。每千戶之鄉約留租百石以爲率。其戶寡而田有餘者。鬻如舊。於是賑飢荒。恤鰥寡。皆與之。而不責其償。國賦不損而民蒙實惠。

州縣谷豆二萬石

呂坤曰。州總積谷豆二萬石以上。方爲寬綽。雖遇凶年。人不至於相食。決不可一半在外。即放在外。許借不許賑，救死不救飢。即借。春出秋必收。利必加三還官倉。名預備。非但救荒年也。每遇小民告賑。衙蠹開端。一時申請賑借。放出再不催還。到兵荒馬亂時。百姓死活莫能相顧矣。遇小饑中饑之年。上司輕動倉粮。本縣士夫不可不以此意强止之。

興屯

趙充國屯金城

宣帝時。趙充國擊先零羌。乃言擊虜。以殄滅爲期。願罷騎兵屯田。益積蓄。省大費。且條上留田便宜十二事。

酒民曰。守邊者固當知屯田之利。亦不可不知擾田之害。今邊塞可耕之地。近城堡者固易爲是。若邊外地遠勢孤。必如充國所謂乘塞列隧虜大攻不能爲害。而又有山阜。可以望遠。有溝塹。可以限隔。有營壘。可以休息。架木以爲譙望。聯木以爲排棚。時出遊兵。以防寇掠。如是則屯耕之卒。身有所蔽。而無外虞。心有所恃。而無內恐。得以盡力於畎畝之中。而享收獲之利矣。

棗祗屯許下

漢末。天下亂離。諸軍並起。卒乏粮穀。無終歲之計。曹操從棗祗請建置田官。以祗爲都尉。募民屯田許下。得穀百萬斛。於是所在積穀。倉廩皆滿。征伐四方。無運糧之勞。

諸葛亮屯渭濱

諸葛亮伐魏數出。皆以運糧不繼。使己志不伸。乃分兵屯田。爲久駐之計。耕者雜於渭濱居民之間。而百姓安堵。軍無擾焉。

司馬懿屯江淮

司馬懿欲廣田蓄穀。爲滅賊資。鄧艾以爲良田水少。不足盡地利。宜開河渠。以引水澆灌。又通漕運之道。乃著濟河論。以爲昔破黃巾。屯田積穀。以制四方。今三隅已定。事在淮南。每大軍征進。運兵過半。功費巨億。陳蔡之間。上下田良。可省許昌左右諸稻田。並水東下。令淮北屯二萬人。淮南三萬人。十二分休。常有四萬人。且田且守。計除衆費。歲完五百斛。以爲軍資。六七年間。須積三千萬斛於淮上。此則十萬之衆五年食也。以此乘吳。無不克矣。懿善之。乃開廣漕渠。每東南有事。大軍泛舟而下。達於江淮。資食有儲。而無水害。

羊祜屯襄陽

晉羊祜鎭襄陽。墾田八百餘頃。祜之始至也。軍無百日之儲。及其季年。倉有十年之積。

杜預修召信臣遺跡

平吳後。杜預修召信臣遺跡。激用滍淯諸水。以浸原田萬餘頃。分疆刊石。使有定分。公私同利。衆庶賴之。

吳玠守蜀治屯田

吳玠守蜀。與敵對壘十年。常苦運餉勞民。屢汰冗員。節浮費。益治屯田。歲收至十萬斛。命梁洋守將。治襄城廢堰。民知灌溉可恃。願歸業者數萬家。

韓重華墾田三千八百里

元和中。振武軍飢。李絳請開營田。可省度支漕運。乃命韓重華爲營田使。起代北。屯田三百頃。出贓罪吏九百餘人。給以耒耜耕牛。假種糧。因募人爲十五屯。每人耕百畝。凡墾田三千八百餘里。歲收粟以省度支錢。

廣集築堤捍水爲田

元虞集進言曰。京師之東。瀕海數千。北極遼海。南濱青齊。萑葦之場也。海潮日至。淤爲沃壤。宜用浙人之法。築堤捍水爲田。聽富民欲得官者。合其衆分受以地。官定其畔以爲限。能以萬夫耕者。授以萬夫之田。爲萬夫之長。千夫百夫亦如之。察其惰者而易之。三年後視其成。五年有積蓄。命以官。就所儲給以祿。十年不廢。得以世襲。如軍官之法。

葉盛官牛官田法

景泰中。葉文莊公盛。以左參政協贊獨石等處軍務。嘗請官銀。買牛千餘頭。謫戍卒不任戰事。俾事耕稼。歲課餘糧於官。凡軍中買馬勞功恤貨各費。皆於是乎取給。後巡撫宣府。修復官牛官田法。墾田益廣。積穀益多。以其餘易戰馬千八百匹。築城堡七百餘所。

徐貞明屯田七利

萬歷中。御史徐貞明。陳屯田七利。謂國家餽餉。皆仰給東南。每數石而致一石。水利興。則西北有一石之入。卽省東南數石之輸。利一。北地旱則赤地千里。潦則洪流萬頃。水利興。而溝澮蓄洩。旱潦有備。利二。且水既不漲溢。則河流殺而無冲決之禍。利三。邊地平原千里。虜騎便於馳突。今隄有樹。溝有水。則田野皆金湯。利四。塞上之卒。募軍有居行給餉之費。班軍有春秋更番之勞。籍軍有逃亡勾補之苦。今軍營田。以田養軍。則屯政舉。而勞費自省。利五。宗祿勢將難繼。中尉以下量歲祿之意。官授以所墾田若干。開其治生之端。令爲永業。後不再授。使彼得勤生積產。以爲子孫計。上下無怨。利六。四方戶口。多寬狹不均。今舉莽蕩之地。畫井居民。移多益寡。人與地稱。利七。

救荒

宋氏宗元曰。古無荒政。耕三餘一。耕九餘三。卽三代之荒政也。以三十年之通制國用。使其家自爲計。不必有散財發粟之費。而蓄積足恃。此政之救於未荒者也。未荒既有以備之。而旣荒則又有遺人掌鄉關之委積。以待艱阨。籌畫周救。不遺餘力。故其時有荒歲。而無荒民。後世生齒漸繁。而民食或缺。古法既不能行。則臨時策救之善者。如宋之范文正。富鄭公。文潞公。趙清獻諸策。皆一時良法。要在得其人以任之耳。如不得其人。則常平義社亦足以叢奸而滋弊者也。救荒有先策。有先先策。有正策。有權策。

先先策

先先策者。未然也。尙書云。懋遷有無化居。又云。濬畎澮距川。此皆已試之規。而議者紛紜。任者脆手。又如山東各省。或憂水患漂業。或昧水利致困。或苦粟賤。或患地窄。或豪奢蕩積。

或逐末傷本。有司涖任。宜預講求。問其何饒何乏。可就本地通融。本地經畫者。則修之敎之。(如貸谷食者廣種可也婚喪飲宴過侈皆能耗谷嚴禁之可也)或必借裕鄰方。借靈海道者。則調之護之。(如薄商征清海寇貿易命粟之類)又如折色本色。僱役差役。各有利病。咸宜體悉。大要總在重農而貴粟。勸相勸而修水利。有事以粟爲賞罰。則粟貴矣。廢田不耕者有懲。遊手蠶食者有禁。遇良田。則駐車勸賞。遇水利。則委曲通融。則水利修矣。常平倉義倉社倉之法。委任得人。出納有經。不至虛費。不至刁難。有朱子劉如愚者以總領之。可無凍餒之老。道殣之莩矣。吁。安得有心人在在如此哉。

先策

先策者。將然也。如有旱有水。谷種既沒。則飢饉立至。當預爲廣糴他方。又簡災傷無可生理者貸之。隨地利可栽植者敎之。令貧富皆約食。曰。此惜福救災宜爾也。昔程珦知徐州。久雨壞谷。珦度水涸時。耕糧已過。乃募富家。得豆數千石貸民。使布之水中。水未盡涸而甲已露矣。是年遂不艱食。又各州縣有上供糧米者。先事奏請截留。而以其糴錢計奉朝廷。則米價自落。國賦不虧。蘇軾救荒議。言此甚悉。此二策者可法也。救之於未飢。則用物約。而所及廣。民得營生。官無失賦。若其飢饉已成。流殍並作。雖擱路散粥。終不能救死亡。而耗散倉廒。虧損課利。

所傷大矣。

正　策

正策權策皆已然者也。正策。一曰。開倉賑貸。二曰。留截上供米賑貸。三曰。自出米及勸糴富民賑貸。四曰。借庫銀循環糴糶賑貸。五曰。興修水利補葺橋道賑貸。每及下戶。而中等自守頭面。坐而待斃。又城市之人。得蒙周恤。鄉村幽僻。富戶既稀。拯救亦缺。此尤宜周詳曲處者也。大略賑濟之法。旬給斗升。官不勝勞。民不勝病。抑而坐待倉米。卒無以繼。此立斃之術。莫若計其地里遠近。口數多寡。人給兩月糧。歸治本業。可無妨生理。趣令良帥紹興用此法。城無死人。歡呼盈道。又李珏在陵陽時。將義倉米多寘場屋。減價出糶。既先救附近之民。却以此錢。約價計口。逐月一頓支給。以濟村落。一物兩用。其利甚溥。蓋遠者用錢。可免減竊拌和之弊。轉運耗費之艱。村民得錢。非惟取贖農器。經理生業。亦可收買雜糧。和野菜煮食。一日之糧。可化數日之糧。甚簡甚便。此二策者可法也。不然。村民一聞賑濟。望風扶攜入郡。官司未即散米。裹糧既竭。餓死紛然。曾無幾何。而官倉已罄。是以賑濟之名誤其來而殺之也。故須預印榜四出。諭以發錢米下鄉。未可輕動。恐名籍紊亂。反無所得。庶革飢貧雲集之弊。民不去其故居。則家計依然。上不煩於紛給。則奸宄不生。視離鄉待斗升米而不暇他爲。顧不遠哉。「以上議賑濟）糴常平米用平價。又借庫銀。於多米地方。循環糴糶。則用貴米時減價四分之一。而民已有所濟。至富民之價。切不可抑之。抑之則閉糶。而民愈急。勢愈囂。其亂可立待也。況官抑價。則客米不來。境內乏食。而上戶之粗有蓄積者。愈不敢出矣。明文彥博在成都。適值米貴。不抑民價　只就寺院立十八處。減價糶米。仍多張榜文招糴。翌日米價遂減。范仲淹知杭州。斗粟百二十文。仲淹增至百八十。衆不知所爲。仍多出榜文。具述杭飢增價招引。商賈爭先趨利。價亦隨減。此二策者可法也。或恐貴糴減糶。財用無出。不知米貴不能多時。將減糶之銀。待米熟時。點谷上倉。無不支矣。（以上議平糶）至於棄子有收。强糴有禁。嘯聚巨魁。必剪其萌。澤市關梁。暫停其稅。此皆因心妙計。慈祥者所必至者也。

權策

權策。如畢仲游。先民未飢。揭示曰。郡將賑濟。且平糴若干萬石。大張其數。勸諭以無出境。民皆安堵。已而果漸艱食。飢民十七萬。顧所發粟不及萬石。以民粟繼之。而家給人足。民無逃亡。又如吳遵路。令民采薪芻。出官錢收買。却令於常平倉市米物。歸贍老稚。凡買柴二十二萬束。候冬鬻之。官不傷財。民再獲利。此二策者可法也。又以飛蝗遺種。勸種豌豆。民卒免艱食。如婚葬營繕等事。皆勸民成之。宴樂賽願。都不復禁。所以使貧者得射利爲生。至於重罪有可出之機。令入粟赦贖。蓋借一人以生千萬人爾。

周禮遺人掌委積

周禮。遺人掌邦之委積。以待施惠。鄉里之委積。以恤民之艱阨。門關之委積。以養老孤。郊里之委積。以待賓客。野鄙之委積。以待羈旅。縣都之委積。以待凶荒。

周禮荒政十二

周禮。以荒政十有二聚萬民。一曰散利。(貸種食)二曰薄征。(輕租稅)三曰緩刑。四曰弛力。(息徭役)五曰舍禁。(山澤無禁)六曰去幾。(關市不幾)七曰眚禮。(殺吉禮)八曰殺哀。(殺凶禮)九曰蕃樂。(蕃樂不作)十曰多婚。(不備禮婚娶)十有一曰索鬼神。(求廢祀修之)十有二曰除盜賊。(徹巡嚴警)

十二政。治荒也。非待荒也。古稱荒政。貴不治之治而治荒。倘無功之功。周先王肅乂時若。弭之密矣。分溝浚澮。禦之周矣。嬰茅代犧。鬖之素矣。此皆未災而兢兢。非必十二政而後爲救也。語曰。三代而上。有荒歲無荒民。夫無荒民矣。安所事荒政哉。故垣帘蓋蒙。將散利何所用之。業敍輸粟。將薄征。弛力。舍禁。何所用之。士沃而好義。乃緩刑。去幾。除盜。諸禁無庸矣。時詘而備羸。乃眚禮。殺哀。蕃樂。多婚。索鬼神。諸制無庸矣。晚近則詳於爲救。而疏於爲待。倉卒而議。尋緣而行。不過發廩蠲逋。如周所稱散利而已。他未遑也。世謂救荒無奇策。彼惟恃荒政爲足救。需善救以見奇。而周官之旨失爾。因爲之說曰。唐虞岳牧。類以盡職爲能。惟明刑一職。必使官之不盡其法爲能。周官六卿以明試爲功。惟救荒一典。必使虛而罔試爲功。然則荒政遂可無講歟。曰。何可不講也。水旱國家所代有也。備荒上策矣。即不備而救。猶得下策。

胡傳救災之政

春秋胡傳曰。古者救災之政若國凶荒。或發廩以賑乏。或移粟以通用。或徙民以就食。或爲粥以救饑殍。或興工作以聚失業之人。

韓詩外傳大祲之禮

韓詩外傳曰。一谷不升謂之祲。二谷不升謂之饑。三谷不升謂之饉。四谷不升謂之荒。五谷不升謂之大祲。大祲之禮。君食不兼味。台榭不飾。道路不除。百官布而不制。鬼神禱而不祀。

陳登救荒爲典農校尉

陳登長東陽。歲時饑饉。百姓流離轉徙者相半。登乃籍廬舍。度隴畝。爲之設辦。得舍宇一千三百有奇。招諭流民。使復舊業。其有弱病他鄉者。責其姻黨。使負歸之。不踰年。而民之流散者咸聚。捐廩之餘粟。以給病瘠。其强壯者。則令日供官作以就食焉。州牧陶謙表登爲典農校尉。去之日。居民號泣。爲之罷市。

范仲淹發粟給餉

景祐二年。吳中大饑。范仲淹鎮浙西。發粟募民給餉。爲術甚備。吳人喜競渡。好佛事。公從民競渡。日出宴湖上。是歲民多疫。公欲興徭役以勞之。使民得食其力。又氣血運動。而疾病不生。召諸寺僧曰。饑歲工價至賤。可大興土木之役。監司劾公不恤荒。公自爲條敍。所以宴游興造。欲以有餘之財惠貧者。貿易飲食工技服力之人仰食於公者。日無慮萬數。荒政莫大於此。

富弼活流民五十餘萬

富弼落職知青州。河朔大水。饑民流入境。卒難獲食。相繼待斃。弼擇所部豐稔者三州。勸民出粟得十萬斛。益以官廩。擇公私廬舍十餘萬區。散處其人。以便薪水。擇待缺官吏廉能者。給其祿。使即民所聚。問老弱疾苦。官吏皆書其勞。約爲奏請。率五日。輒以酒食勞之。出於至誠。人人盡力。山林河泊之利。聽流民取爲生。有死者。爲大塚葬之。題曰叢塚。從者如歸市。或謂弼非所以處危疑。曰。能全活數十萬人之命。不勝二十四考中書令哉。行之愈力。明年麥大熟。流民各以遠近受糧而歸。所全活五十餘萬。募爲兵者萬計

洪佛子活饑民九萬五千餘人

洪皓爲秀州僉事。大水。田盡沒。流民塞路。倉庫空虛。無賑救策。公白郡守。以荒政自任。悉籍境內粟。留一年食。發其餘。糴於城之四隅。不能自食者。官爲主之。立屋於西南兩廢寺。十人一室。男女異處。防其淆僞。涅黑子識其手。西五之。南三之。負爨樵汲有職。民羸不可杖。有侵牟鬥囂者。亂其手文逐之。借用所掌發運名錢。錢且盡。會浙東運常平米斛四萬過城下。公遣吏鎖津栅。語守使截留。守噤不肯。曰。此御筆所題也。罪死不赦。皓曰。民仰哺當至麥熟。今臘猶未盡。中道而止。何如勿救。甯以一身易十萬人命。迄留之。無何。廉訪使至郡。曰。平江哀號訴饑者旁午。此獨無有。何也。守具以對。乃如兩寺驗視。使者曰。吾嘗行邊。軍法不過是也。違制抵罪。爲君脫之。又請得二萬石。所活九萬五千餘人。人感之切骨。號洪佛子。後叛軍縱掠郡民。過皓門曰。洪佛子家也。不敢犯。

張詠何事不辦

張忠定公詠知杭州。値歲饑。冒禁販鹽。捕獲數百人。公悉寬其罪。官吏執不可。公曰。錢塘十萬家饑殍如此。若鹽禁益嚴。則聚而爲盜。患益甚矣。俟秋成敢爾。當痛懲之。仍停徵諸稅。及知成都。遇李順爲寇。城中屯兵三萬。無半月之糧。詠知鹽價素高。而民有餘廩。乃下令聽民以米易鹽。民爭趨之。未踰月。得米數十萬斛。遂奏罷陝運。帝喜曰。此人何事不辦。遷知益州。地素狹。游食者衆。稍遇水旱。則穀不給。斗米直錢三百文。乃按諸邑田稅如其價。歲折米十萬斛。至春。籍城中細民。計口給米。券輸原價糴之。奏爲永制。其後七十餘年。雖時有災饉。而益民無餒色。

趙抃救吳越旱疫

熙甯八年。吳越大旱。趙清獻公抃知越州。前民之未饑。爲書問屬縣被災者幾處。鄉民待廩者幾人。溝防興築可食民使治者幾所。庫錢倉粟可發者幾何。富人可募出粟者幾家。僧道所食羨粟書於籍。乃錄孤老病不能自食者。二萬一千九百餘人。故事。歲廩窮人。當給粟三千石而止。抃籍富民所輸。及僧道羨餘。得粟四萬八千餘石。估其費。自十月朔。人日受粟一升。幼小者半之。憂其衆相蹂也。使男女異食。而人受二日之食。憂其流亡也。於城市郊野。爲給粟之所五十有七。使各以便受之。而告出去其家者勿給。計官不足用也。取吏之不在職而寓於境者。給其食而任以事。告富人無得閉糴。自解金帶寘庭下。命糴米。施者雲集。又出官粟五萬二千餘石平價予民。爲糴粟之所凡十有八。以便糴者。又僦民修城四千一百丈。爲工三萬八千。計其傭。與粟再倍之。民取息錢者。告富人縱與之。待熟時。官爲責其償。棄男女使人得收養之。明年春。大疫病爲病坊。處疾病之無歸者。募僧二人。屬以視醫藥飲食。令無失時。凡死者使在處收瘞之。故事。廩窮人盡。三月當止。是歲五月而止。事有非便文者。抃一以自任不累其屬。有上請者。遇使輒行。早夜憊心力。無巨細必躬親。給藥食多出私錢。是時旱疫。吳越民死者殆半。抃所撫循無失。

蘇軾救饑治

杭州大旱。蘇軾請於朝。免本路上供米三之一。故米不翔貴。復得賜度牒百。易米以救饑者。又立病坊。作飦粥藥劑。遣吏挾醫。分坊治病。所活甚衆。

劉彝收棄子日給米二升

劉彝知處州。會江西饑歉。民多棄子道上。彝揭榜通衢。召人收養。日給倉米二升。每月一次。抱至官看視。又推行縣鎭。細民利二升之給皆爲收養。故一境棄子。無夭閼者。

葉夢得收三千八百餘兒

葉夢得爲許昌令。値大水災傷。發常平所儲。奏乞越制賑之。全活數萬。見道中遺棄小兒。詢左右曰。無子者何不據養。曰。固所願也。恐旣長。或來認識。夢得曰。兒爲所棄則父母之恩已絕。人不收之能自活乎。遂作空劵數千。具載本末。凡得兒者使明所從來。書劵付之。父母不得收取。又爲載籍記數。貧者給米爲食。事定按籍。計取三千八百餘小兒。此皆出諸溝壑。而致之襁褓者。

林希元荒政叢言

明嘉靖中。廣西僉事林希元荒政叢言。救荒有二難。曰得人難。審戶難。有三便。曰極貧民便賑米。次貧民便賑錢。稍貧民便賑貸。有五急。曰垂死貧民急粥飯。疾病貧民急醫藥。既死貧民急瘞埋。遺棄小兒急收養。輕重繫囚急寬息。有三權。曰借官錢以糶糴。興工作以代賑。貸牛種以通變。有六禁。曰禁侵漁。禁攘盜。禁遏糴。禁抑價。禁宰牛。禁度僧。有三戒。曰戒遲緩。戒拘文。戒遣使。

居士曰。林僉事救荒之策已備矣。而其要莫先於審戶。其病莫重於拘文。蓋戶口既淸。斯侵盜濫遺之弊自絕。若不拘文。則緩急權宜操之自我。雖然。任非其人。則戶口不可得而淸。而舞文滋弊。轉易爲奸。總在大吏能擇人耳。

賑濟

賑窮法

兵荒有警。每每開倉賑發。此自是良有司事。而賑之無法。則奸胥作弊。百姓不沾實恩。若聽人糴買。則豪族仍充作戶窮。糴歸私倉。貧民不蒙實惠。此積弊也。宜擇各坊寬敞寺觀。照僧家施粥例。先令本坊窮戶。預報花名造成一冊。約計人數若干。每日應用米若干。煑為脫粟。聽其就食。男女有班。都鄙有界。越坊覓食者誅。男女混亂則誅。庶幾粒粒皆果貧民之腹。官府又無浪費之擾。其稍能自存者。又恥來逐衆就食。較之聽民糴買。滋弊萬端。大相懸絕。夫貧民得食則反側潛消。而富家豪族皆可籍手安枕矣。

汲黯矯制發倉

漢汲黯為謁者。值河內失火。使視之。還報曰。家人失火。比屋延燒。不足憂也。臣過河南。貧人傷水旱萬餘家。或父子相食。已矯制節發倉粟以賑之。請伏罪。上賢而釋之。

韓韶開倉

韓韶為嬴長。賊聞其賢。相戒不入境。餘縣多被寇盜。廢耕桑。流民入韶縣界。索衣糧者甚衆。韶憫其饑困。乃開倉賑之。所廩贍萬戶。主者爭謂不可。韶曰。長活溝壑之人。而以此獲罪。含笑入地矣。太守素知韶名德。竟無所坐。韶生子融。官太僕。壽七十。

王望便宜出布粟

後漢明帝時。王望遷青州刺史。是時州郡災旱。百姓窮荒。望行部道。見饑者裸行草食五百餘人。愍然哀之。因以便宜出所在布粟。給其廩糧。爲作褐衣。事畢上言。時公卿皆以望之專命。法有長條。鍾離意獨曰。昔華元子反。楚宋之良臣。不稟君命。擅平二國。春秋以爲美談。今望懷義忘罪。當仁不讓。若繩之以法。忽其本情。將乖聖朝養育之旨。帝嘉意義。赦而不罪。

第五訪以身救百姓

第五訪遷張掖太守。歲饑。粟石數千。乃開倉賑給。以救其弊。吏懼譴。欲上言。訪曰。若須上報。是棄民也。太守樂以一身救百姓。遂出穀賑人。一郡得全。

鄭默比汲黯

晉鄭默爲爲東郡太守。值歲荒人饑。默輒開倉賑給。乃舍都亭。自表待罪。朝廷嘉默憂國。詔書褒歎。比之汲默。班告天下。若郡縣有此比者。皆聽出。

員半千惠出一尉

唐員半千爲武陟尉。歲旱。勸令發倉賑民。令不從。及令謁州。半千悉發之。下賴以濟。太守怒。囚於獄。會薛元超持節渡河。讓太守曰。君不能恤。使惠出一尉。尚何罪。釋之。

范堯夫發常平粟麥

范公堯夫知慶州。餓莩滿路。官無穀以賑恤。公欲發平常粟麥濟之。州縣官不欲。公曰。環慶一路生靈付某。豈可坐視其死而不救。衆欲俟奏請得旨。公曰。人七日不食卽死。何可待報。諸公但無預。吾獨坐罪爾。或謗其所活不實。詔遣使按之。時秋大稔。民曰。公實活我。忍累公耶。晝夜輸納常平。迄使至。已無所負矣。

滕元發以兵法部勒

熙甯中。淮南京東皆大饑。滕元發守鄆州。乞淮南米二十萬石以備賑。慮流民奄至。恐蒸為癘疫。乃先度城外廢營地。召諭州民。勸富戶助財。小民助力。造席屋二千五百間。一夕而成。流民至。以次授屋。井灶器用皆具。以兵法部勒少者炊。壯者樵。婦女汲。老者休。民至如歸。帝遣工部侍郎王古按視之。廬舍道巷。繩引棋列。肅然如營陣中。古圖上其事。詔褒美。所活五萬人。流民感恩。咸願為鄆民。比年。增戶七百。增口二千有奇。

洒民曰。此段識見高。謀慮周。措置捷。他人不能辦境內。而滕公能慮境外。須知其預為流民慮者。實預為鄆民慮也。安能盡天下如滕公者乎。

徹里帖木兒大發倉廩

元時歲大飢。徹里帖木兒議賑之。其屬以為必縣上府。府上省。然後以聞。帖木耳曰。民飢死者已衆。乃欲拘以常格耶。往復累月。民存無幾矣。此蓋有司畏罪。欲歸怨於朝廷。吾不爲也。大發倉廩賑之。乃請專擅之罪。文帝聞而悅之。

陶鎔擅發儲糧

宣德中。新安縣知縣陶鎔上言邑在山谷。本瘠土薄收。今歲民艱食。采拾不自給。獨亟驛有儲糧。欲申請待報。而民命在旦夕。輒發先給之需。秋成還官。請伏專擅之罪。上曰眞民牧也。降勅褒諭。

王竑好都御史

景泰中。淮徐飢。山東河北流民猝至。都御史王竑不待報。亟發廣運倉賑之。近者飼以粥。遠者給之米。力能乞就食者。爲裝遣。鬻孥者爲贖還。闢空廈六十間。處流民之病者。擇醫四十人分治之。死給棺爲大塚葬焉。所全活數十萬人。具疏待罪。初上得流民奏。大驚曰。飢死我百姓矣。奈何。已得竑發廩奏。大喜曰。好都御史。

韓琦活七百萬人

慶曆八年。大水。歲飢。流民滿道。韓魏公琦大發倉廩。並募粟寄糴。及設粥賑之。歸者不可勝數。明年。皆給糧遣還。全活甚多。後爲宰相薨。侍禁孫勉。以殺鼃爲泰山神所病。夢至一公府。見魏公金紫上坐。敎以乞簡房薄。勉出。再至一府。有三金紫者責讓之。勉乞簡房薄。三金紫怒曰。汝安知有房薄。誰泄之。勉以實告。三金紫首肯歎曰。韓侍中在陽間存心救濟水災。活七百萬人。今在此猶欲活人。吾儕不及也。簡房薄勉。倘得十五年。乃放之。

福民曰。魏公持世。許大事業。而泰山君首稱其水災救人。豈非救焚拯溺。功德尤急哉。嘗見一州府大疫。勸民出粟拯濟。委官專任其事。煩於應對。且不欲飢民在市。悉載過江寘諸壩中。但日以一粥食之。日出雨至。皆無所避。無何。水暴至。飢民盡被漂溺。不數日。此官亦病疫死。其存心視魏公何如也。

韓維論賑飢四未盡

英宗時。起居注韓維。論賑救飢民之道。未盡有四。一州縣米谷不積。二官吏無恤民之心。三飼養失處寘之宜。四朝廷雖發倉廩。未嘗親諭惻怛。遣使臨視。

葉衡發倉爲糜

葉衡知常州。時水災。發倉爲糜。以食飢者。或言常平不可輕發。衡曰。儲蓄正備緩急。視民飢而忍不救耶。疫大作。單騎命醫藥自隨。偏問疾苦。全活甚衆。

何椒邱賑貸麥熟止

河南大旱。人民艱食。舊制賑貸貧民。至秋罷。按察使何椒邱曰。賑貸止於秋。以秋成可仰也。今秋田無收。可已乎。命如舊賑之。麥熟乃止。流民入境無食者發粟食之。無衣者以庫藏帛給之。所全活不可勝計。

平糴

吳及奏止閉糴

仁宗時。祕閣校理吳及。言春秋有告糴。陛下恩施動植。視人如傷。然州郡官司。各專兵民。擅造閉糴之令。一路飢。則鄰路為之閉糴。一郡飢。則鄰郡為之閉糴。夫二千石以上。所宜同休戚。而坐視流離。豈聖朝子兆民之意哉。遂詔災傷閉糴。以違制律論。

劉晏賤糴貴糶

唐劉晏掌國計。未嘗有所假貸。有尤之者。晏曰。使民僥倖得錢。非國之福。使吏倚法督責。非民之便。吾雖未嘗假貸。而四方凶豐貴賤。知之未嘗逾時。有賤必糴。有貴必糶。以此四方無甚貴賤焉。而且安用貸為。

范純仁籍買舟

范純仁知襄邑縣。時旱久不雨。純仁籍境內賈舟。諭之曰。民將無食。爾所販五谷。貯之佛寺。候食缺時。吾爲糶之。衆賈從命。所蓄十數萬斛。至春。諸縣皆飢。獨境內不知也。

吳遵路航海糴米采芻收直

宋明道末年。天下旱蝗。吳遵路知通州。乘民未飢。募富者得錢幾萬貫。分遣衙校航海糴米於蘇秀。使物價不增。又使民采薪芻。官爲收買。以糴官米。至冬大雪。又以原估易薪芻與民。官不傷財。民蒙其利。又建茅屋百間。以處流移。出俸錢置薦席鹽蔬。願歸者具舟食還之本土。

史弼發米平糴

史弼改浙西宣恩。時米價踴貴。弼卽發米十萬石。平價糶之。而後聞於省。省臣欲增其價。弼曰。吾不可失信。寧撤我俸以足之。省臣不能奪。

文彥博減價

文潞公在成都。米價騰起。因就諸城門相近寺院。凡十八處。減價平糶。不限其數。張榜通衢。米價頓減。前此或限升斗。或抑市價。不足以增其聲價。而價終莫平。乃知臨事須當有術也。

趙忭增價

趙忭知越州。兩浙旱蝗。米價踴貴。飢死者十六七。諸州皆榜衢路。立告賞。禁人增米價。淸獻公獨榜衢路。令有米者。增價糶之。於是諸州米商輻輳。詣越州。米價更賤。民無飢死。

居士曰。趙淸獻增價。文潞公減價。而一時市價皆爲之平。蓋商米宜增。增則米之來其地者多。官米宜減。減則市之射其利者奪。而其價皆可不抑而自平矣。蓋遇境荒歉。則淸獻之法可行。倘廩有餘粟。則潞公之策可舉。亦因時地以補救之可耳。

高定子發縣廩給富家

高定子知夾江。會水潦洊飢。貧民競糴無所糴。定子曰。汝毋憂。第持錢。往常所糴家以俟。乃發縣廩。給諸富家。俾以時價糶。至秋而償。須臾。米溢於市。明年有麥。責償其半。至秋而輸足。民免於飢。而公帑不廢。人稱其上不病國。下不病貧。中不病富。一舉而三利備焉。

令狐文公屈指獨語

令狐文公除守兗州。州方旱儉。米價甚高。迓吏至。公首問米價幾何。州有幾倉。倉有幾石。屈指獨語曰。舊價若干。諸倉出米若干。定價出糶。則可振救。左右竊聽語達郡中。富人競發所蓄米。價頓平。

周忱給諸大賈

周文襄公忱撫江南。蘇松大飢。米價翔貴。公察知浙湖江右大熟。命人四出齎千金。至其地市米。故抑直而不糴。且給言吳中價甚高。由是諸大賈操贏金。爭販米投吳中。一時驟集者數百艘。公聞。乃下令發官廩粟以貸民。而收其半。定價驟減。諸賈大悔。所載米又道遠不能還。糶無所售。於是官爲收糴以實廩。而椎牛釃酒。犒謝賞之。大賈各醉歡去。

董應舉官糴議

董應舉議官糴書曰。穀米踴貴。半由谷乏。半由禁米。米禁則富者閉糴以徼利。奸商乘急而躍價。棍蠹乘禁騙錢。而米益貴。此從來積害。救荒無別法。有虛聲。有實備。買穀他省。實備也。穀至而莫測多少。奸富恐奪其利。爭出所餘而賣。奸商恐持久不售。爭取微息而賣。是以虛聲而速之平價也。昔文潞公治郡。米價大起。或勸其定價。公笑曰。是反爲奸民增氣勢爾。於是搜得倉米若干。出四隅官賣之。卽日而價平。民莫測官米之多少也。今但歲發千餘金。市於多米地方。乘秋而往。勒限而還。毋使過冬。市某地方。卽用某地方人。必差品官。必於大暑前四十日發穀。必期盡發。此毋庸禁米。而米常平。官空亦且歲進矣。乘秋而往者穀賤而人不勒也。毋使過冬者。久則費多。將蝕吞穀也。用本地人者。土人知穀價。所市必廉。雖稍染指吾穀猶平也。小官奉差。難責其一毫不取。差品官者。前程大。不敢以官試法也。發必於大暑前四十日者。此正常年踴價之候。稍減時價。民利而官亦利也。給發之時。以秤不以斛。斛之大小難定。而秤有據也。發必盡者。復納之倉。費耗益多也。買之非其人。發之非其時。則官本少而民不甚見德。如此而以官糴無益而不行。恐後有急。卒難救矣。

勸富

陳堯佐自出米爲糜

陳堯佐知壽州。歲大飢。自出米爲糜。以食餓者。富民以故。皆爭出米。共活數萬人。堯佐曰。吾豈以爲私惠耶。蓋以令率人。不若身先而樂從爾。

趙忭解帶勸賑

趙忭知越州。時歲大飢。召富民畢集勸以賑濟之義。卽自解腰間金帶寘庭下。於是施者雲集。居士曰。右二條以身先勸之。

魏時舉糶米取半價

魏時舉。鉅鹿人。立心仁愛。重義好施。博習羣書。不樂仕進。家多田產。穀積有餘。時值歲歉。穀價騰踴。因發廩貸糶。價惟取時價之半。嘗語客曰。凶歲之半價。卽豐時之全價。雖少取之而不爲損。族人親故貧約者。更相與周之。一郡多賴以濟。其子收節。閔帝時。除太學博士。屢官尚書右僕射。贈司空。謚文貞。

黃兼濟子孫靑紫

黃兼濟。成都人。時張詠知成都。夜夢紫府眞君接語。未久。吏忽報曰。西門黃兼濟至。幅巾道服入。眞君降接之。禮甚恭。坐詠之上。至旦。問吏曰。西門有黃兼濟否。曰有。命請至。如夢中所見。再三問生平何陰德。曰。初無善事。惟黍麥熟時。以錢三百緡收糴。至明年禾黍未熟。小民艱食之時糶之。一樣價値。一般升斗。在我初無所損。而小民得濟危急。詠曰。此公所以坐我上也。使兩吏掖之而拜。子孫靑紫不絕。

宋祝染濟飢之報

宋祝染延平沙縣人。家頗饒。遇凶歲賑濟。煑粥療病無虛日。後生一子聰慧。應舉入試。鄉人夢黃衣使者執旗報喜。奔馳而告曰。狀元榜旗上有四字。曰。濟飢之報。及開榜。子果中狀元。

居士曰。右三條以福報勸之。

段十八閉穀雷擊

饒州段十八。儲穀數十倉。歲飢人多餓死。段索高價。閉穀不糶。鄉人旅客。封銀益價。登門求糴。段堅不與。未幾。爲雷擊死。倉穀悉爲雷火焚盡。

富兒祈籤增價驚死

萬曆十六年。武進大飢。青果巷有烈帝廟甚靈。一日。天未明有一富兒入廟祈籤。祝曰今米已賣至二兩四錢一石。我家有米數百石。不知米價能再增否。時有乞丐數十。宿於廟之兩廊。聞此人之祝。同聲大呼曰。我等數日不得一食矣。汝有米數百。不以賑濟。尙求增價乎。爭向前欲毆之。時天未明。此人無意中。忽見疲羸殘疾多人圍繞大呼。一時驚悸倒地。頃刻絕氣。

居士曰右二條以惡報勸之。

邵靈甫登儲除道

邵靈甫。宜興人。倜儻樂施予。家蓄數千斛。歲大飢。或請糶。曰是急利也。請捐直。曰。是近名也。或曰。衆飢將自豐乎。曰。有成算矣。乃盡發所儲。自縣至洑溪鎮。除道四十里。水路八十餘里通罨畫溪。入震澤邑。人爭受役。皆賴以活。至今誦之。

陳天福經濟倉

茶陵州。陳天福。素稱長者。有米皆平糶。無米以錢貸人。又起經濟倉。平糶濟人。忽有道人以錢二百。糴米一斗。陳辭錢與米。道人題詩於壁曰。遠近皆稱陳長者。典錢糴米來施捨。他時桂子與蘭孫。平步玉堂與金馬。鄉里傳誦。

居士曰。右二條以名譽勸之。

程九屏勸捐賑諭

鎭江程九屏太守勸捐振諭曰。今日旱蝗妨稼。貧民苦飢。此正富室市義種德之秋也。同是編氓。而爾等得稱富有。非爾等祖宗能利濟人。卽爾等前生能利濟人。念及祖宗。則數世元氣不可薄。念及前生。則本來面目不可沒。今日殷殷勸賑。不獨爲枵腹之民圖目前。實爲殷富之家圖久遠。凡人之財。決無永聚不散者。顧所散何如爾。慳貪者。其散一敗不救。好施者。其散累世食報。蓋貪慳者。非自己遭飛禍。便是子孫犯重法。好施者。不但人樂尊仰。鬼神亦樂福澤。此理數之必然者也。爾等上戶。試舉兩者較量之。自然破鄙吝之堅城。登好施之善念矣。今日偶值奇荒。無有奇策。惟是酌盈濟虛。用民保民。不得不惟汝上戶是望。且上戶自思。所得保有其上戶者。豈非賴朝廷有法度耶。則殷殷勸賑。又不獨爲爾等圖久遠。實爲爾等圖目前。飢寒之民。計無所出。眈眈只在富室。富室能賑一人。思亂中卽少一人。能賑十人。思亂中卽少十人。同姓同里。各務爲賑。轉相爲勸。由是百人千人萬人。其賑無有窮盡。其亂自是消弭矣。亂萌消弭。爾等上戶。乃得安享豐豫。此又時勢之必然者也。若一味自私自利。本是上戶而竄入下中。其姓名本府一一瞭然在心。俟有事犯在堂下加等重處。爾等上戶不明理數。卽當審乎時勢。不審乎時勢。卽當勸乎榮辱。毋負開導苦心。

程九屏勸平糶諭

程太守勸平糶諭曰。今歲民多菜色。卽蝗蟲亦强半告飢。當此時而家有担石之儲。皆是天地鬼神之所厚。況陳陳相因乎。則爲天地鬼神所加厚可知。以天地鬼神所加厚之人。卽當行天地鬼神所嘉與之事。非損有餘以補不足。不可以獲福。然則爲諸有穀之家計。只有及時平糶一法。乃最有功德事。若幸天災爲奇遘。封廪廒以待價。非仁人之用心也。且穀價一騰踴。四方之賈。必聞風而至。故大賈之地。常有大賤。其勢必然。屢時失價。以待穀之雲集。禍去而利亦去矣。此愚人也。其中有賢智者。間謂我一人之穀有限。價平不足以濟民。價不平不足以害民。不知人存此想。戶戶閉糶。家家高價。則積獨成衆。積微成鉅。遂做成一皇皇之世界。若使有一人平之於此。定有幾人平之於彼。蓋美善之事人所相競。誰甘自爲刻薄人。是我一人之平。恆有以感乎人之平。與愧乎人之不平。如此相觀而善。窮民庶幾免於飢餓之厄矣。旣令士紳從公議派。積穀以備缺乏。而猶然惓望爾有穀之家平價者。蓋積穀之令或多或寡。官府可得而限。而不敢多派。恐中有力不勝任者。若爾等自度有餘。薄收利而厚種德。相與倡率。以救此荒民。其誰得而禁止之限量之也。

積貯第二

破慳經

東坡有云。不慳不富。不富不慳。轉慳轉富。轉富轉慳。疾入膏肓。無力救藥。所以世人。但知圖利。罔知防害。以我觀之。防害既疎。圖利未善。凡我世人。皆天所生。皆天所愛。譬如父母。生育多子。聰明蠢愚。富貴貧賤。各各不同。皆是父母。嫡親骨血。有如一子。獨享富貴。其餘諸子。皆受貧賤。凍餓流離。種種苦楚。富貴之子。安享自然。曾不周濟。父母之心。悲傷惱怒。明加譴責。暗受消磨。此是虛元。不爲汝說。天生富人。原非私厚。正欲彼人。以己所有。濟人不足。況此財寶。名爲四共。或水或火。盜賊無常。各皆有分。此是道理。不爲汝說。萬歷年時。富平布衣。李君少川。施銀二萬。賑恤飢荒。朝廷聞之。遂以卿銜。酬其勞費。迄今子孫。世享其名。此二萬金。如今尚在。此是報應。不爲汝說。爾等客財。本思常享。父傳之子。子傳之孫。世世代代。常作富翁。以是因緣。一毛不拔。諸貧賤人。環伺生心。不得方便。甘心引賊。入刼家財。洞房淸宮。非汝所有。賊得焚之。朱提白鏹。非汝所有。賊得捲之。粉白黛綠。嬌妻美妾。非汝所有。賊得淫之。牽衣執袂。桂子蘭孫。非汝所有。賊得踐之。肢體髮膚。倂非汝有。刀俎惟賊。截解惟賊。祖宗邱墓。倂非汝有。發掘惟賊。剖戮惟賊。再四思惟。無有他孽。止因慳故。受如是苦。不能散財。安能聚財。不能減富。安能保富。所以笑汝。防害既疏。圖

利未善。顚倒迷謬。誠可憐愍。悲心苦口。勸諭捐輸。豈是爲貧。正是爲富。豈是利他。正是利
己。如我所說。不誑不妄。猛醒回頭。功德無量。
酒民曰。兵荒交警。貧富百姓。自宜有無相通。然而富人每不肯稍助分文者。無非欲全享其富
厚也。不知一旦有事。玉石俱焚。安所謂富厚哉。予所以苦口勸諭者。正爲富貴之家。保全性
命計耳。豈區區損有餘。補不足之意耶。
居士曰。右三條以利害勸之。

積貯第二

選練第三

- 訓練
- 選鋒
- 練射
- 練方向
- 練耳專聽金鼓練目專視旌旗
- 練心
- 練手足
- 練技藝
- 練行伍
- 額兵
- 士兵
- 鄉兵
- 民壯
- 才能
- 技藝

選練第三

選練

孫子曰。兵無選鋒曰北。吳子曰。一軍之中。必有虎賁之士。力能扛鼎。足能戎馬。搴旗取將。必有能者。若此之等選而別之。愛而貴之。是謂軍命。則鋒宜選矣。法曰。無制之兵。有能之將。不可勝也。有制之兵。無能之將。不可敗也。則練當精矣。輯選練。

訓練

總引

孫子云。約束不明。申令不熟。將之罪也。則三令而五申之矣。司馬法曰。教惟豫。戰惟節。將軍。身也。卒。肢也。伍。指拇也。守令何獨不然。故必諄諄開導勸誨。如父之順其子。兄之訓其弟。師之訓其徒。使之忠義發動。利害分明。而後身使臂。臂使指。如一人焉。越之圖吳。必十年教訓。則非一朝一夕之故也。閱訓兵六章。字字澈切。當爲練兵之首務。

忠愛

諭爾衆兵。第一要忠愛。如何叫做忠愛。忠是忠君。愛是愛國。凡大小人家供奉。必曰天地君親。可見君與天地覆載一般。與父母生身一般。若不忠君。與不敬天地不孝父母何異。蜂蟻尚知君臣。何況人類。就是天地生人多有啼飢號寒的。父母生身亦多有賣男鬻女的。你們日食月糧。安享豢養。比天地父母地更大。你再看世間人。耕田的完糧。做工商的納稅。就是遊手遊食的。也當丁差。都是那忠愛的道理。朝廷將百姓點點膏血。都破費在你們身上。這是為何。就髮膚盡捐。尚不能圖報萬一。奈何口食糧餉。只做自己買賣。貪懶偷閒。全無報効念頭。說起操練。便道辛苦。一旦有事。又只顧身子。不顧國家。如此忘恩背義的人。鬼神也不容。況國家有事。連你身子寘在何處。試清夜捫心渾身汗下。你們都是有血性漢子。只是不提不醒，誠時刻提醒一副忠愛心腸。精神自然振發。筋骨自然抖擻。遇有警報。就是切身痛癢。便赴湯蹈火。怎肯退轉。你看從來忠臣義士。烈烈千古。誰人不景慕。亦誰人做不來。岳武穆從軍士起家。背上刺精忠報國四字。你們須切切記着。

敢戰

諭爾衆兵。你們既發了忠愛念頭。切須要敢戰，如何叫做敢戰。只是不怕他便是敢。這一敢字，若去做不好事。便是亂臣賊子。若去殺賊。便是忠臣義士。如何不怕賊。只要拚得性命。今日你們安安穩穩。受享口糧。原說我是拚命殺賊的好漢。朝廷竭百姓的膏血。養你們。原說這都是我拚命殺賊的好漢。及至上陣。却便畏縮。究其病根。只是一個保性命的念頭。不覺手忙脚亂。被他一刀砍來。反斷送了性命。豈但斷送了一人性命。衆人見了。不覺慌張。連衆人性命。被你斷送了。就走得脫時。軍法臨陣退縮者斬。那個饒得你過。豈不是要性命。反失了性命。況性命是閻王注定的。若是命該死。一場傷寒便死了人。自古眞正好漢。從百萬軍中揮戈策馬。只是一點不怕死的心腸。奮激出來。班超三十六人。橫行鄯善諸國。謝元八千。破苻堅八十萬。這是何等氣魄。切須聽着。

守法

諭爾衆兵。你們既要敢戰。又要不敢犯法。這部律例。是皇帝苦心。要保全人性命身家做出來的。假如沒有這法。殺死人的不償命。你這性命留得麼。搶奪人的不問罪。你這衣服留得麼。況在軍中。衆軍士性命所關。如一人退縮不斬。人人効尤。被賊趕上。豈不送了全軍性命。如一人犯令不斬。人人効尤。一遇交鋒。豈不把全軍性命交付與敵人。古大將有軍士取民一菜。立斬以徇者。這菜値得多少。正怕他人効尤。明取得菜。便取得別樣物件。搶奪成風。地方不怕賊而怕他。不恨賊而恨他。反思順賊。做賊細作。豈不害了全軍性命。昔呂蒙麾下士。取民一笠。泣而斬之。這麾下士。是呂蒙同鄉。蒙爲軍法。便沒奈何。且莫說同鄉。齊有樣直。請莊賈監軍。賈失期。苴立斬之。這莊賈。是齊君幸臣。苴爲軍法。便沒奈何。且莫說幸臣。漢蕭何薦韓信築壇拜將。蕭何闖轅門。韓信立斬其馬。這蕭何是韓信恩主。只爲軍法，便沒奈何。且莫說恩主。漢文帝夜至周亞夫營。守門者曰。只聞將軍令。不聞天子詔。及天明入營。文帝要馳馬　主令者曰。軍中不馳。文帝只得按轡徐行。可見這軍令。憑他怎人犯不得的。我今日與你們。便是父子一般。到犯法時節。便是親兒子也顧不得了。只爲上陣時節。單看這法來保全你們性命。思之慎之。切須聽着。

勤習

諭爾衆兵。前敎你們敢戰。只是不怕。須有實實落落不怕人的手段。這手段那有天生成的。須是要勤習。古人云。習慣成自然。如何不習。又云。三日不彈。手生荆棘。如何不勤習。但習得手段高强。決能殺賊。若是不如。決爲賊殺。不勤習武藝。便是不要性命也。殺得賊時。有無限好處。古人如岳王。原從小卒做起。可見這武藝。不是答應官府的公事。是保性命。立功名。取富貴的勾當。須是着實勤習。又須勤習那臨陣時實實落落殺賊的武藝。不要習那花法。欺瞞官府。臨陣却用不着。如射箭須學大架射。搭箭要快。眼專覷賊。前手立定。後手加力。前手把弓如月。出箭穩疾。如鳥銃手。須要眼看兩照星。銃去時不動手。不轉頭。總會中。盾牌又要遮得身法。低頭進前。只砍馬脚人脚。步步防槍牌向槍遮刀向人砍爲妙。又如長槍用短法。短刀用長法。諸如此類。總要認定這是保性命立功名。取富貴的勾當。決然虛應故事不得。官府操演。猶有限期。須時時刻刻。如敵在前。眠思夢想。定要一日高似一日。還他恁賊。怕不殺盡他。從來兵法有目習。耳習。心習。手習。足習。韓世忠寘背嵬軍五百人。朝夕操練。一可當百。順昌之捷。金兀朮見旗幟便走。岳飛每休舍。卽令軍士穿重甲學跳濠法。所向無敵。你們聽。

敦睦

諭爾衆兵。如今你衆人相聚在此。最是要敦睦。如何叫做敦睦。敦是敦厚。睦是和睦。世間有等刻薄的人。談人之短。利人之災。凡事只知有己。不知有人。人人怨他恨他。又有一等乖戾的人。動輒使性。一言不合。怒氣相加。如此天空地闊世界。沒一處安頓得他。人生在世。何苦如此。你們今聚在一處。便是前世緣分。主將就是父親一般。你們長者爲兄。幼者爲弟。要如親生一般。你不見那中舉中進士的。東西南北各處人。一時同榜。便叫年兄年弟。你們同營當兵。與他總是一樣。今日各行各坐。各衣各食。你不靠我。我不靠你。便不敦厚和睦。似覺無妨。到那上陣厮殺的時候。性命只爭呼吸。那時得個人來。一臂相助。不但保全性命。更可殺賊立功。如此關係甚大。不是平日相好。安得有此。所以勸你們敦厚和睦。有無相通。患難相救。衣食相照顧。疾病相扶助。小便宜莫討。小口舌莫爭。有酒同飲。有肉同吃。手段高似我的。敬他學他。莫妒忌他。手段不如我的。愛他教他。莫可笑他。口口相約。心心相念。只是囘顧那上陣時一着。我性命須索你救。你性命須索我救。安得不如膠似漆。況這良心。何人不有。你敬他。他還敬你。你愛他。他還愛你。這狠心亦何人不有。你罵他。他還罵你。你打他。他還打你。所以做好人只好了自家。做惡人只害了自家。平日一團和氣。上陣時必然我救你。你救我。守則同固。戰則同強。試看劉關張。以異姓三人。桃園結義。便做出許多事業。至今關王英靈。人人敬仰。你們聽着。

信義

諭爾衆兵。你們與人既要敦睦。自己做人。又要信義。天地間。只有信義兩字。是立身根本。如何叫做信。心裏念的如此。口裏說的如此。今日說出這話。終身守着這話。不指東說西。不將無作有。不一見利害。便改頭換面。使人人都信得你過。這纔是信。如何叫做義。守自己道理。盡自己職業。視君上如父母。視同輩如兄弟。視國家的事。如自己的事。一切負心忘恩的事斷不肯爲。一切犯名分壞綱常的事。斷不宜做。這纔是義。這樣人平日人人都敬服他。上官也愛重他。遇有事時。心腹可相託。緩急可相倚。朝廷也仗賴他。自然名成功立。人若無信。變詐欺誑。就是父母妻子。也把做個騙子看待。人若不義。轉眼負心。就是至親骨肉。也把做個沒行止的看待。試看古人如晉解揚。晉君使傳命於宋。楚人拿住他。賂以重貨。決不改口。何等有信。又如靈輒。感趙盾一飯之德。遇難竭力捍禦。得免其死。何等有義。至今名揚千古。你們聽着。

選鋒

臥彪

北魏李崇。深沈有將略。在壽春十年。常養壯士數千人。寇賊侵邊。所向摧破。號曰臥彪。

捕盜將

唐山東道節度使徐商。以封疆險闊。素多盜賊。選精兵數百人。別置營訓練。號捕盜將。及湖南逐帥。詔商討之。商遣捕盜將二百人平之。

突將

蠻寇將至四川。刺史楊慶復。募驍勇之士。補以實職。厚給糧賜。應募者雲集。慶復列兵械於庭。使之各試所試。兩兩角勝。察其勇怯而進退之。得選兵三千人。號曰突將。蠻合梯衝四面攻成都。慶復帥突將出戰。殺傷蠻二千餘人。會暮。焚其攻具三千餘物而還。蜀人素怯。其突將新爲慶復所懸拔。且利於厚賞。勇氣百倍。其不得出者。皆憤鬱求奮。

馬燧教騎

唐馬燧爲河東節度使。河東輪百井之敗。騎士單弱。燧悉召牧馬厮役教之。數月皆爲精騎。

李抱眞教步

唐李抱眞兼澤璐節度副使。抱眞策山東有變。澤璐兵所走集。乃籍戶三丁得一。壯者蠲其徭租。給弓矢。令閒月列曹偶習射。歲終大較。親按籍第能否賞責。比三年。皆爲精兵。擧所部得戍卒二萬。故天下稱昭義步兵爲諸軍冠云。

高崇文練卒

唐高崇文屯長武。練卒五千。常如寇至。

選兵議

凡選兵者。或取豐偉。或取武藝。或取力大。或取伶俐。皆不可以爲準。何則。豐大而膽不充。則緩急之際。脂重不能疾趨。反爲肉累。此豐偉不可恃也。藝精而膽不充。則臨事怕死。手足倉卒。至有倒執矢戈。先衆而走。此藝精不可恃也。伶俐而膽不充。則未陣之先。預思自全之路。臨事之際。旣欲先奔。復以利害恐人。爲己避罪之地。此伶俐不可恃也。力大而膽不充。則臨時足輕眼花。呼之不聞。推之不動。是力大不可恃也。是以選兵者。必以膽爲主。練膽之術。在信賞必罰。而罰爲尤重。夫使將權可殺人也。士卒之畏將。甚於畏敵也。進未必死。退必不生。則士卒之膽。固有不習而壯者。說在蘇老泉之諫論也。今有三人焉。一人勇。一人怯。一人勇怯半。有與之臨乎淵谷者。且告曰。能跳而越焉。其勇怯半者與怯者。則不能也。又告之曰。跳而越者與千金。不然則否。彼勇怯半者奔利。必跳而越焉。其怯者猶未能也。須臾。顧見猛虎。暴然迫逼。則怯者不待告跳。而越之如康莊矣。然則人豈有勇怯哉。要在以勢驅之耳。嗟呼。明於此喩者。可以知練膽矣。夫使大將登壇。懸數萬金以待。而士卒亂行者。立斬數人。吾雖懦。猶能驅市人而戰之。今將領手中無一錢。而治軍罪止於貫耳。不有千金猛虎。彼怯者肯越淵谷乎。然而練膽之說。施之於少年則易。施之中年者難。郭都督成。與曾一本戰。而馘之也。試問冲鋒陷陣者誰。則皆左右諸少年。度其年不過二十上下而已。蓋少年氣銳。不知死活。易於鼓舞。是以用壯不如用少也。

練射

軀幹豐偉。武藝精通。力大伶俐。而兼有膽氣者上也。必不可得。則甯取膽耳。

李悝練射

李悝爲魏文侯上郡之守而欲人之善射也。乃下令曰。人之有狐疑之訟者。令之射。中之者勝。不中者負。令下而人皆疾習射。日夜不休。及與秦人戰。大敗之。

种世衡

宋种世衡在青澗。教吏民習射。雖僧道婦人亦教之。以銀爲射的。中者與之。既而中者益多。其銀輕重如故。而的漸厚且小矣。或爭徭役輕重。亦使之射。射中者得優處。有過失亦使之射。射中則擇之。由是人人皆能射。夏戎不敢犯。

蘇軾弓箭社

蘇軾乞增修弓箭社。條約曰。慶曆中。趙元昊反。屯兵四十餘萬。皆不得其用。卒無或加。范仲淹。劉滬。种世衡等。專務整緝番漢熟戶弓箭手。所以射殖其家砥礪其人者非一道。故元昊復臣。今河朔西路。備邊州軍。自澶淵講和以來。百姓自相團結。爲弓箭社。不論家業高下。戶出一人。又自相推擇。家資武藝。衆所服者爲社頭。社副。錄事。謂之頭目。帶弓而鋤。佩劍而樵。出入山坡。飯食長技。與北虜同。私立賞罰。嚴於官府。分番巡邏。鋪屋相望。本土有盜不護。其當番人皆有重罰。遇有緊急。擊鼓集衆。頃刻可致千人。器甲鞍馬。常若寇至。蓋親戚墳墓所在。人自爲戰。虜甚畏之。尙使州縣逐處皆有弓箭社。賊豈敢輕犯邊寨。如入無人之境哉。

課射法

范仲淹。韓稚圭。經略西夏時。令百姓自相團結。爲弓箭社。宜採訪其遺法。增損其約束。在城者分爲四社。鄉鎭。每鎭立一社。村莊相近者。或三五村。或十數村。各自爲一社。聽從其便。擇寬大廟宇一所。爲講習韜略處。擇空閑平地一段。爲演習弓箭處。在城四社。各聘善射者一人爲社長。武藝超羣者二人爲社副。善書二人爲社錄。村鎭亦然。不論軍民士商。願入者聽。古者士大夫亦舉射澤宮。卿相之子。亦當戍邊。所謂有文事者必有武備。何恥之有。每社買武經等書。時時講習。三六九日習射一次。如膂力過人。家貧不能買弓矢。本社好義富代買者。給牌優奬。社約既定。每季。有司親赴各社較射一次。有射箭命中。韜略精熟者。賞本人。仍賞社長。民間宴會。卽以射箭賭酒。猶勝於行令。遊食無賴。卽以射箭賭錢。猶勝於樗蒲。有犯罪當罰者。卽以射箭多寡減等。犯罪當責者。卽以射箭中否減數。于尋常遊戲間。學得救命之方。有事可以禦外患。無事可以消內憂。盜賊不敢生心。奸細聞之遠遁。有利無害。曷不舉而行之。

武弁射

守備千把總等官。每遇督撫入境出巡。官許冊揭。其應薦奬戒。人都不盡在弓矢。是以繩文官之法繩武弁也。夫武弁之放浪不節。有玷廉守者。自應懲戒。而武技尤其本等。其職業之修不修。一較射而之知矣。如能每月。各武弁俱赴演武場較射一次。倘遇督撫按部。應報册揭內。卽以屢次之不中箭者。盡行開報。與放浪不節者同戒。卽有素行應戒者。倘能射中多。亦得宥免。則諸弁知所重在射。必殫力習學。而精射者衆矣。

武士射

文學生員。有歲考。科考院課。月課。不一而足。而武生何獨不然。倘能亦如課文士法。設武學官。每月十日一次。課其弓矢。分別等第報府報縣。縣府亦以書院課文法。月一試之。分別高下。報之上臺。上臺亦每年發檄一考。分別等第。以行賞罰。有能挽强命中。百不虛發者。不次擢用。諸民間子弟有能射者。另册送考。取入武學。某縣若干名。以備訓練。其荒廢考居下等者。亦行黜退。則諸生知所取在射。亦必殫力習學。而精射者必多矣。

文士射

古有鄉射。今天下儒學。皆設有射圃。其故可思也。乃諸士子惟工鞶帨竟不知弧矢爲何物。卽射圃亦鞠爲茂草矣。無乃非立法初意乎。如能每月府縣官。亦以月課法。親閱一次。分別等第。出案激賞。其巧力俱全發輒破的者。破格優禮。而不習者薄待之。每年終查各學習射多寡。而敎官評亦卽於此分優劣。如是。而敎官必率其士子以競力於射矣。

考試射

生員歲考科考。分別四等。童生考試入學。皆品評其文義。而諸生童。亦皆以拙自安者也。乃每當府縣考試前後。求續取。或告考者。纍纍不可勝數焉。夫生童之欲得名耳。今議於未取童生。再廣收以考射之法。有能射多中者。府縣各於復案外盡行拔取、另造一冊。送院收考。其文義稍通者。一例拔取入學。以示鼓舞。夫前之武生。是專以弓射進者也。此之童生。是以文義兼弓矢進者也。才旣不同。故入學各別若生員之考優等。不顧射者無論矣。其三等以下至四等。發案後。有自稱能射。及冊報屢能命中者。提學再面試之。果能於八十步外。中七八九矢者。不妨破格拔等。以示文武並重之意。如是。而諸生亦無不人人自相率以爭力於射矣。

近射法

凡用弓矢。近中易。遠中難。近則力强。遠則力弱。所以箭必近發、發乃奇中。今後習射。不用張鵠。日以三尺許長小棍。寘地四十步內射之。射到矢矢中棍。射賊必無虛發矣。

攢射法

安人形把三箇顏色各異。用聲音響亮者一人。執一紅旗。任其所指。無不中者。蓋敵人中有領衆頭目。只射殺頭目一人。衆敵自然敗走。此擒賊擒王之法也。軍中威望莫重摧標。一將見擒。三軍之膽盡寒矣。守城合戰。俱宜如此。

攢射法

練方向

凡旗幟製八方。則色雜而衆目難辨。如以東南西北爲名。則愚民一時迷失方向。卽難認矣。惟左右前後。屬人之一身。凡面所向謂之前。則用紅旗。卽方爲南。行爲火。火之色紅。神爲朱雀。卦爲離。凡所背謂之後。則用黑旗。卽方爲北。行爲水。水之色黑神爲元武。卦爲坎。凡左手所指謂之左。則用青旗。卽方爲東。行爲木。木之色青。神爲青龍。卦爲震。凡右手所指謂之右。則用白旗。卽方爲西。行爲金。金之色白。神爲白虎。卦爲兌。凡脚下所立謂之中央則用黃旗。卽方爲中。行爲土。土之色黃。神爲勾陳。卦爲太極。凡人一身皆有左手。右手。前面。背後。中央。此人人可曉。若舉點黃旗。則是中軍欲變動。聽號令施行。若舉紅旗。則是前營兵欲變動。聽號令施行。若舉黑旗。則是後營兵欲變動。聽號令施行。若舉青旗。則是左營兵欲變動。聽號令施行。若舉白旗。則是右營兵欲變動。聽號令施行。若舉某方旗。俱要向某方看。但舉黃旗。四面俱要向中看。若見五方俱舉。各營四方。各照本方向外執立。聽號令施行。凡旗點向何方。隨其所點向往。旗不定不止。旗不伏不坐。善哉。孫武子敎官嬪曰。汝知而左右手心背乎。嗚呼。此敎戰之指南也。

練耳專聽金鼓。練目專視旌旗。

五兵之爲用多矣。然古人行師。第曰祭旗。曰釁鼓者何也。蓋以金鼓旌旗。乃一軍之耳目。尤爲喫緊耳。若金之不退。鼓之不進。麾之而不從移。指之而不從死。雖有百萬。何濟於用哉。所以戚將軍南塘分付軍士云。你們的耳只聽金鼓。如擂鼓該進。就是前面有水有火也要去。如鳴金該退。就是前面有金山銀山也要依令退回。你們的目。日間只看旗幟。夜裏只看高熖雙燈。如某色旗豎起點動。便是某營兵收拾。聽候號頭。行營出戰。不許聽人口說的言語。擅起擅動。若旗幟不動。就是主將口說要如何。也不許依從。就是天神來口說要如何。也不許依從。肯是這等大家共作一個眼。共作一個心。有何賊不可殺。何功不可立。

練心

勝敗。無異術也。士卒之心畏敵甚於畏將。卽敗。士卒之心。畏將甚於畏敵。卽勝。欲其畏將。亦無異術也。千金之賞。懸之於先。猛虎之威。迫之於後。雖驅市人可以戰矣。古之善用兵者。揮金如揮土。殺人如殺草。綽有至意。只如今日。銖兩以爲賞。鞭貫以爲威。欲其畏我侮敵。以講練心之術也。難以企矣。

練手足

練手使之屈伸便利。提挈敏快。練足使之進退合宜。往來合法。然非徒手空足而練也。手足便捷。全繫於器械輕利。古法云。器械不利。卒予敵也。手無搏殺之力。徒驅之以刑。是魚肉士卒也。器習利而無號令以一其心。金鼓以一其耳目。雖有藝與徒手同。三軍既悉吾令。則當精夫藝。藝聲法令並行。則陣而方之。坐而起之。行而止之。左而右之。別而合之。聚而分之。何手足之不指揮如意哉。天生飛潛之物。授以爪牙鱗甲蹄翼。人而無此。故畀五兵代之。夫天有五行以應五兵。長短相救。勢所必至。制器篇詳之矣。

練技藝

教兵之法。練胆爲先。練胆之法練藝爲先。藝精則胆壯。胆壯則兵强。技藝之中。有虛有實。有陽有陰。有起有伏。有後人發先人至之形。有致人而不致於人之巧。有一二勢變出百千勢。有百千勢歸於一二勢。有一二言包括有餘。有百千言形容不盡。詎可謂其無精微之理而易言之乎。爲將者苟未之學。則天下技藝之師。皆得以虛文之套教之。我兵之習於藝者。亦惟以虛文之套爲尙。故終年練習。而竟無精兵無怪也。今之技藝。花法勝而對手功夫全迷。只要盤旋上下。滿片花草。試問弓矢疏密之法。叉鈀奮搏之法。刀槍擊刺之法。藤木二牌起伏之法。諸如此類。不可枚舉。皆茫然不解矣。安望其對敵不怯而走哉。

練行伍

練兵須求實用。十人可用以勝百千人無用者。然欲得實用以不過伍法精熟。奇正相生而已。陣隊之法。卽一人所習之法也。一人之門。有五體焉。身爲中。二手二足爲左右前後。五者變化。不可勝用矣。引而伸之。觸類而長之。五人五十人。以至於五萬五十萬人之門。同一法也。有人問兪大猷。兵法孰爲最要。曰。節制二字。兵法之大要。分數分明步伐止齊八字。節制之條目。七書千萬言。八字該之矣。明八字之義。於兵思過半矣。靜亦靜。動亦靜。後人發先人至。與致人而不致於人。隨機運用。微乎神乎。今督撫閱兵操練。皆是虛套。但要周旋華采。如同戲局。就操一千年何用。人馬如何調度。對陣如何厮殺。賊據山岡。我在平原。如何攻圍。賊在平原。我臨川澤。如何敵鬥。賊伏山谷。忽然邀截。如何衝鋒。策應之兵。如何疾如風雨。追逐之兵。如何勇如猴虎。誘敵之兵。如何伏如狐鼠。避敵之兵。如何藏若鷹鸇。號令如何習熟。坐作如何齊一。初戰如何命衆。戰罷如何收兵。險隘如何設伏。要害如何提防。消息如何探聽。倉卒如何應酬。是在司閱者。實實講求焉爾。

額兵

額兵者。各郡邑額設之兵也。國初額設以五千計。所以千計以百計。州縣又有常兵機兵。城守之兵。何處無兵。而其如吏不習兵。士不學戰。冊中白羽。呼之不建。惟坐糜廩餼而已。一旦有急。如驅羣羊而當猛虎。寧有濟乎。故練之不可不亟也。

范仲淹大閱州兵

范仲淹知延州。大閱州兵。與營田。以恩信懷來。羌漢之民。相踵歸業。所得上賜。悉給分諸將。居二年。士勇邊實。恩信大洽。乃決策謀取橫山。復靈武。元昊大懼。遂稱臣請和。又分州兵爲大將三千人。分部敎之。量賊衆寡。使更出禦賊。賊不敢犯。旣而諸路皆取法焉。

張栻簡閱州兵

張栻知靜江府。所統州十有五。邊夏荒殘。故多盜賊。徼外蠻夸。俗尚仇殺。閒入塞侵掠。而州兵皆脆弱慵惰。栻至。則簡閱州兵。汰冗補闕。籍諸州黥卒伉健者爲效用。日習月按。申嚴保伍之法。諭溪洞酋豪。弭怨睦鄰。毋相殺掠。於是羣蠻帖服。

孟宗政忠順軍

孟宗政權知棗陽軍。民逃而復歸者以萬數。宗政發倉贍之。籍其壯者。號忠順軍。俾出沒唐鄧閒。宗政由是威名振於境外。金人呼為孟爺爺。信賞必罰。好賢樂善。為一時名將云。

蘇軾部勒戰法

蘇軾知定州。定久不治。設政尤弛。武衛卒驕惰不教。軍校蠶食其廩賜。不敢問。公取其貪汙甚者。配隸遠地。然後繕修營房。禁止飲博。軍中衣食稍足。乃部勒以戰法。衆皆威服。會春大閱。軍旅久廢。將吏不識上下之分。公命舉舊典。元帥常坐帳中。將吏戎服奔走執事。副總管王光祖。自謂老將。恥之。稱疾不出。公召書吏作奏。將上。光祖震恐而出。定人言自韓魏公後。乃見禮云

孟珙寗武軍

孟珙為四川宣撫使。兼知夔州節制。珙至鎭。招集寗武軍。曰。不擇險要。立砦棚。則難責兵以衛民。不集流離。安耕種。則難責民以養兵。乃立賞罰。以課殿最。以李庭芝權施州。庭芝訓農治兵選壯士。雜官軍。教之期年。民皆知戰守。善馳逐。無事則植戈而耕。敵至。則悉兵而出。珙下其法於所部行之。

辛次膺治兵設險

辛次膺令蒲城。比至寇已焚其邑。次膺披荆棘瓦礫中。安民緝吏。治兵設險。賊不敢犯境。一邑更生。

魏了翁較閱軍士

魏了翁知瀘州。奏葺城堞。精器械。出則較閱軍士。入則與諸生橫經課業。夸人望風而遁。

士兵

土兵者。召募土著之兵也。市井負販之夫。田野鉏耰之子。今日麗名於官。明日驅以應敵。是惡可爲兵哉。募之宜早。練之宜勤。吾民卽吾兵矣。從來難馴而易潰者。皆客兵爾。必土著之兵。根脚立定。然後可以懾服客兵。而盡爲我用。此輩有籍貫。有親友。有父母妻子。雖欲逃無可逃。食以厚糈。激以重賞，予以器甲。又可省轉餉之煩。較之徵調召募何如哉。

韓愈召募士人

韓愈與鄂州柳中丞書曰。天下之兵。乘機逐利。四出侵暴。屠燒縣邑。賊殺不辜。環其地數千里。莫不被其毒。擁兵之將。熊羆貙虎之士。畏懦蹙縮。莫肯仗戈。爲士卒前行者。夫遠徵軍士。行者有羈旅離別之思。居者有怨曠騷動之憂。本軍有饋餉煩費之難。地主多姑息形跡之患。急之則怨。緩之則不用命。浮寄孤懸。形勢消弱。又與賊不相諳悉。臨敵恐駭。難以有功。若召募士人。必得豪勇。與賊相熟。知其氣力所極。無望風之驚。愛護鄉里。勇於自戰。徵兵滿萬。不如召募數千。可上者行之否。

韓愈論淮西士人召募成軍

韓愈論淮西事宜狀曰。諸道發兵。或三二千人。勢力單弱。羈旅異鄉。道路遼遠。勞費倍多。士卒有征行之艱。閭里懷離別之思。今聞陳許安唐汝壽等州。村落百姓。悉有兵器。小小俘刼。皆能自防。習於戰鬥。識賊深淺。俱是土人。護惜鄉里。比來未有處分。猶願自備衣糧。共相保聚。以備寇賊。若令召募。立可成軍。兵數既足。加之教練。三數月後。諸道客軍。一切可罷。比之徵發遠人。利害懸隔。

蘇軾論練軍實

蘇軾論練軍實策斷曰。三代之兵。不待擇而精。其故也。兵出於農。有常數而無常人。國有事。要以一家備一正卒如斯而已矣。是故老者得以養。疾病者得以爲閒民。而役於官者。莫不皆其壯子弟。其無事而田獵。未嘗發老弱之民。兵行而饋糧。未嘗食無用之卒。使之足輕險阻。而手易器械。聰明足以察旗鼓之節。强銳足以犯死傷之地。千乘之衆。人人足以自捍。故殺人少而成功多。費用少而兵卒强。及至後世。兵民既分。兵不得復爲民。於是始有老弱之卒。拱手就戮。百萬之衆。見屠於數千之兵者。其良將善用。不過以爲餌委之啖賊。嗟夫。三代之衰。民之無罪而死者。其不可勝數矣。

續威籍民爲義勇

紹興三十一年。虜入寇。詔淮漢等郡。籍民爲兵。續威守荆南。請籍民爲義勇。其法取於主戶之雙丁。十戶爲甲。五甲爲團。皆有長。又擇邑豪爲總首。農隙教以武事。官給其法。至乾道間。舉七縣之籍。得義勇八千四百十九人。淳熙初。張栻爲帥。益修其政。義勇增多至萬五百人。分爲五軍。軍分五部。後四年。趙雄又增三千三百人。(時十一年冬)通爲萬三千八百餘人。

薛季宣弓箭手保甲法。

紹興末。武昌令薛季。求得故陜西河北弓箭手保甲法。五家爲保。二保爲甲。六甲爲隊。據地形利便則爲總。不限以鄉。總首副首領焉。諸總皆有射圃。而旗幟亦別其色。紹熙四年冬。凡萬五千二百一十人。荆鄂二郡。率四五家有一人爲兵。

辛棄疾招丁補額

辛棄疾知福州。福州前枕大海。賊藪也。俗悍易亂。無積貯。棄疾苦心期歲。積鏹至五十萬。榜

曰備安庫。招壯丁補軍額。訓練有方。四境清閒。卒以抗直。半劾去。士民塡哭巷滿

鄉兵

鄉兵者。各鄉村團結之兵也。周官比閭族黨之制。爲鄉兵之始。管子因之。作內政而寓軍令。桓公以伯。漢唐後。宋澤河東河北保毅護寨諸兵。利病半焉。明時流寇猖獗。在在議鄉兵。未見成功。先貽騷擾。蓋有兩難。其一。則有司率皆逢掖之儒。未學軍旅。能必丈人之吉乎。其一。則才堪長子。權不在焉。亦未易成節制之師也。夫善用兵者。能殺士卒之半。今之率鄉兵者。敢殺一人否。雖千金之賞。未必得勇夫之用矣。惟權歸有司。而知人善任。毒天下而民從之。吉又何咎。唯在擇任守令哉。唯在擇任守令哉。

崔銑鄉兵論

明嘉靖癸未。山東盜王堂起。議調邊兵。崔銑著論曰。國家有漢之全盛。亡其強。無宋之苟安。類其弱。蓋由士業章句。登仕太易。鮮知經世之學。官多牽制。遷代太數。不予專斷之權也。弛而莫支。莫甚於兵。舊制縣僉民壯。卽古士兵。近年增減靡定。多以傭奴充之。使之擒賊。如驅羊入屠門也。宜制大縣四五百人。次二百人。又次二百人。兩戶醵出一人。分爲兩班。揀拔悍勁

。操習武事。登其材武者爲隊長。直者守城緝盜。休者力田樹桑。平居譏察遁衰小警。團結以守。夫民貧爲小盜。應倡而聚然後大。每鄉嚴則縣靖。縣嚴則府靖。推之天下皆然。大司馬彭公如銑策奏。行不數月。王堂平。

趙完璧鄉兵奏

萬歷二十五年。趙完璧奏。鄉兵之利有三。擾有五。嚴祛其五。獨存其三。法斯善矣。何爲三法。民無轉餉之勞。士免征調之苦。一利也。倏忽緩急。禍起變生。抱鼓一鳴。倉卒可集。二利也。人自爲兵。家自爲敵。有兵之實。無兵之名。三利也。此三利。人人能言。而利中之害。法中之擾。非目擊其弊者不知。何者。兵農之分已久。一旦驅而爲兵。誰應之者。勢不得不計丁報派。里胥乘奸索賄。富者以錢神而漏。貧者以閭左而役。其擾一也。派有名籍矣。器械所需。官不給予責之自備。奸貪掾吏。又駕爲查驗之說。百方刁勒。其擾二也。器械驗矣。例應造冊報上。紙墨之費。官不肯出。而責之吏。吏復稟官。而派之兵。及其轉上之府。府吏又索賄後收。其擾三也。冊已申矣。定期而操。有司隨意晏早。或持兵日午。而待不至。或晨夜已散。而忽點查。不到有罰。不中有贖。使民賣田鬻子而償。其擾四也。操有期矣。訛言或至。不查的實。張皇四顧。輒集城守。露處宵立。曠日廢工。其擾五也。民間囂然。喪其樂生之心者。皆由於此。不北走胡。則南走越。是可不爲之慮哉。故欲練鄉兵。先去五擾。欲去五擾。莫如寬厚之意多。而束縛之政簡。富家大姓計口分充。單丁獨戶者可免也。應用器械。官爲給予。近日募兵之例可比也。冊足以記名籍。紙字美惡。格式合否。不必太拘。官爲之可也。定操有期。早暮勿爽。有司勿怠玩視之。餘日放之歸農。勿故爲牽制可也。中者有賞。不中者少示懲。薄加鞭朴。勿迫之贖可也。去此五擾。然後民不稱病。而鄉兵之法可行。

趙懷玉鄉兵疏

崇禎四年。趙懷玉疏曰。城守無如練鄉兵矣。以父兄子弟之兵。守桑梓父母之邦。誠便計也。愚以爲練鄉兵。必換舊兵。今搜括已窮。豈能於原額外再徵鄉兵之餉。或曰。使貧者出力。富者出財。不費官一錙。然好義樂輸之人甚少。勢必報富戶派之。不給者勢必以鞭朴强之。騷擾不可勝言。臣居鄉時。亦常勸富戶養鄉兵矣。沿門求之。竟不肯出。臣爲大理時。亦嘗奉委査鄉兵矣。不過保甲牌中輪流而出。以應操衙。何曾有兵。何曾堪用哉。夫鄉兵驍壯者不少。能使其枵腹荷戈乎。能使其裹糧聽用乎。上之人惟美其名而行之。下之人亦承其令而應之。隨造死名冊籍而進之。輒云某州某縣有鄉兵若干。有其名無其實也。有其籍無其人也。即有其人。皆買菜傭衙。不待旗鼓相當。而已披靡矣。愚以爲當選鄉兵之驍壯者。而汰額設之羸弱者。以其餉餉之。庶幾可行乎。

鄉兵救命書

呂坤鄉兵救命書曰。方今天下無眞兵。人人不知兵。纔說練鄉兵。個個氣惱死。不管他日死活。且怨眼前騷擾。守土者。離任之後。各有職業。只我鄉井人家。墳墓親戚房舍田土在此。千年離不了故園。奈何不爲久長之計也。自今以後。務要各鄉立個性命會。十月初一以後。三月初一以前。其四個月。除六十以上。十五以下。殘疾衰病之人外。每一保甲。務選强壯百人。或長槍。火槍。鏟斧。骨朶。齊眉棍。弓矢。腰刀。火硫。繩鞭。鐵稍之類。各認一件。每日早晚習學。遇酒席，以此爲輸贏賭酒，如猜枚投壺一般。振作一番。如有武藝精通。能爲領袖者。公舉到官。給帖奬賞。如此雖三五十强盜。不敢打搶截道。縱使有賊攻城。亦知此處兵强人練。不敢生心。就我臨城。亦自胆怯。不敢持久而去矣。此事民間可以自爲。有司每月試聚較藝。行賞罰以鼓舞之可爾。

鄉兵勸諭

凡我居民。聽我勸諭。目下歲飢盜起。却不商量一個擒拿盜賊。保護身家性命的方法。只管聽信小人故意搖惑喧傳的虛聲。先自家慌做一團。把婦女衣物。糧食頭畜。亂行遷移逃躲。無論貧民乘機搶奪。只說爲甚麼便輕易離了鄉井。今有一法。只有四個字。叫做大家齊心。從今大家立誓。日日整頓器械。操演弓箭槍刀神槍大砲等件。纔是預備事體。小人虛張聲勢。揑造訛言。正要我們亂動。他好搶掠。略有識見的。怎肯墮他術中。若是大家齊心守護。大家齊心救援。大家齊心擒捉。看他如何搶掠。俗語云。强龍難敵地頭蛇。我們土著居民。道路熟便。他們就是强壯。道路生疎。終怕我們四面圍捉。倘家家相扶持。村村相聯絡。遇一賊來。便都出門。大家齊心向前。雖說賊頭都是好漢。他馬是沿路搶的。人是沿路隨的。眞正賊徒不多。古語說得好。射人先射馬。擒賊先擒王。只用百十個好漢。手拿百十條棗棍。打他馬腿。馬倒了個個就擒。如賊到街衢。兩旁只暗用絆馬索。他馬如何敢走。若搶入人家居住。如前日某村擄搶財物。汚辱婦女光景。就該捨了幾間房。一把火燒個罄淨。若在村鎭外屯住。晚間暗堆柴積草。周圍放火。不怕他不剿滅。何故只聽虛聲。便都逃躱。讓路讓屋讓酒飯與他。骨肉拆散。親戚飄零。家業被搶 妻女遭辱。就中自守的。反保全無恙。豈不是勇敢當先者。可護守身家性命。而慌怯逃躱者。反辱身喪家之一明驗哉。如今道院父母爲地方費盡心力。募兵請兵。護守城池。催督我們團練鄉兵。且懸重賞。我們大家齊心。奮勇保固一方。奏聞九重。名留千古。至一切功令賞罰。公祖父母。自有不測之妙用也。先以此約。轉相勸告。

鄉兵約束

鄉兵者。鄉自爲兵。共守一鄉。不隸於官者也。官兵領官糧。憑官調遣。聽主將統率。方可策應殺賊。四鄉離城窵遠。賊來先被搶掠。就使官兵出城迎戰。未免逗留時日。況官兵那有許多。只好防守城池。安能一時四鄉策應。目今盜賊蜂起。我們鄉村。不自家齊心保守。祇望官兵剿賊。恐官兵未到。而身家性命已難保矣。爲今之計。我們鄉村約在五七里內。可聯爲一社者。大家立誓同心。自相約束。每村各擇立一總。一總下各挑簡精壯好漢。或用弓箭。或用火炮。或用槍刀。或用悶棍。或用炮石絆索。務要有膽氣。有力量。或有謀略。能隨機應變者。酌量村之大小。大村四五十人。中村三二十人。小村十數人。各立花名文冊。村村相合。多則七八百。少則四五百。如兵止五百。則火炮手一百。弓箭手一百。長槍手一百。炮石悶棍絆索雜兵共二百。如多至七八百。倍之可也。各村各家。照地畝糧石派銀。公貯聽用。時常合操訓練。遇臨陣時。每名給銀五分。如有仗義疎財。願多出者聽。貧者免派。只令跟隨衆人出陣可也。臨陣大家齊心。能鼓勇爭先。殺奪賊人首級財物者。大家湊禮稱賀。記姓名功績於冊。稟官旌賞。臨陣立脚不定。先自退逃者。記姓名退逃於冊。仍追銀入官公用。衆人稱賀有功之人時。還着他跪送酒食以示辱。兵至五百。立一勇敢當先。信義孚衆者爲正。四人爲副。營兵若干。俱聽約束指揮。用鼓八面。

聞鼓則進。用鑼八面。聞鑼則止。相機施行。不可違誤。

鄉兵教習

教者。教之以孝弟忠信。鼓動親上死長的肝腸。習者。習之以武藝行陣。練熟護身殺賊的妙法。鄉間村夫久不知兵。未免驚詫推諉。况無官長催督。誰肯帖然遵依。我想人雖村野。那個沒有好勝爭強的念頭。如今被賊搶掠家貲。淫擄婦女。何故讓他。通不與他賭鬥。只因平日不曾習得護身殺賊眞武藝眞本事。一見賊。先自胆怯。常言道藝高人胆大。可見眞武藝。眞本事。是你們安身保命的實在受用。何待上人督催。然後習學哉。今各齊本村有名鄉兵。自行立會。弓弩槍棒。火器陣法。件件自相比試。或攢銀錢。或攢酒肉。如賭博取勝的一般。人人爭勝。自然漸漸高強。然後這村與那村比試。互相賭賽。如此而村村爭勝。自然有好漢出來。臨敵之際。擒捉得勝。官府又有奬賞。比那無益賭鬥。豈不便宜百倍。或問攢銀錢。攢酒肉。那有許多費用。試問平昔賭博。極無益極犯法之事。如何便不惜費。此乃保全身家性命。極有益極守法之事。反惜費乎。鄉村賽神時各社爭強。窮家小戶。無不竭力出錢。此徒求福於冥冥之中。不可必得之數也。人倒樂意施財。今於眞本事立刻見効大獲保全之福利事。反吝惜而不爲哉。

民壯

衙門設有民壯弓兵健步等役。原爲守城禦侮之用。其代耕之糈。不欲坐靡也明矣。近乃不程力技。徒備差遣。致游手混人。武藝茫如。一旦有事。尚欲召外兵。練鄉兵。反寘本衙兵壯於不用。無乃倒行而逆施之乎。民壯不壯。健步不健。弓兵無弓。顧名思義。其謂之何。卽應捕固專設以捕賊者也。而技之未嫻。賊於何捕。不獨此也。各役之設。一衙門有數百人數十人者。有工食十二兩。七八兩者。程工奠食。第以列頭行。執牌票止爾。此與豢豺狼而使之噬也何異。宜簡練以備緩急。於本役工食內。自備器械。下班日赴演武場。聽委首領官訓敎。有司官練閱之。務要三月之內精熟。否則卽行革退。另召精勇有技之人充當。

才能

大塊生才。原無今古。國家羅士。不限雲泥。方今時事多艱。需桓桓赳赳之才最急。練兵練射。不過膂力技藝。未有謀略出衆。可爲一軍司命者。應行博訪。或精曉天文象緯。兵法律法。三略六韜。或精舟師車陣。馬步戰法。並工神火器械。精妙入微。或胆力過人。舉百鈞。開兩石。走及奔馬。力扼猛虎。射可穿楊。當加以殊禮拔用。或高品殊才。不輕來見。有能知者舉報。即禮聘之。其舉賢之人。幷行錄用。延攬英雄。廣搜奇傑。今日最亟務也。古來名將。或起於吹簫屠狗。或伏於耕樵販負。十步之內。必有豐草。安得謂一郡一邑之內。遂無人哉。

唐彬聘處士

唐彬刺雍州。初下教曰。此州名都。士人林藪。處士皇甫申叔。嚴舒龍姜茂時梁子遠等。並志節清妙。履行高潔。踐境望風。虛心飢渴。思加延致。待以不臣之典。幅巾相見。論道而已。豈吏職屈染高規。郡國備禮發遣。以副於邑之望。於是四人皆到。彬敬而待之。以次進用。各任顯要。州以大治。

趙方用名人士豪

趙方守襄陽十年。以戰爲守。合官民爲一體。通制總司爲一家。許國以忠。應變如神。隱然有尊俎折衝之風。故金人擾邊。淮蜀大困。而京西一境獨全。方能用名人陳晐游九功輩。皆拔爲大吏。扈再興孟宗政。皆自士豪推誠擢任。致其死力。卒爲良將。故能藩屏一方。使朝廷無北顧之憂

余玠築招賢館

余玠知重慶時。賢才淪棄。法度蕩然。玠至。大更弊政。築招賢館於府左。供帳一如己居。下令曰　諸葛傳賢士。欲以謀告玠者。徑詣公府。士之至者。玠殷勤款接。咸得其歡心。言有可用。隨其才而任之。播州民冉琎冉璞。俱有文武才。聞玠賢謁之。玠待以上賓。居旬日。請間曰。某兄弟辱明公禮遇。思少有裨益。非敢同衆人也。爲今西蜀計。其在徙合州城。治釣魚山乎。玠大喜曰。此玠志也。先生之謀。玠不敢掠以歸己。密聞於朝。請不次官之。

酒民曰。天下未嘗無士也。官日倨。士日卑。能修布衣之交者誰乎。

技藝

守城非臨時之事也。未事之先。搜奇募異。此巧思絕技之士。靡不羅致麾下。隨材任用。周謀咨度。虛心獨斷。使羣策羣力。無不畢舉。於是守法具備。而賊無可攻之隙。下至游棍俠徒。雞鳴狗盜罪犯之輩。亦必收之。使彼各思得當。以顯其才效其力。此用人守城第一義也。

着翅人

後周韓果。性強記。兼有權略。善伺敵虛實、揣知情狀有潛匿溪谷。欲爲間隙者。果登高望之。所疑處。往必有獲。宇文泰以果虞候都督。每從征。常領候騎。晝依巡察。略不眠寢。從破稽胡於北山。胡憚果勤勇趫捷。號爲着翅人。

制器第四

火攻　炮

弓　矢

弩　牌

鎗　刀

筅　鈀

殳　盔

鐙甲　估直寬

用法重

銅器篇四

制器

費誓曰。善穀乃甲胄。，乃干。無敢不弔。備乃弓矢。鍛乃戈矛。礪乃鋒刃。無敢不善。若乃上以尅滅爲利。下以苦窳爲慮。豈非兵法所謂器械不利以卒與敵者耶。晁家令曰。兵不完利。與空手同。甲不堅密。與袒裼同。弩不可以及遠。與短兵同。射不能中。與亡矢同。中不能入。與亡鏃同。此將不省兵之過也。輯制器。

火攻

風候

火攻之法。以風爲勢。風猛則火烈。火熾則風生。風火相搏。斯能取勝。故爲將者。當知風候。以月行之度準之。月行於箕（在天十二度）軫（在天十七度）張（在天十七度）翼（在天十九度）四星。則不出三日。必有大風。數日方止。仰觀星宿。光搖不定。亦不出三日必有大風。日終而止。黑雲夜蔽斗口。風雨交作。雲自北方起者風大。黑雲飛塞天河。大風數日。（雲如豬形者名曰天豕渡河）月暈而青色數圍。必風無雨。（青主風黑主雨）日沒黑雲相接。來朝風作。風來十里。揚塵動葉。風來百里。吹沙飄瓦。風來千里。力能走石。風行萬里。力能拔木。知風之時而善用之。期萬戰而萬勝矣。

地利

火攻之法。上順天時。下應地利。曠野平川。遠擊者勝。叢林隘道。夾擊者勝。濕高擊下。其勢順。用重器猛火以壓之。以下擊上。其勢逆。用銳器烈火以噴之。彼此皆有火器。卒然而遇。不及成陣。其勢易亂。用遠器先擊者勝。彼此皆箚營寨。欲刦輜糧。先觀伏路。其勢易疑用號器。四擊者勝。城中擊外。當攻其堅。城外擊內。當攻其瑕。水戰必先上風。用器類於煙障。蓬帆必須藥制。使不沾染風烟。此應戰之策也。苟不辨地利。而用之不得其宜。未有不舍器而走。徒資寇敵者也。

器宜

火攻之法有戰器。有埋器。有攻器。有守器。有陸器。有水器種種不同。用之合宜。無有不勝。其戰器。利於輕捷。則兵不疲力。而銳氣常充。其攻器。利於機巧。則兵可奮勇。而移動不常。其埋器。利於爆擊易碎。火烈而烟猛。（用火砂水銀麻子油和神火藥藏於砲中則爆如豆紛擊賊透骨傷賊甚衆）其守器。利於遠擊齊飛。火長而氣毒。（用巴豆末砒霜神砂和飛火藥藏於砲中以發之賊受其毒立時而斃）其陸器。利於遠近長短相間。分番疊出。將得其人，而隨機應變。則無不勝者矣。

火戒

一遇古先帝王陵寢。賢聖祠宇。都邑閭巷輻輳之處。用火攻之。不但失崇道之體。而人民之心頓沒矣。當戒一也。

一賊擄掠吾民。必思奇策。拔脫民命。玉石雜處。不可遽用火攻。不然。是謂之用我火而焚我民也。當戒二也。

一內有驍智之將。失身從賊。歸正無機。正當憐才。誘令降順。摧殘善類。當戒三也。

一萌甲方長。鱗虫始蟄赤地。焚燒傷生甚夥。喪德莫甚。當戒四也。

一風候未定。地勢未審。反風縱火。禍莫大焉。必須先據地險。次候風色。察而行攻。毋得妄發。當戒五也。

一藥品配合。務貴精詳。彼不得多。此不得少。應多則多。應少則少。以意增減。臨時誤事。當戒六也。

一火攻之用。全在相賊遠近。早則寘之空虛。遲則禦之無及。當戒七也。

鍊鐵

製砲。須用閩鐵。晉次之。煉鐵。炭火爲上。煤次之。鐵在罏。用稻艸截細雜黃土頻灑火中。合鐵屎自出。煉至五六火。用黃土。和作漿。入稻艸浸一二宿。將鐵放在漿內半日。取出再煉。須煉至十火外。生鐵五七斤。煉至一斤方熟。入罏時。仍用黃土封合。一以防灰塵。一以取土能生金。不致煉枯鐵之精氣。

製硝方（硝性主直）

每硝半鍋。煮至硝化開時。用大紅蘿蔔一個。切作四五片。放鍋內同滾。待蘿蔔熟時撈去。用雞子清三枚。和水二三碗。倒入鍋內。以鐵杓攪之。有渣滓浮起。盡行撈去。再用極明亮水膠二兩許。化開。傾在鍋內。滾三五滾傾出。以瓷盆盛注。用蓋蓋定。不可掀動。動即洩氣。硝中渣滓。不肯隨水而出。放涼處一宿。看檢極細極明亮。方可用。若檢不細。當有鹹味。未可入藥。當再如前法清提。

又方

硝用雞子白煉。每十斤。用蛋二個。硝不潔者。多用數枚。先將雞蛋白水攪勻訖。次將硝下鍋。水高二指。復將蛋水傾入。大滾數次。則雞子雜硝滓。俱浮鍋面。以竹笊籬抄起。又用細麻布爲濾巾。濾過。復將前鍋洗淨。再以濾過硝水傾入。用文武火煮成冰塊。將鍋放地上一日。冷定。則鹽沈於下。硝浮於上。去鹽用硝。研細聽用。

驗硝不出三法。檜宜極細。色宜極亮。味宜極淡。如此硝更白。但無亮光者。渣滓未淨也。以舌舐嘗。味尚鹹澀者。鹽未淸也。二物最能滾珠。爲害不小。但製硝之人。每利尅減。求硝盡淨。所以極難。但於呈驗之時。即令本人置硝掌中。以火點放。硝去而掌不熱。方爲收貯。世豈有顧利而甘害其身者。是一法也。提硝。宜在二三八九月。餘月炎寒不宜。或欲急用。夏天入井。冬天於煖處可也。

又提硝用瓦鳥盆。濾至一百斤得三十斤。乃可作藥線用。熟熬油粘紙作藥綫衣。過水入地無礙。

製磺方

麻油牛油各一斤。油既熱。乃以磺徐徐投入。隨投隨攪。使磺速化。投時勿使纖毫著鍋。恐其發火。

又方

磺用生者佳。先搥碎去砂土。每十斤。用牛油二斤。煮溶火不可太旺。以木棍旋攪鍋底。看磺溶化時。以麻布作濾巾。濾在缸內。則油浮於上礦沈於下。去油用礦。研細聽用。

炭灰論

炭灰須用柳條。如筆管大者。去皮去節。取其理直者。用以燒灰入藥爲上。清明前後採取。以此時柳葉將發未發。精脈盡聚枝上故也。北方柳木甚少。用茄桿灰。蒿灰。瓢灰。杉木灰。以代之。不知草木中。惟楡柳桑柘諸木。火性更旺。諸木中。又惟柳木枝幹直上。火性直走。餘皆幹枝曲折。文理縱橫。且質堅炭硬。火性不甚輕便。是以古人。惟取柳木。尙須去皮去節者。以皮則多煙。節則迸炸故也。古法豈可輕改。杉木火力雖弱。其理尙直。其餘俱不可用。北方麻楷灰甚輕。但可入發藥。若作筒藥無力。

火藥方（火藥別無方也但以上三者製造得法並分兩得宜而已）

先將硝礦灰三種。研極細末。用水噴溼。搗至一萬杵。取出放在手心內燃之。火燃。手心不覺熱者方可用。若覺火熱。如前法再搗再試。至不覺熱。然後將藥用水和搗作劑。曬乾。再搗粹。用極細密竹篩篩過。上粗大者不用。下細者不用。止取如粟米一般者入銃。其大小者。再如法製造。銃蓋筒甚長。細則下藥時。盡粘筒上。不得到底。太粗藥又不實。大概礦欲發火快。炭欲作力大。硝取噴送遠。全要精細。亦須與搗硝之人先約。藥成即放其手心點試。自然不敢苟且。若研時工夫不到。硝磺滾爲細硃。不閉火門。必糊銃筒。雖搗到無用。若搗時工夫不到。煙餘熏眼。火不輕快。雖研到無用。若研搗工夫俱到。自然渾化。不但渣滓俱淨。而氣息亦盡去矣。再加銃筒光滑。毫無罣礙。即終日舉放。亦無他虞。

右三種。細細製煉。照後方秤準明白。然後和勻。放在銅鑲木臼內。用銅包木杵搗之。復將酸果汁破雨水。或泉水。不時灑濕。使搗有力。搗藥之人。須擇勤愼者。莫使毫釐砂土入藥內。恐搗熱之際。石能生火。亦不可犯鐵器。鐵易生火也。藥搗萬杵後。試放略無渣滓。烟粗白色。快且直者始妙。即以粗細夾篩篩過。粗者成珠在上。細者在下用樹下日色照乾。不可用暴日。慮日中有火也。照乾後。以內外有釉瓷罐收之。如日久有溼氣。再取酸果汁破雨水泉水。酒溼搗過如前。點放自然遠到矣。

朱平涵論火藥

火藥重在提硝潔淨。硝有上中下三等。上等百斤。提至九十斤。次者提至八十斤。下者七十斤。必鹹味去淨。椿搗極細。試然紙上。著火無滓方妙　火銃藥乾結成塊。經年不碎。雖久冒霧雨。放之雄烈。遠去百步。入火箭火磚諸器之內，雖二三年可用。則提之至淨故也。不者。雖藏之極密。散溼盡廢無用矣。

火藥論

火攻之具。必須使藥法。分量無差。昔有閫司督造火藥。分發各兵。始而試放亦響。既而大響損銃。此有故也。南方火藥。對定分兩。皆加水舂。其硝磺與灰三者合一。皆如菉豆子大。臨時入銃甚易無崩塞之患。今所造。止將三者碾細耳。并末入水舂過。各兵又不能分定分量。或用紙筒。或用竹筒裝盛。以便聽用。而乃總入一大袋皮裝了。兵係馬兵。終日馬上攛篩。其硝與磺性重而沈底。灰性輕而上浮。初放者灰也。故多不響。既放者硝磺也。磺多則銃損。此理甚明。無足疑者。或曰。南方之製何如。曰南方之製。硝用水膠或腥物提淨。磺不用底。灰或柳或杉。各有分量。溼柳乾柳。性有緊慢之別。紅杉白杉。情有遲速之殊。尤當知焉。而新葫蘆與舊瓢蒂性亦不同。至於茄桿灰苧麻桿灰。其說甚多。而銃之有聲無聲。皆於此中分別。分量既定當用水舂之。約藥一觔。用水二碗。乾時。更入頭料燒酒一碗。舂如菉豆子大。擎於掌上。火升而手不熱。斯妙矣。舂之不細。則有白點落手中。倘能傷手。豈止熱也。如藥至手擎不熱。裝入銃內。豈有後坐之理。鳥銃不後坐。而照星又對準。焉有不中之理。所謂器精在藥精也。

鉛子論

或曰。銃不後坐，專係於藥乎。曰。此其一也。又在銃眼平底。則不後坐。少高一分。則後坐矣。或曰。製藥已精，而銃眼又平。仍復不中。何也。曰。對未眞也。對眞而又不中。何也。此鉛子病也。鉛子之法。銃猶弓也。鉛子猶矢也。弓良而矢直。無不中也。今學銃之人。全不知用藥若干。則可送動幾錢鉛子。猶如弓幾箇力氣。能發動幾錢箭。如稱衡稱錘。務要相配。少差則不準矣。訣曰。子重於藥。則多半落。藥强於子。火鎔子死。子藥相停。更合管門。子門同圓。藥力氣全。門大子小。藥氣上燎。子或偏歪。出之必乖。子被火使。決無中理。習者知之。等於弓矢。此數言。能盡火氣之妙。

鉛彈。全合銃口模鑄。滾過極圓。方可用。銃成時。先將鉛彈試口大小。口容鉛彈一錢。用藥一錢。彈重。則隨彈加藥分數。臨陣要狠。彈重一錢。加藥二分。銃筒堅厚。是木炭打成者。即加三著藥無妨。

神砲

神砲出自紅毛夷國。廣東濠鏡澳夷亦能造之。宜咨爾兩廣總督酬之價值。市以需用。庶幾多多益善。

佛狼機

顧應祥云。佛狼機。國名也。非銃名也。明正德丁丑歲。廣東忽有大海船二隻。直至廣城懷遠驛。稱係佛狼機國進貢。其船主名加必丹。其人皆高鼻深目。以白布纏頭。如回回打扮。其人在廣久。好讀佛書。其銃以鐵爲之。長五六尺。巨腹長脛。腹有長孔。以小銃五箇。輪流貯藥。安入腹中。放之銃外。又以木包鐵箍。以防決裂。海船舷下。每邊置四五個。於船艙內暗放之。他船相近。經其一彈。則船板打碎。水進船漏。以此橫行海上。他國無敵。此器曾於教場中試之。止可百步。海船中之利器也。守城亦可。持以征戰。則無用矣。其一種有木架。而可低可昂。可左可右者。中國原有此制。不出於佛狼機。每座約重二百斤。用提銃三箇。每箇約重三十斤。用鉛子一箇。每箇約重十兩。其機活動。可以低。可以昂。可以左。可以右。乃城上所用者。守營門之器也。其制出於西洋番國。嘉靖年始得而傳之。

戚繼光曰。此天下通有之利器。今所以重圖者。舊製之未盡精微也。其妙處要母銃管長。長則直而利遠。子銃在腹中。要兩口對合。則火氣口泄。子銃後方用牮筍轉入者。每放時多擊出子銃數丈傷人。必用鐵門者佳。其妙處在今添出前後照星。後柄稍從低。庶不礙託而。以目照對其准。在放銃之人。用一目眇看。後照星孔中。對前照星。前照星孔中。對所打之物。又子銃內用木馬。後下鉛子。苟子馬俱大。則難出。出則力大。要坐後。而人力不能架之。若子小。則出口鬆而無力。歪斜難准。今法。止用鉛子入藥之後。卽以子下口。用凹心鐵送桿打下。入口一寸。卽入母銃放之。此法既省下木馬煩難之功。又出口最易。而且鉛子合母銃之口。緊急直利。便速成功。凡鑄銃之法、子銃口大。則子難出。要破母銃。母銃口大。而子銃口小。則出子無力。且歪。務要子母二銃之口。圓徑分毫不差。乃爲精器也。

舊以平頂爲送桿。將鉛子打扁。出而不利。今製鐵凹心送子一根。送子入口內。陷八分。子體仍圓。而出必利。可打一里有餘。人馬洞過。

放法。先以子銃酌大小用藥。舊用木馬。又用鉛子。以輕馬催重子。每致銃損。又多遲滯。今入藥不必築。不用木馬。惟須鉛子合口之牢。

每佛狼機一架

子銃九門　鐵門二根

鐵凹心送子一根　鐵錘一

鐵剪一　鐵藥匙一

備征火藥三十斤　合口鉛子一百箇

火繩五根

佛狼機圖

二尺二尺五寸三尺三尺五寸四尺五寸不等重亦隨之隆殺鐵門隨母銃大小子銃隨母銃大小鐵錘隨母銃大小火繩長二丈五尺重四兩

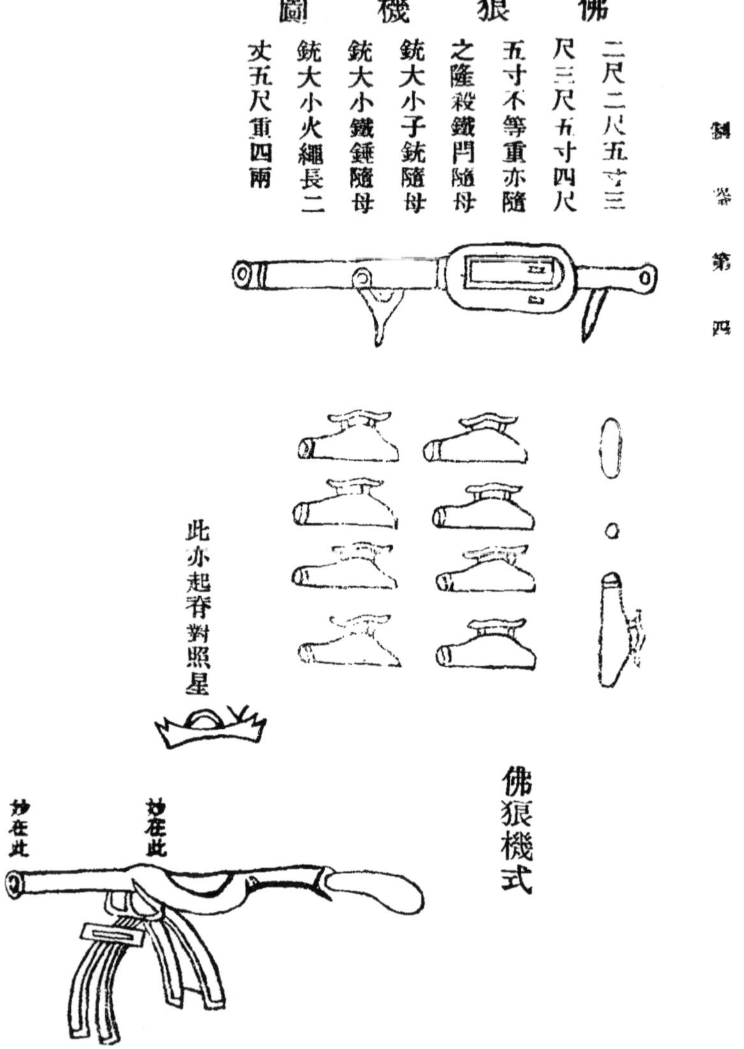

架佛狠機式

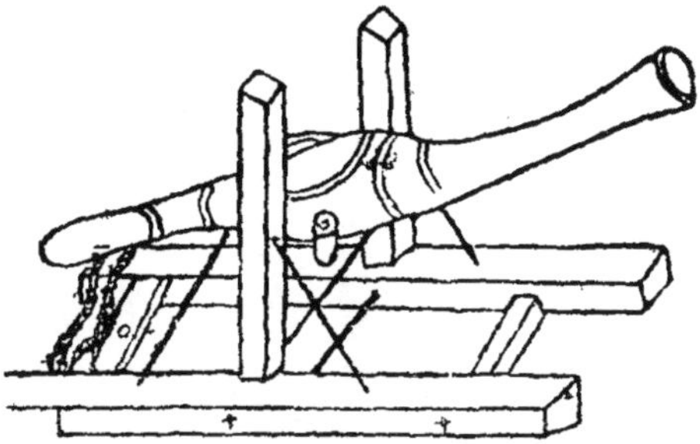

威遠砲

每位重百二十觔。舊製周圍鐵箍。徒增觔兩。無益實用。點放亦不准今改爲光素。名威遠砲。惟於裝藥發火著力處加厚。前後加照星照門。千步外皆可對照。每用大鉛子一枚。重三觔六兩。小鉛子一百。每重六錢。對准星門。墊高一寸平放。大鉛子遠可五六里。小鉛子遠二三里。墊高三寸。大鉛子遠十餘里。小鉛四五里。闊四十餘步。若攻山險。如川廣各關。砲重二百觔。墊高五六寸。用車載行。大鉛子重六觔。遠可二十里。視世之千里雷尤輕便。此砲不炸不大後坐。就近手可點放。

威遠砲式

火門

照星高二尺八寸底至火門高五寸火門至腹高三寸二分砲口徑過二寸二分重百二十觔

火門上有活蓋以防陰雨

重二百觔照前量加尺寸

鳥銃

鳥銃治於西洋。其製甚精。銃長四五六尺不等。孔竅甚巧。發之直而利遠。射的百發百中。且一函九子。以九子連發。可殺人於百步之外。洞穿堅壁。一彈可殺數人。勝弓箭數倍。實一可當百者。鳥銃收功。百倍短兵。十倍弓矢。業專則精。服久自便

製合鳥銃藥方

硝（一兩）　磺（一錢四分）　柳灰（一錢八分）

通共硝四十兩。磺五兩六錢。柳灰七兩二錢。用水二鍾。舂得極細爲妙。祕法。先將硝磺灰各研爲末。照數兌合一處。用水二碗下在木臼。木杵舂之。不用石杵者恐有火也。每一臼舂可萬杵。若舂乾。再加水一碗又舂。以細爲度。舂之半乾。取日晒打碎。成荳粒大塊。此藥之妙。只在多舂數萬杵之工。大都如製墨相類。若添水舂至十數次者。則將一撮堆於紙上。用火燃之。藥去而紙不傷。如此者可入銃矣。再試之將人手心盛藥二錢。然之而手心不熱，爲妙。但燃過。仍有黑星白點。及手中心燒熱者。卽是不佳。仍前再加水舂之。如式方止。

酒民曰。倭製鳥銃。其藥極細。以火酒漬製之。故其發速。一發必中。國初。全用此製。而神妙過之。所當無敵。惟時下各省。官兵所習之銃。不甚講究。用之演舞則可。用之殺賊則未盡

善也。是在有司整頓之。舊本有鳥銃全製分形諸圖。今從其省。

鳥銃式

附銃說

一神器之用。非弓矢可比。弓矢必巧力俱全。方能命中殺敵。神器巧力自具。全不因人。床機照星。已備其巧。長筒精藥。已備其力。但得執器之人。知其巧力所在。因而用之。器之能事畢矣。

試銃

一試新舊神器。用藥。切不宜卽著本等分兩。如常時著藥三錢者。且先著一錢。再添二錢。再添三錢。用彈叉試。冬天鐵冷。卽堅厚亦怕驚迸。當用銃亦當用半藥噴過。方可打放。試小器。只須避之樹後。或用籐牌護身。若佛狼機。鷹揚砲。須藥極厚土牆。鑿開一隙寘筒於中。如前法著藥。若大將軍。須寘地坑中。用走綫試放。非過計也。恐萬一失事。無知士卒。因而氣餒。放銃時神氣疑沮不暢。

一久不打之銃砲。恐其驟打而炸也。挖地窖丈餘。先用火燒坑其銃。使砂石打洗內外淨。入坑中。內以泥塗。覆薪燒煉。俟其冷。取出。復用桃艾湯洗。以牛或羊豬血塗內外。仍入坑煉之方用

放銃

一放銃發機。全要凝神定氣。手准眼病。右眼對照門。照門對照星。照星對敵對把。此不易之法
但銃十無四五竿正準者。或偏左。或偏右。或上或下。銃手必須時令服習。人知銃性。庶便臨陣
擊打。出征帶藥。毋令浪費。臨陣裝藥。毋令浪放。無論遠近。必須一彈一賊。方肯發機。

銃手

一神器手。必得短小伶便。手疾眼快。胆壯有力者為上。切不宜用粗蠢大漢及氣弱之徒。

收銃

一神器。不問陣上并教場中。放畢時。即將銃筒取出。堵住火門。用滚水灌滿筒膛。待水滲入螺
螄旋中。然後用搠杖裹布刷洗。倒去渣滓。再用滚水將筒膛冲淨。以紙團搌乾。直立高處。候筒
內無熱氣。再以紙搌乾火門。用香油抹螺螄旋裝安停妥。如銃常日所用火藥分兩裝飽。收不近鐙
火處所。春夏每月要收拾二次。秋冬每月一次。不肯收拾。底必鏽住。鏽二三年。雖精堅之筒。
必致損壞。

修銃

銃筒輕長。用久。或為他物壓彎。或為木床帶累屈曲。出彈定然不准。須於放畢收拾時。仔細

看。銃筒少有歪斜。即將墨線自照門眼起。直至照星分中處。將線一彈。曲直立見。即將銃烘熱。放厚板凳上。用木錘顛直。將線再彈。如筒薄。可用筒鐵條一根。以紙包裹。放任膛內。庶免打扁銃筒。試看舊銃不用圓筒。專做八稜。各國鳥銃圓筒者。必磋平上面。是爲彈線計也。如係木床彎曲。將木床調直。床筒俱歪。一併整理。

洗銃

銃一也。有五六發之後。或藥發自燃。或致迸炸。有放至十銃猶然可用者。銃膛光與不光。火藥精與不精使然也。若銃不知鑽磢。膛內坑坑坎坎。藥又不精。火經再發。藥渣盡挂膛內。坑坎之處。急裝後藥。前火未滅。自然舉發。膛有坑坎。又不知刷洗。未必去淨。一經潮濕。筒必蝕壞。坑坎處日深一日。漸至透漏。安得不炸。

敎練

火器既精。必當盡法敎練。實堅厚木牌一座。高五尺。濶一尺。油黑色。中小紅圓牌一面。徑五寸。初放打。由五六十步漸至百步。及百餘步外。以次漸加。中牌者。破格厚賞。

銃藥方

硝六斤　磺一斤　灰一斤

炸銃

賊人得我火器。即還以攻我。今擬作炸銃。用生鐵雜砂鉛。鑄成各樣銃式。礦性主橫。用之爲君。炭灰用樹節。燒令存性。滿裝炸藥。兼藏毒砂毒火在內。佯爲棄遺。令其刦去。若來攻我。必先自傷。後雖得吾眞銃。亦不敢用矣。

居士曰。此法。戚南塘曾用之鑄大砲。以詐倭者。今化其法。亦妙用也。

炸藥法

用硝一斤。硫礦半斤。柳木炭一兩六錢。石黃一兩六錢。雄黃八錢。研爲細末。燒酒半斤調勻。仍前剉如菉豆大。臨用之際。每一斤加汞二兩。一云每鍊鐵紅時。便入醋浸。脆而可碎。

竹將軍

竹將軍。即竹發熕。雖木亦可爲之。亦謂之木發熕。北方謂之千里勝。有七利焉。其器雖一發而壞。不似銅鐵崩毀而傷人。利一。敵人得去。不可再用。利二。每位通計工價。不過七分。費廉工省。一剉可就。利三。無難取之物。隨地可造。利四。輕體可以遠負。利五。易於分佈。易於搶拚。其威猛與銅鐵相等。能威敵心。能壯吾胆。利六。南北水陸。無所不宜。匠不論工拙。皆能造。利七。對壘立陣。防營守城。無不可者。但安藥信。并製藥。又與別器少異。不然。則橫出多而直出少矣。智者自能默會。用貓竹圓厚者。長四尺許。將圓鑿開通其節。止留頭節作底。節後留一尺四五寸。用一木柄。柄頭照竹節凹凸之形。直抵竹節處。周圍用四釘犬牙樣釘之。以苧麻打成辮。或三股繩。自柄至口。緊緊纏固。傍節底上。先實潤黃泥二寸。以一分厚。轂筒口大。鐵錢一個蓋泥上。傍錢上開一藥線眼。先將雙藥線引入四五寸。直透上為妙。方入藥一斤。看竹之大小增減。已入藥。用木桿輕輕築實。少用紙團。或乾土實之。又將一分厚轂竹筒圓大鐵錢一個。鑽眼如蓮房式。寘藥上方以轂筒口大圓石彈一個。寘鐵錢上。或再加碎生鐵小鉛彈於錢上更妙。若單用石彈。則蓮房式鐵錢。不必用矣。以徑寸粗柴二根。長三尺許。縛成杈架之。取其便也。對敵舉放。若欲遠。則稍昂其頭。如敵近在二三百步外。只消平架放去。柄尾須以大石塊抵住。防其後坐。人在側立。即不用亦可。惟麻繩。圓石子。鐵錢。鐵釘。火藥。竹火門。油灰。及製造之器。斧鋸圓鑿等項。預備多帶軍中。即隨地立刻可造。其體甚輕。每兵可担十數位。而威力則猶在佛狼機上。發時響聲震地。其力可及七八百步之遠。故以將軍名之。尊其威也。

竹將軍

竹將軍分形

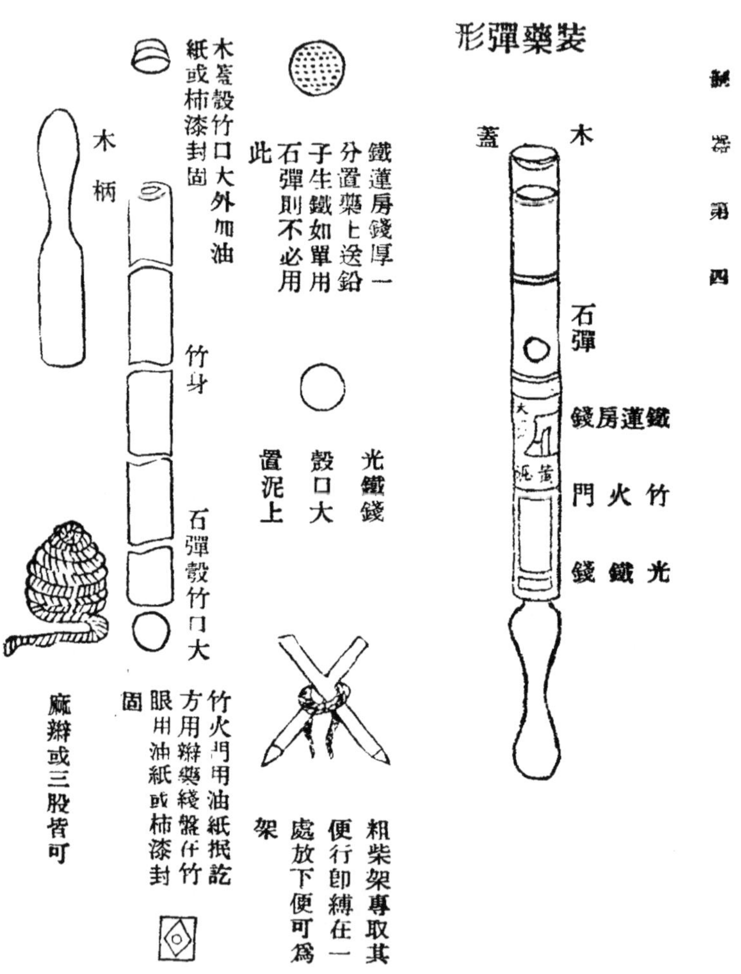

木蓋穀竹口大外加油紙或柿漆封固
木柄
鐵蓮房錢厚一分置藥上送鉛子生鐵如單用石彈則不必用此
竹身
光鐵錢
殼口大
置泥上
石彈殼竹口大
竹火門用油紙抵訖方用辮藥綫盤仟竹眼用油紙或柿漆封固
麻辮或三股皆可
粗柴架專取其便行即縛在一處放下便可爲架
裝藥彈形
木
蓋
石彈
鐵蓮房錢
竹火門
光鐵錢

火箭

火箭亦水陸利器。其功不在鳥銃之下。但造者無法。放者無法。人鮮知其利也。大都造法有二。或造成。或鑽鑽線眼。或用鐵桿打成自然線眼。但鑽不如打成者妙。然鑽易而打者難。故匠人多不肯用打成之法。不知肯綮全係於線眼。眼正則出直　不正者出斜。眼太深。則後門泄火。眼太淺。則出而無力。定要落地。概以每個五寸言之。眼須四寸深。桿要直。而去頸二寸稱平。翎要勁。羽長而高。箭筒須用礬紙。間以油紙。夏不走硝。可留二年。

火箭方

硝十兩　磺三錢　炭三兩五錢

右三樣研極細。扦微濕。每下藥一匙。初打百錘。第二匙。加二十錘。已後照數遞加。再每筒打至三千七百。方遠而有力。筒卷要極堅。藥線須用麻楷灰。他灰不得透上。以藥分爲十分。鑽至六分則止。多則鑽頂出火。不妙。

南方之製。多聚百枝。或三五十枝。裝入木籠內。名曰一窩蜂。又曰火龍。少者九枝。曰九龍筒。或其狀差小者。名曰湧箭。馬上亦可施放。各立名色甚多。其實一而已矣。

自然打成綫眼

箭頭式

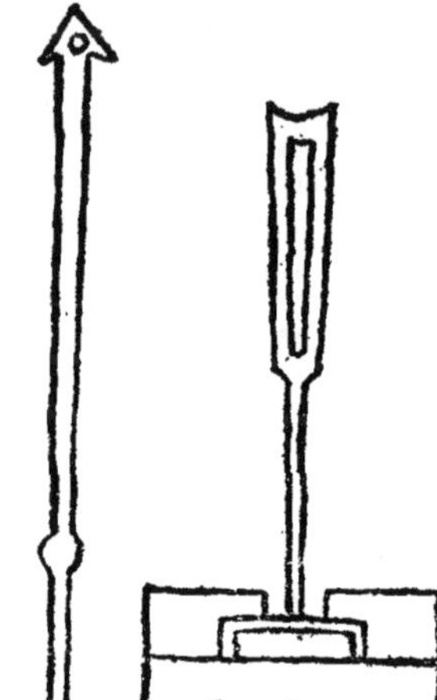

箭頭式。中脊要厚兩刃要長而利爲佳。頭上縛火藥。至妙。

一窩蜂

其狀如鳥銃之鐵幹。而短其管。口比鳥銃口稍寬。容彈百枚。燃藥則彈齊出遠去四五百步。夫鳥銃所發。止傷一人。此銃一發。百彈漫空。豈止數十人乎。力量與佛狼機並稱矣。但佛狼機器重難帶。此器輕於鳥銃。以皮條綴之。一人可佩而行。戰時。以小鐵足架地。昂首三四寸。鋒尾另用一小木椿。釘地止之。誠行營之利器也。

又

木桶內貯神機箭三十二枝。以射虎毒藥塗鏃頭。名一窩蜂。力能貫革。可射三百餘步。南北水陸靡所不宜。若車戰。每車可架十數桶。去敵二百步。外總綫一燃。衆矢齊發。勢若雷霆。且至輕可佩。每營百桶。多多益善。若守城則垂其頭。向賊放之。

火龍箭

用竹篾編筒長四尺。口大尾小。紙糊油刷。以防風雨。內編橫順閘箭竹口三節。旁留小眼。穿藥線。總聯內起火箭上。每筒裝十七八枝。或二十枝。鋼箭頭塗毒藥。起火。前揑明火一丸。焚燒草城樓船隻。俱妙。遇敵則前冲可也。

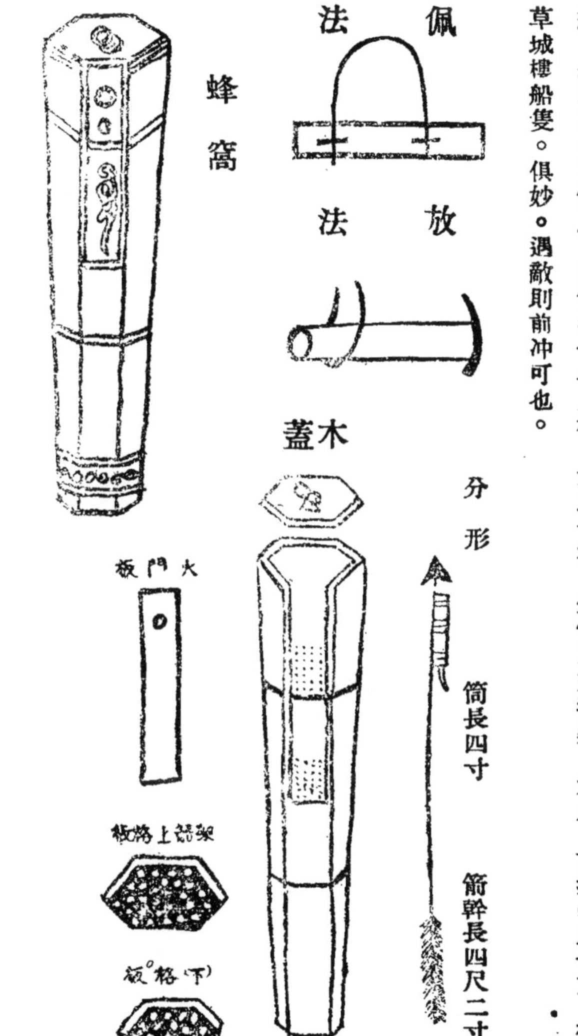

火箭籠

油罐

用鵝鴨鷄蛋。盡泆其黃。和以桐油。將磁罐注滿。掩塞其口。將細繩爲絡。使膂力勇士持之。約離賊船二三丈許。擲入擊碎。四散流溢。乘以風波洶湧。滑不可立。器不得施。況油沾地板。惹火易焚。我兵更於上風。或揚神砂以迷其目。或操神箭以冲其陣。或舉火砲。以突其鋒。固雖微法小技。而取勝之功。則甚大矣。爲將者愼無輕忽而略之。

油罐

散沙散豆

五代吳越王鏐。遣其子傳瓘擊吳。吳人拒之。戰於狼山。及船舷相接。傳瓘使散沙於己船。而豆散於吳船。豆爲戰血所漬。吳人踐之。皆仆。因縱火焚吳船。吳兵大敗。

潑泥

明嘉靖間。倭寇猖獗吳郡。時賊掠民舟。過黃天蕩。官軍無敢抗者。鄉民憤甚。斂河泥船數十隻追之。以泥潑其船頭。倭足滑不能立。舟人皆躡草屨。用長脚鑽。能及遠。倭殲者甚衆。

毒烟

毒烟之入人耳目口鼻也。爲毒甚於藥。彭天祥火龍書。無不精備。雖其人以他事去。試仿其制而盡其長。何以誘賊而使之必趨。何以錮賊而使之必受。何以蓄烟而使之暴發。何以留烟而使之能久。何以伏兵要截而使之突烟奔潰者不得免。則此烟賢於十萬師矣。

酒民曰。明景泰三年。國子監學錄黃明善疏請。用毒毬行烟。謂毒毬所熏。口眼出血。行烟所向。咫尺莫辨。亦良法也。

毒龍噴火神筒

截竹爲筒。長約三尺。以貯毒火爛火。藥懸於高竿之首。令壯士持至城垛口中。乘風發火。烟燄撲人。掩賊面目。鑽賊孔竅。彳亍不定。昏眩仆倒。蟻附而登。內外相應。隨將利器繼之。破之必矣。

毒龍噴火神筒

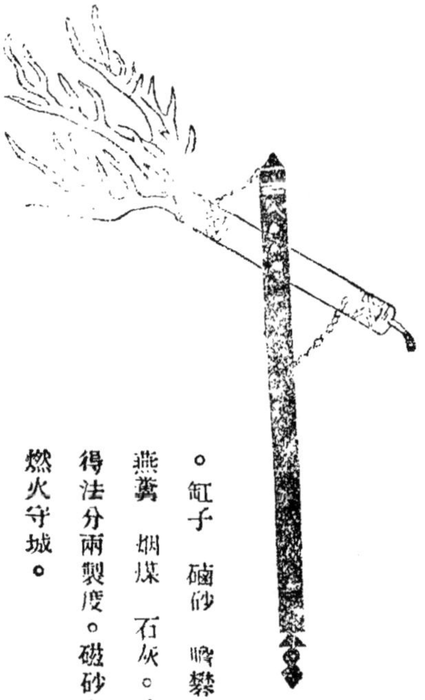

滿天噴筒

截中樣竹二節。外用膠皮頂箍。藥用硝磺。砒霜。班毛。缸子 磠砂 硇礬。皂角 銅綠 川椒 半夏。燕糞 烟煤 石灰。斗闌草。草烏。水膠。大蒜。得法分兩製度。磁砂與田沙炒毒 綁於長槍頭上。燃火守城。

滿天噴筒式

斤半麻裹。瓦灰灰之。晒乾。王漆漆之。內裝發藥五升。次裝磁鋒一斤。俱用砒黃。巴豆。硇砂。等藥炒製。再用神砂三合。毒火一合。裝畢。上用黃泥塞其口。口上用鐵箍箍之。堅木爲柄。柄長二丈。裝實聽用。

衝鋒追敵竹發
用茅竹截筒。長三尺 先用冷火之醫浸透 以易其性。使不染火爲度。外以鐵綫纏之。再用

衝鋒追敵竹發式

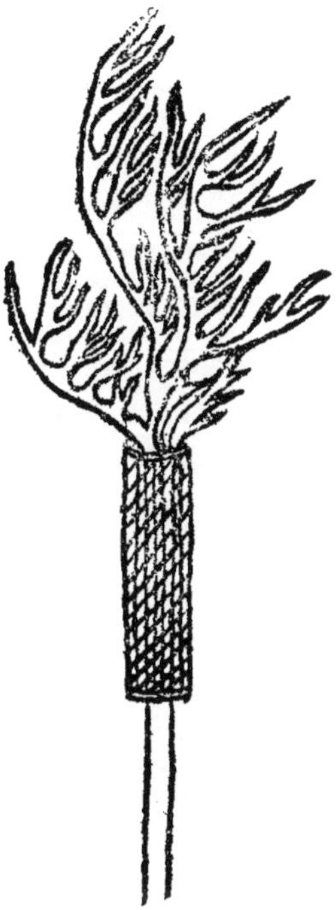

毒火歌

黑砒先擣巴霜浸。毒氣冲人嘔見心。乾漆晒乾乾糞炒。松香艾胁更均停。雄黃一味爲君主。透徹光明用一斤。石黃

諸味各四兩。四六火藥配分明。裝入炮中攻打去。破敵冲鋒更殺人。

附方

石黃燒酒浸麻油炒晒乾爲末　雄黃　雌黃　黑砒　蘆花　艾肭　松香

豆末　銀杏葉　乾糞　巴霜　硝火　硫黃　箬灰　柳灰

飛火槍

蒙古圍汴。金用飛火槍注。以火發之。輒前燒十餘步。人不敢近。

神機火槍

神機火槍者。用鐵爲矢鏃。以火發之。可至百步之外。捷妙如神，聲聞而矢即至矣。明遠樂中。平南交。交人所製者尤巧。命內臣如其法監造在內。命大將總神機營。在邊。命內官監神機槍。蓋愼之也。歷考史冊。皆所不載。不知此藥始於何時。仿於何人。誠爲自古所無之神器。然士卒執此槍而用之也。人持一具臨時自實以藥。一發之後。倉卒無以繼之。敵知其然。凡臨戰陣。必伏身俟我火發聲聞之後。即冲突而來。請自今以後。凡火槍手。必五人爲伍。就中擇一人。或二人。心定而手捷目疾者。專司持放。其三四人者互爲實藥。番遞以進。專俾一人司放。或高或下。或左或右。應機遷就。則發無不中者矣。其視一發即退。心志不定。而高下無准者有間矣。又宜用紙爲炮。其聲與火槍等者。每發一鎗。必連放三五紙炮。或前或後。以混亂之。使敵不知所避。如此。則其用不測。而無敵於天下矣。

震天雷

金有火炮。名震天雷者。用熱鐵罐盛藥。以火點之。砲起火發。其聲如雷。聞百里外。所爇圍半畝以上。火點著鐵甲皆透。蒙古攻金時。爲牛皮洞。直至城下。掘城爲龕。間可容人。則城上不可奈何矣。人有獻策者。以鐵繩懸震天雷。順城而下。至掘處。火發。人與牛皮皆碎迸無跡。

酒民曰。火器約百餘種。然與博而罔效。不如少而至精。與其行吾所疑。不如行吾所明。故集中止取以上數種。足以備用而已。

居士曰。兵以火器强。亦以火器弱。蓋火器不過濟勝之具。若全恃此爲勝術。則出奇制勝之方。先發制人之策。反因此消澌埋沒矣。是以一或不效。便望風奔潰。輿尸之辱。每每坐此。皆由全恃火器。一籌不展之過也。聊識此以發人深醒。

炮

總引

炮本作礮。漢書甘延壽傳。投石絕等倫。張晏曰。范蠡立法飛石。重十二斤。為機法行三百步。唐李密傳。以機發石。為攻城具。即此炮也。有單梢。雙梢七梢。等類。然大同小異。今存兩種。以例其餘。覽後數圖。用法了然矣。

炮架

兵家有炮石。未見其製。明奢賊叛時。有一小卒。獻其製於朱巡撫。旁用二柱。各七尺。埋土三尺五寸。架橫木一根。中段粗大。鑿一圓眼。以木貫之。末段繫長繩七尺。一頭緊繫。一頭活機。置石於筐。前段用繩。不拘若干條。每繩用人。不拘若干名。但以能舉其梢為率。待其勢急。方放活機。其石自然飛去。所向人馬。無不虀粉。自高打低。靡不中者。試之立效。

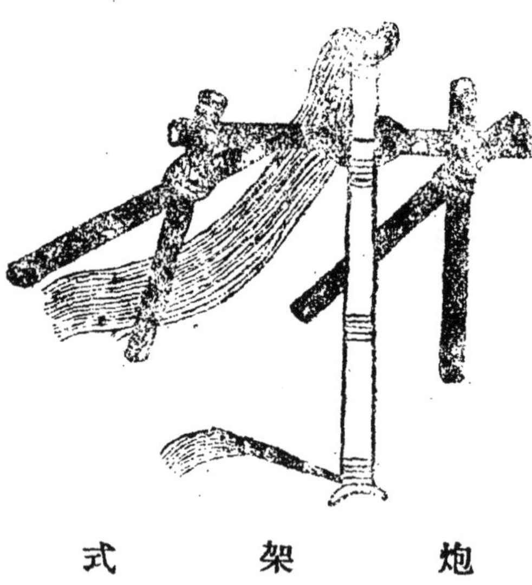

炮架式

此蝎尾套在
梢頭掛之

每繩長如梢
之體不必拘
定若干條但
能與梢可矣
其每繩用二
人扯之

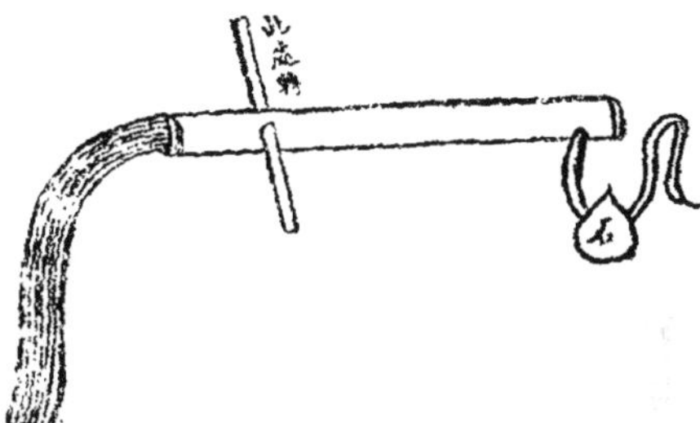

此處安大石
子不拘塊數
亦不拘方圓
平厚蝎尾既
掛一人雙手
墜石候前扯
起放去如箭
力離弦必後
手扣緊出始
有力耳此炮
訣也

炮石用人車起打去形

此繩人墜起
炮自發石出

炮法。武經雖載。而獨行砲車架甚明。人鮮悟之。故雷開明其勢。守城第一器也。既省火藥之費。又有不竭之資。

砲牀

大木為牀。下施四輪。上建獨竿。竿首施羅筐木。上實砲梢。高下約城為準。推徙往來。以逐便利。

炮車式

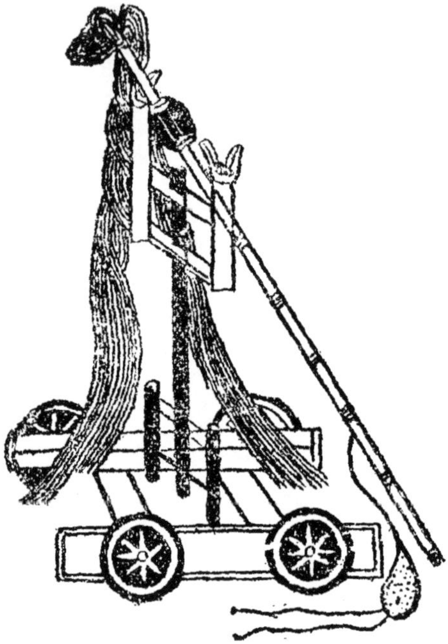

飄石

每用一握竹。長五尺。以長繩二股。一頭繫竹上。一頭租一環繩中分。用一皮兜徑五寸。搖竿爲勢。一擲而發。守城宜用。且飄石易得。但手發不遠。用飄竿發之。可遠可重。須平時習慣。有司令每家每戶出少年一人。在官所教習。日久自熟矣。

以圈掛竿頭。貯石打去。石發圈落。竿用竹爲之。長五尺。

飄石式

大砲

史思明逼太原。李光弼卽撤民屋。爲擂石車。車二百人挽之。作大砲飛巨石。一發輒斃二十餘人。賊死者什二三。乃退營於數十步外。

迺民曰。勢太重。故去不甚遠。所以賊止退營於數十步外耳。

砲手

宋孟宗政權襄陽軍。金人來犯。宗政募砲手擊之。一砲殺輒數人。蒙古攻金。洛陽强伸創過砲。用不過數人。能發大石於百步外。所擊無不中。

襄陽砲

亦思馬因。西域人。善造砲。元世祖時。與阿老瓦丁同至京師。從攻襄陽未下。亦思馬因相地勢。寘礮於城東南隅。重一百五十斤。機發。聲震天地。所擊無不摧陷。巡地七尺。宋呂文煥遂以城降。元人渡江。宋兵陳於南岸。擁舟師迎戰。元人於北岸陳砲以擊之。舟悉沉沒。後每戰。用之皆有功。

弓

弓人爲弓。取六材必以其時。六材既聚。巧者和之。幹也者。以爲遠也。角也者。以爲疾也。筋也者。以爲深也。膠也者。以爲和也。絲也者。以爲固也。漆也者。以爲受霜露也。得此六材之全。然後可以爲良。

洒民曰。弓所以及遠者。其力在幹。弓所以疾發者。其勢在角。角幹在筋。以爲堅韌。以射則中深。三者得膠。然後和合以爲和。結而固之在絲。飾而堅之在漆。

凡爲弓。冬析幹。而春液角。夏治筋。秋和三材。（膠絲漆也）寒奠。（讀爲定）體。冰析灂。（灂漆也）冬析幹則易。春液角則洽。（讀爲合）夏治筋則不煩。（亂也）秋合三材則合。（堅密也）寒奠體則張不流。（猶移也）冰析灂則審（猶定也）環。春被弦則一年之事。（謂俟一期之久而後可用）

五兵之用。惟弧矢之利爲大。上而天文。戈戟殳矛。皆無其星。而弧矢之象。特懸於上。易之制器尚象。五兵之中。獨言弧矢。是兵莫大於弓矢也。但造之者。不求其良。有事用之。因者誤事。當於軍器上皆刻監造官姓名年月。若有損壞。致誤使用者。即將監造官依法施行。斷不輕恕。自然器具精好。火烈人畏。惟在重法而已。

弓制

古有弓爲三年而成者。考之穿七札。九年而成者。試之飲石梁。爲弓豈易言哉。弓有六善。一者往體少而勁。二者太和而有力。三者久射力不屈。四者寒暑力一。五者弦聲淸實。六者 張便正。凡弓欲其勁 妙在治筋 筋生長一尺。乾則減半。以膠湯濡而極之。復長一尺。然後用之。則筋已盡。無復伸弛。故往體少而勁也。凡弓節短。則和而虛（虛謂挽過吻則無力）節長。則健而柱（柱謂挽過䫄則木强）節得中。故和而有力。弦聲淸實也。凡弓初射强。久則弱。天寒强。暑則强。弱則不勝矢。皆膠之爲病。膠欲薄。而筋力旣盡。强弱任筋不任膠。故久射力不屈。寒暑力一也。弓所以爲正者材也。相材之法。視其理。其理不矯揉而直中繩。故一張便正也。

披背筋法

披筋一版。晴暄合待半月。陰雨一月。方令再上。若遽披數版。則內濕外乾。解脫可待。

漆法弓

用漆一重。晴暄合待十日。陰雨二十日。方再漆。若日添數重。亦內濕外乾。斷脫可待。

裹弓法

用黃樺。桃皮。朱紅。不若黑生漆。免水透。

弰法

用白角魚枕。綵畫。不若黑牛漆。免費工。

焙洪弓

江南地多卑濕。四時必以火焙弓。去火四尺上下。太迫則燥。太過則火氣微。凡火四時有增減。太猛則枯。太寬則火易息。（正二月五分二三月六分五月十分六七月七分九十月六七分十一月十二月五分）面向上焙背不焙面也。焙後必冷定。絕無火氣。方可安弦。無傷折之患也。值天氣爽時。取弓出列於架上。使筋角活也。

馬蝗面弓

用大牛角截成。面闊。曳滿則曲如扇圈。受力均勻。不走不朒。

泥鰍面弓

用小牛角截成。面狹曳滿。則曲如折竹。受力不勻。易走易朒。

酒氏曰。軍器三十有六。而弓爲首。然制之甚難。筋角膠漆二物相資。必隔旬日。候其自乾。然後再用。是謂年弓月箭。否則弓雖易成。膠亦易脫。弓面闊。則力硬受弦。端正。故取象馬蝗。爲其扁闊也。弓面狹。則力軟愛走易斷。故取象泥鰍。爲其圓滑也。皆由擇角之初。大角價高故常少。小角價低。故常多。因而誤事。

大木弓

陳球守零陵。弦大木爲弓。羽矛爲矢。引機發之。遠射千步。

神臂弓

宋大觀中。吳擇仁奏神臂弓。實乃天授以甚利之器。後宗御筆。謂射遠攻堅。所向無前。可謂利器。使敵人習而能之。非中國利。令民間不得習製。

克敵弓

宋紹興中。詔有司造克敵弓。弓乃韓世忠所獻者。命殿前司閱習。詔能貫甲踰三石弓。施二十矢者進秩一等。帝謂宰執曰此弓最爲强勁。雖被重甲。亦須洞徹。若得萬人習熟。何可常也。

酒民曰。自古弓弩之製。漢稱大黃。唐稱伏遠。宋之神臂克敵。其最也。其製略見於史。謹錄於此。後人因其名而得其遺法。可想像而造之。

矢

總論

大抵矢之爲矢。不出乎幹羽二者而已。幹之强弱。則欲適其中。羽之豐殺。則欲適其節。前弱則矢行而低。後弱則矢行能旋。中弱則矢行而曲。中强則矢行而起。此强弱之失中也。羽太多則矢重。其行必失於緩。羽太少則矢輕。其行必失於急。此豐殺之失節也。欲視其豐殺之節。宜以指夾矢而搖之。以約其輕重。欲視其鴻（强也）殺之稱。宜以指撓其幹而曲之。以審其强弱。其製矢既有其量。其視矢又有其法。此其器所以無不良。而用之所以無不宜也。

箭制

矢不破堅。與無矢同。矢不等弓。與無鏃同。謂箭重則緩。輕則飃也。製箭有四失。一曰鏃太重。二曰幹太粗。三曰膠易解。四曰翎易落。古人制箭。欲其去之勁直也。故翎之以羽。曰鵝。曰鶴。曰鴻。曰鵠。不一其名。欲其去之鋒利也。故鏃之以金。曰石蓮。曰鑿子。曰喬麥稜。曰破甲錐。不一其式。然驗之已往。翎以鵰鷳野雉爲最捷。鏃以寸金鑿破甲錐爲最銳。幹以通幹爲直而易中。筈以黑漆爲省而易成。餘皆不堪實用矣。語云箭頭重過三錢。箭去不過百步。箭身重過十錢。弓力當用一顧。大約弓八斗。以弦重三錢半。箭重八錢爲準。而火箭藥箭別有法。

毒藥傳矢

漢明帝永平中北匈奴攻金蒲城。耿恭爲戊已校尉。以毒藥傳矢。語匈奴曰。漢家箭神。其中創者必有異。虜中矢者。視創皆沸。大驚。匈奴相謂曰。漢兵神。眞可畏也。遂解去。

洒民曰。元時有唐鄧山居者。以毒藥漬矢以射獸。應弦而倒。謂之毛胡盧。元末。因用其人爲兵。立毛胡盧萬戶府。耿恭所用藥。蓋此類也。又聞廣西猺獞所用弩矢。皆傅以藥中人。濡縷卽死。比唐鄧者尤毒。宜取其方。以爲毒箭。

指機制

近制眼孔皆圓。入指骨扁。孔圓必塞以楮布。則血柱指黑。弦兜致搐食指。宜將孔前後稍長。橫入指中。轉正則骨橫而扁。指轉而鬆。不致脫落。而眼中圓活。不磨指節。不逼矢不搐皮。有三善焉。

指機式弩

總引

奏野有枉矢星。形似弩。其期西流。天下見之而驚。故曰。王弩發。驚天下。弩者怒也。言其有怒勢也。此武經所謂弩者。天下之勁兵。四夷所畏服也。其實守城利器，無踰於此。以他器或利仰。或利平。弩利俯故也。然則弩不利於戰歟。非弩不便於射戰。乃將不善於弩爾。前代名將。如孫子伏萬弩射龐涓。耿恭傳藥弩驚匈奴。項羽伏弩射中漢王。甘甯持弩而渠帥揚船。李陵發大黃參連弩射單于。虞詡二十強弩射一人退羌兵。諸葛亮損益連弩。謂之元戎一弩十矢俱發。司馬懿發石連弩射遼東。

呂蒙據濡須塢。寘強弩萬張以拒曹公。唐李靖。郭子儀。宋劉錡吳璘宗澤輩。用弩破敵者。不可勝數。漢且寘強弩都尉。積弩將軍。南郡有發弩官。唐李元諒築連弩台。開元十二年。命羽林飛騎習弩。有伏遠。臂張。角弓。車弓。靜塞。等弩。宋有神臂弓克敵弓之制。其實皆弩也。熙甯之神臂弩。始命張若水依式監造之。繼命申孝寬等分申明之。又御筆命民間不得私制。誠重之也。善用者。列為五層。攢箭注射。敵不能當。故射堅及遠。爭險守隘。遏沖制突。非弩不克。古有黃連。百竹。八担。雙弓之號。絞車擘張馬弩之差。後世亦有參弓合蟬。手射。小黃。皆其遺法。蓋射堅及遠。爭險守隘。怒聲勁勢。遏沖制突者。亦非弩不克。

連弩

李陵發連弩射單于。

諸葛亮。性長於巧思。損益連弩。謂之元戎。以鐵為矢。長八寸。一弩十矢俱發。

魏司馬懿征公孫淵。軍至遼東。為發石連弩射城中。

唐李元諒節度隴西。築連弩台。

唐盧鈞節度四川。爲大旋連弩。南詔憚之。

宋眞宗幸澶州。王師成列。李繼隆等伏勁弩分據要害。周文質部下。以連弩射殺撻覽。

酒民曰。連弩之制不可考。說者。謂古時西蜀弩兵尤多。大者莫踰連弩。十矢謂之羣鴉。一矢謂之飛搶。通呼爲摧山弩。卽孔明所謂元戎也。今具其說。俟巧思者得之。

大黃

李廣將四千騎出右北平。匈奴左賢王將四萬騎圍廣。廣爲圜陳外向。胡急擊。矢下如雨。漢矢且盡。廣令持滿毋發。而廣自以大黃射其裨將。殺數人。

伏遠弩

唐元宗擇宿衛勇者爲番頭。習弩射。又有羽林軍飛騎。亦習弩。伏遠弩。自能弛張。縱矢三百步。

馬上用矢

宋太宗至道二年。上部分諸將王超丁罕等。討李繼遷。是時馬上用弩。遇賊則萬弩齊發。賊不能措手足而遁。凡十六戰而抵其巢穴。

馬黃弩

宋楊存中。以爲克敵弓雖勁。而上病蹶張之難。乃增損舊制。造馬黃弩。制度精密。彼一矢未覺。而此發三矢矣。

攢射弩

滿虞詡爲武都守。令軍中强弩勿發。而潛發小弩。羌并兵急攻。使二十强弩共射一人。發無不勝。

弩以腰開爲貴

弩之力。腰開者可十石。蹶張者可二三石。古所云弓之强者不及也。晉馬隆平樹機能。猶藉腰開弩。至宋而其法不傳。故武經所載黑漆。黃靴。跳鐙。等弩。皆蹶張也。斗子牀子等弩。雖最强。然費人多。可以守。不可以戰也。宋末始有神臂弩。其法亦蹶張而稍勝之。前明劉司馬天和始傳其法。又有名克敵弩者。卽跳鐙也。今苗人皆用弩。然强而不便。宣湖射虎。用竹弩木弩者。皆藉力於藥。未可謂之强也。又有諸葛弩。可置十矢。以次發。東南人喜用之。然力輕而不能傷人。近世程宗猷得古銅機。摹酌竹弩。而爲古弩。則勝之矣。宗猷又自以其意。合古人之說。而爲腰開弩强者可十石權下者亦可七石。此千載久廢之器。復啓於斯人。奇已。（此段保湘潭張和仲語）自蹶張弩成。人皆趨便。然致遠洞堅畢竟腰開。有穿石摧壁之勢。若用力弱者用蹶張。

力雄者仍用腰開。二器兼施。亦覺曲盡。

陣上用弩法

古人用萬弩齊發勝敵。今考以寡論之。假令弩手三百人。先用百人。弩已上。箭已搭。列於前。名爲發弩。再用百人。弩已上。箭已搭。列於次。名爲進弩。再又用百人。列於後。方上箭搭箭。名爲上弩。先百人發弩者完。退後。以次百人進弩者上前。變爲發弩。以後百弩人上弩者上前。變爲進弩。以先百人發完者退後。變爲上弩。如此輪流發矢。則弩不致竭。而可斃敵於百步之外矣。

弩箭

弩箭制與弓箭不同。弓箭嵌弦。安筈難。弩箭平頭。安善甚易。弓箭長。擇幹甚費。弩箭短。擇幹甚省。鏃用石蓮頭。喬麥稜。則光滑不能入甲。不若用破甲錐。寸金鑿子。則鑿上有鋒。易入竅隙。翎用禽羽。則得箭者。倘堪再射。不若用竹片裁制。則翎口如刀儀易穿肌肉。箭有點鋼。木羽。風羽。木撲如三停。木羽者。以木爲幹。中人幹去而鏃留。牢不可拔。風羽者。當安羽處。剔空兩邊。以容風氣。則射時不減三停者。箭形至短。羽幹鏃三停。中物不能出以短故也。

跳鐙弩

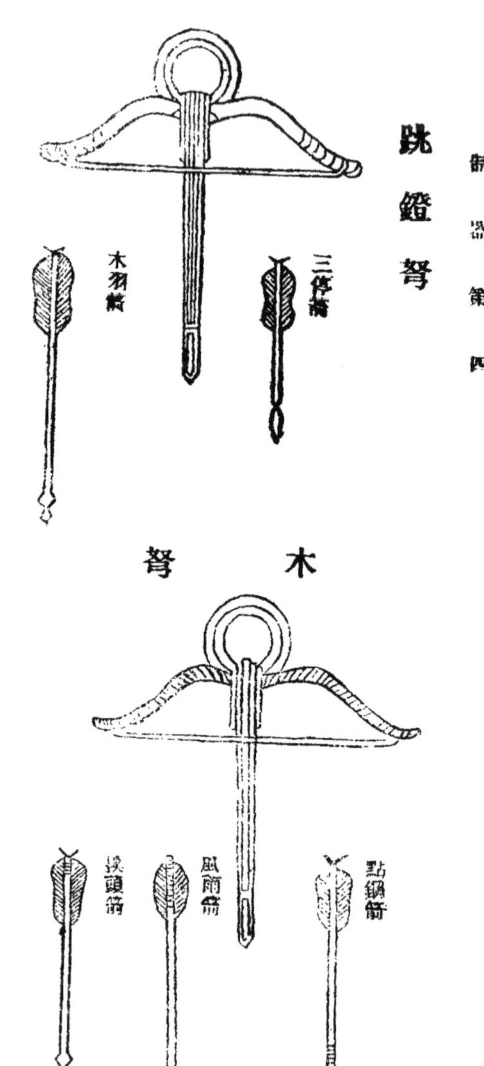

木弩

耕戈

此器。利守城伏路。防賊偷營。用弩箭染草烏毒藥以引綫。繫樁於二三十步。橫路而下。堆草藏形。觸綫則機動箭發。然或賊用長竹先打而行，則機發於人足之先。今當多用。如百弩連成數丈。其機只在向我處弩盡頭下之。俟彼入弩將盡處，就長竿先發其機。則不能遠退出數丈矣。又當分作三四個機。渠能打發一機。不意又有未發之機也。至於我軍須先授以暗記。

鬼箭

用竹弩一張。作架床埋地。弩頭。以竹樁或樹枝。釘於隔路。賊馬尾。須退機後架床轉出。乃可斜向上。以馬尾繫機。攔於當身馬冲馬尾線。動機發箭。然繫機拔機。

隔河伏弩

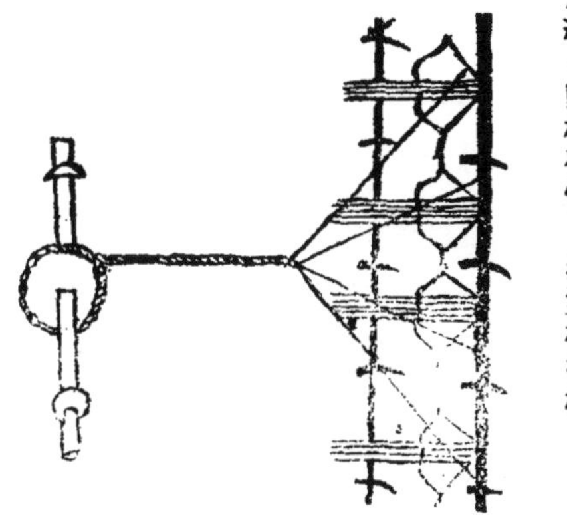

用連矢弩十餘張。已岸伏藏。作連架床持之。此以繩繫於床。發若轉度弩機。則與鬼箭法同。

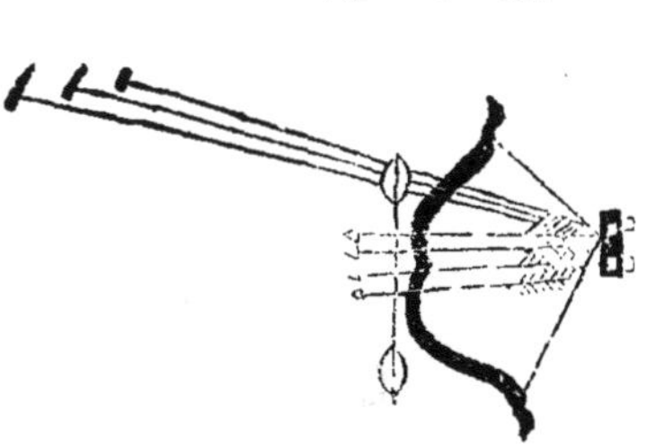

連弩

用木作床。埋九矢七矢五矢箏弩於道旁。草菌浮蓋。撐滿搭箭。即以繩結其弦。穿度弩箭。横竹通節。引至排弩末。釘兩樁道旁。闌繩當路。馬冲弦啓。連弩迸發。

牌

籐牌

老粗籐如指。用之為骨。籐篾纏聯。中心突向外。內空庶箭入不及手腕也。周簷高出。雖矢至不能滑泄及人。內以籐為上下二環。以容手肱執持。此主衛而不主刺。矢石鎗刀皆可蔽。所以代甲冑之用。每兵執一牌。腰刀一把。攔刀手腕。一手執標槍。將標擲去。急取刀在手。隨牌殺入。一入槍身內。則槍為棄物。我必勝彼矣。牌無標。能禦而不能殺。將欲進步。然後起標。勿輕發。岳武穆。用旁牌麻扎刀。令軍士低頭。只砍馬足。敗兀朮拐子馬是也。置於行伍之先。必作狼筅之下。蓋恃筅為勢。架護於上方能筅下突進。若筅無。則牌刀皆短不能獨出獨入。每為長器所制。

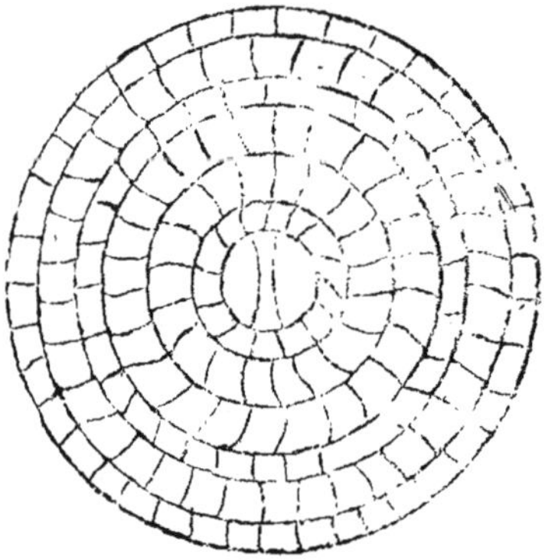

藤牌式

挨牌

用白楊木。長五尺闊二尺。下頭比上略小四五分。可以補牌可以發矢。用縚穿用木櫼櫼，取其可挂項上。以左手中指縱中。夾牌下短繩木櫼櫼。仍以五指挽槍前半節。右手執槍後半節。或伸或縮。左右旋刺。兩手俱不持牌。

挨牌

牌兵拒敵

昔兀朮拐子馬。惟岳武穆得以制之。無非砍其馬足已耳。請練牌兵以拒敵。浙兵多用團牌。而形短不能蔽。卽西兵用挨牌。而性剛不能當鏃。惟粵東之長牌。以沙銅木爲之。包以皮革。則其質輕。舞運可以如意。其性柔。箭鏃不能破裂。粵兵演牌。左手執牌。右手持刀。可以蔽人體。可以砍馬足。與鳥銃夾隊列爲前鋒。眞破敵之上策也。粵東先年征黎。黎之弓箭更勁。而長牌勝之。確有明證。

槍

泝游百全方

長槍

槍桿。桐木第一。劈開者爲佳。鋸開者紋斜易折。攢竹腰軟。必不可用。北方乾燥。用木桿。東南竹木皆可。須用細毛竹。長一丈七八尺。上用利刃。重不過四兩。或如鴨嘴。或如細刀。或尖分兩刃。造法自脊平剷至刃乃利。做槍工匠。類知用槍大意。方做如式。教之十日。便悟肯綮。後手如細。則掌握不壯。要粗可盈把。從根起。漸漸細至頭而止。如腰粗。則硬不可拿。腰細。則軟而無力。杪粗與腰硬皆不可舉。是棄槍也。或云。長則易老，不易回轉。長則杪細。恐爲馬闖折。不知有狼筅當鋒。籐牌在下前行旣有藩衛。去一丈餘矣。從筅空戳去。徑刺人馬喉面。彼旣不可入我陣。我又能先及彼身。何憂細弱也。若前無筅牌。徑用槍以當之。必非全利。夫五兵之法。長以救短。短以救長。長旣易邁而勢老。短又難及而勢危。故相資爲用。此自然之勢必然之理也。

長槍

此處爲中向後漸漸粗向

前漸漸細不可輒加輒削

此處要一手可握無餘指無剩竹

槍頭

此不可過四兩

線槍

北邊舊有之柄短刃禿。粗惡不堪。新製鐵頭長二尺。因柄細防敵刀砍斷。及用手奪去也。柄長七尺。粗僅一寸。鋒用兩脊兩刃。形稍扁。至鋒稍薄。又名透甲槍。鋒用鋼三寸。左右刃用鋼一尺。以下皆鐵。從脊分劃至刃。左右面平乃利。至鋒更扁。漸寬又漸收。收薄則利。寬則刃入以下不滯矣。最利馬上直戳。用法亦如長槍。

長九尺重三斤

拐突槍

長二丈五尺上四稜麥穗鐵刃連袴長二丈後有拐

抓

長二丈四尺上鐵刃身一尺下四逆鬚連袴長二尺

拐刃槍

長二丈五尺。刃連袴長二尺拐六寸

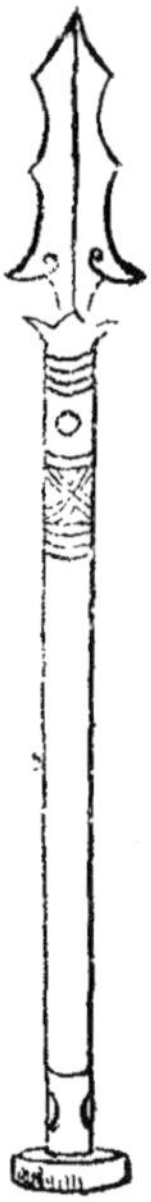

鉤槍

槍首施到雙。或三鉤。桿上施環。騎兵用之。步兵則直用素木。或鴉項。鴉項者。以錫飾鐵嘴。如烏之白也。

三眼槍

刀

腰刀

腰刀造法。鐵要多煉。刃用純鋼。自背起用平剷平削。至刀刃芒。平磨無肩乃利。妙尤在尖。近時匠役。將刃打厚。不肯用工平磨。止用側銼。將刀横出其芒。兩下有肩。砍入不深。刃芒一禿。即爲頑鐵矣。柄要短。形要彎。庶宛轉牌下。不爲所礙。蓋就牌勢也。無牌。則刀短不可入陣。惟馬上用之。

長三尺二寸重一斤十兩

長刀

自倭犯中國始有之。跳舞光閃而前。我兵已奪氣矣。我兵短器難接。長器不捷。遭之者身多兩斷。緣器利而雙手使用力重故也。賊遠則銃。近身則無他器可攻刺。惟此刀輕而且長。可備臨陣棄銃之用。

刃長五尺。後用銅護刃一尺。柄長一尺五寸。共長六尺五寸。重二斤八兩。

倭刀

倭國每生兒。親朋飲鐵相賀。即投於井中。歲取鍛鍊一度。至長成刀。利不可當。今勳衛之家。世武為業。而家藏銳刃。今人亦宜倣此。箕裘弓冶。不足為笑也。

筅

狼

用大毛竹上截。連四旁枝節枚杈。長一丈五六尺。此器乃軍隊之藩籬。一軍之門戶。如人居室。未有門戶扃鑰。盜賊能入者。雖然。得人用之。則可制人。不得人用。則制於人矣。當擇力大者。以牌眉佐其下。長槍夾其左右。钂鈀大刀。接翼於後。蓋筅能禦而不能殺。非有諸色利器相資。鮮克有濟。兵中用此者，臨敵白刃相交。心奪胆怯。惟節枝繁盛。遮蔽一身足以壯胆。方敢站定除近手二層外。餘俱用到鉤冠其杪。根後要粗重。手執於中。要前後相稱。甯後重。毋前重。附枝軟則刀不能斷。層深則槍不能入。

浙閩用毛竹不如兩廣簕竹此南方利器北方風勁一吹即裂

鈀

鈀

柄長八尺。粗寸半。上用利刃橫以彎股。刃有兩鋒。中有一脊。造法分脊平磨。如磨刀法。兩刃自脊平減至鋒，其鋒乃利，彎股四稜。以稜爲利。須將稜四面直削至尖。庶日久不禿。中鋒頭下之庫。須如核桃大。安如木杪。乃不損折。仍用一釘關之。但橫股壯矣。正鋒頭冠於木杪。細而淺。每多擊隊。必正鋒與橫股合爲一柄。杪入鐵庫既深。橫股庫又粗。任擊不落。此器可擊可禦。兼矛盾兩用。馬上最便。若中鋒太長。兩橫太短。則不能架賊氣。若中鋒與橫股齊。則不能深刺。故中鋒必高二寸。兩股平。平可架火箭。不用另執箭架。賊遠則架箭。然後發之。近則棄箭而用木器。萬全萬勝矣。

長七尺重四斤

殳

考古之殳。長丈二而無刃。略如今俗所謂木棍者。古人用於車上。故宜長。今用於步軍。手執以擊馬足。宜與人相稱。俗所謂齊眉棍也。古作八稜。今宜於人手所執處爲圓形。而於其半至末爲八稜。備此一器。以擊敵馬之足。蓋亦不減宋人用麻札刀也。

大棒

此器勢短步卒用習。然無刃。以何刺。今加一刃。刃長則棒頭無力。不能壓他棒。只可二寸。形如鴨嘴。打則利於棒。刺則利如刃。兩相濟矣。

長七尺重三斤八兩

鴨嘴製

刃長二寸。有中鋒。一面起脊。一面有血槽。磨精。重四兩。

狼牙棍

乃格鬥第一利器。八面鋒稜。槍刀有時鈍折。棍獨縱橫不壞。凡有膂力者即可使。無他妙巧。必久而後習也。或用鐵釘釘四面亦可。

鐵箍木棍

長四尺四寸。大頭圓七八寸。每人一棍。

世傳棍法有三。曰短林棍。曰俞家棍。曰蔣家大棍。惟蔣家棒為最。

盔

兜牟

以細藤為之。內用緜帽一頂。帽表用布二層。帽裏用布一層，內用絲綿繭紙。以絲綫緝之。帽後不合口開。高三寸。以便臨時量頭大小。且綴盔內。盔頂用紅纓。一則壯觀。一則順南方之色。

臂手

每一副。用布內外四層。亦用綿花繭紙。以絹線緝之。與北方鐵者同。此則活便輕巧。俱用幣袖。上厚下薄。中有薄處。在肱曲開以便屈伸。

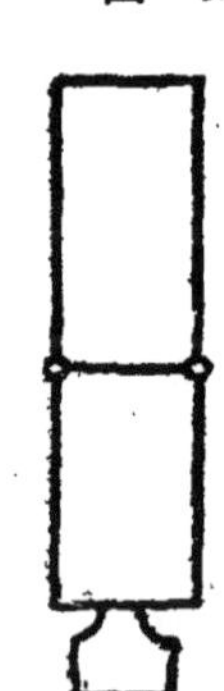

以上二項官製給軍者如此。若自製。則外用綢緞。內用蠶綿尤妙。

鎧甲

甲論

甲爲用命之本。當鋒鏑而立於不敗之地者此也。周編有函人之職。司馬法有甲士之制。馬燧以短長三等。制造鎧衣。士皆賴以全肢體便進趨。古人之甲以皮。後人之甲以金。南方地形險陷。多用步兵。難以負費。天雨地濕。銹爛易生。萬不可用矣。此外有藤有角。而體重難久。鉛子易入。今擇其利者。惟有緝甲。有絹布不等。須厚一寸。造甲之法。步軍欲其短。馬軍則欲其長。弩手欲其寬。槍手則欲其窄，用有不同。制亦應異。苟拘於定式。昧於從變。肥者束身太緊甲身則可周後背。而前胸不交。甲裙則可閉後臀。而前袴不掩。瘦者掛體太寬。挽弓發箭。則甲不貼體。而胸臆拚捧。有斷弦脫面之憂。揮劍刺槍。則甲不傅身。而腰背鬆虛。有扭手礙足之患。長者不過膝腕。而矢石可及。短者垂及脫面。而泥濘不前。小有不便。則拆去甲葉。而遺棄不收。大有所妨。則割去全段。而拋擲不顧。制作之難。費耗之廣。不幾於徒費乎。故君子必謹其微於制作之初也。

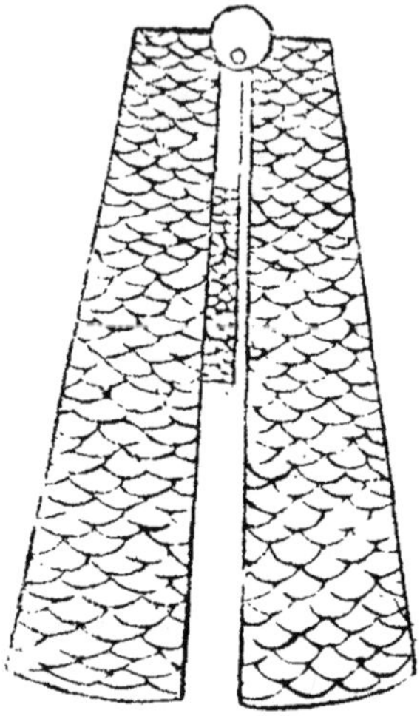

紙鐙

紙鐙。起於唐宣宗時。河中節度使徐商。劈紙爲之。勁矢不能入。商有功五世孫也。

綿甲

以綿花七斤。用布縫如夾襖。粗線騙行橫直縫緊。入水浸透取起鋪地。用脚踹實。以便胖脹爲度。晒乾收用。見雨不重。黴黰不爛。鳥銃不能大傷。

紙甲

用無性極柔之紙。加工鎚軟。疊厚三寸。方寸四釘。如遇水雨浸濕銃箭難透。

皮甲

廣西造皮法。生牛皮裁成甲片。用刀刮毛。以破碗舂碎。篩取米大屑。調生漆傅上。油浸透。則利刃不能入。

田況甲成試射

慶曆元年。太常臣田況言。今賊甲皆冷枯而成。堅滑光瑩。非勁弩可入。我兵視甲皆軟。不足當矢兵。豈中國之巧力。不如一小羌乎。彼專而精。我漫而略故也。今請令打造純鋼甲。先用八九斗力弓試射。以觀透箭深淺而賞罰之。

馬甲

周馬之身。惟頭面胸臆。最為要緊。不可中傷。苟離陳蔡之役。馬多被傷。中壽星腦額而死。故制為貼腦。用綿布衲作一片。貼在馬面子內額腦之較。脫遇矢石可透鉄面。倘有鐵額可隔。此馬面所以合用鐵額大全裝。雞項大而秋鏤小。或暑月悶熱。雪雨冰結。撤去秋鏤。倘有雞項。可蔽肥肉。此馬甲所以合用小全裝。我軍馬甲垂下。過尺許。故重滯絡絆。賊軍馬甲只平腹下。用虎班布裙。遇箭皆被矯揉。故輕捷俊俏。此馬甲身所以合用平腹。雞項重。則頭低項曲。馬被控抑。雞項輕。則頭高項直。馬臆鬆寬。此雞項所以合用綿布納。赤身帶甲。則擦損肌肉。襯以籍襯。則護惜皮毛。此馬甲所以未帶甲。先不馳滑辣甲圈兩件。是為馬甲制也。

估值寬

軍中制器。恆浮慕節省之名。不完實際之用。器以節省。愈恣苦窳。將使擐甲登陣。擅厲待戰。苟非畀以堅甲銛戈。勁弓強弩。迅猛神奇之火器。技不精。胆不壯。驅使入陣。空殺無辜。是以圖僥倖也。謂宜軍需修造。悉遵舊估。不妨稍寬其値。以盡其用。估務充。不務儉。器貴精。不貴多。庶幾制一器獲一器之用。而不以卒與敵乎。

用法重

昔赫連勃勃之治軍器也。以矢射甲。射不貫。卽斬矢人。射貫。卽斬函人。斯固嫌於過刻。然作奸冒破。法在必懲。用兵之日。一器不精。卽戕一卒之命。必須造器之時。卽鐫官匠姓名送營試驗。不堪。坐名鞭責。臨敵誤事。必斬以徇。治軍器。用軍法。理或宜然。

清野第五

清五穀　清水泉
清芻艸　清竹木
清鉛礦鉛鐵　清油蠟
清屋宇　清什物
清地面

清野

兵法曰。軍無糧食則亡。從來賊無輜重。擄掠爲資。彼已先犯兵家大忌矣。譬如嬰兒斷其乳哺。立可餓死。若借兵齎糧無具甚矣。輯清野。

清五穀

總論

凡賊將至。城外各鄉鎭大戶。收米在家。與夫糴糶待價者。着落里保。一聞警報。催運入城。任民開糶堆積。止許城中糶賣。不許粒米出城。其搬運難盡者。嚴督糧長。糴買上倉。賊見四野無糧。豈能四五十里外。捨別縣之飯食。攻我縣之城池哉。如不肯預期搬運。致資寇糧者。米入官爲守城兵夫用。

諭民曰。凡清野俱以愚民不從爲憂。不知小民所以不從者。皆上官失處置之宜也。必先曲體其不得已之情。而後行吾必不可貸之法。野旦夕清矣。夫小民雖愚。非不知齎盜之爲害也。然而嚴令不從者。其弊有二。一由城中積貯無所。蓋鄉民生於鄉。長於鄉。城內略無米堆之地。其忍輸而暴露之乎。一由私疑官府難測。恐不免於假名賒借，不爲己有。此所以甯死不從也。必先料理。在城無礙官地。聽其告佃。以爲倉廒。或官地不足。時勢急迫。則將本城僧衆道衆。編成什伍。各令居住一二寺觀。其餘庵院除正殿奉祀神佛外。令鄉民各照米數多少。領房囤積。此外再與空屋二間。一居其男。一居其女。既令得避兵火。又令得便典守。官與瀏照。不得諸人爭執。俟事平之日。仍還本主。如有不肖有司。巧借備賊等名。自取一粒者。定行參劾。親與指誓天日。剖心示不相欺。民有不樂從者乎。此外如有一二頑梗。悍不從令。登時梟首。以警其餘。先體民情。後盡王法。不數日間。米盡入城矣。又本民所積之米。多少官不得問。糶糴官不得問。（惟禁出城）仍聽與民貿易。以通有無。蓋鄉民得以米易錢。則鄉民便。城民得以錢易米。則城民便。且以在城之米。而糴於在城之人。則囊漏貯中之說也。或問附郭坦道。則易淸者也。若羊腸鳥道。不便出米。爲之奈何。曰。吾既不便出。賊亦不便入矣。即應指授方略。俾本處百姓。各據險要。立砦固守。凡事但當因時制宜。若因一二不便疑沮大事。豈丈夫策略耶。

李牧急入收保

李牧。趙北邊良將也。嘗居代雁門。備匈奴。爲約曰。匈奴即入寇。急入收保。匈奴終歲無所得。

陳俊絕賊食

東漢光武擊諸部。連破之。乘勝輕進。反爲所敗。陳俊曰。賊無輜重。當絕其食。可不戰而殄也。光武遣俊將輕騎馳入賊前。視人堡壁堅完者。勅令固守。放散在野者。因掠取之。賊至無所得。遂散敗。

酒民曰陳俊眞能中賊要害者也。

秦人芟麥

晉桓溫伐秦。指秦麥以爲糧。旣而秦人悉芟麥淸野以待之。溫軍乏食而還。失亡以萬數。

趙犨徙糧入城

黃巢使其饒將孟楷。將萬人擊蔡州。陳州刺史趙犨謂將佐曰。巢不死長安。必東走陳。不可不爲之備。乃完城塹。繕甲兵。積芻粟。六十里之內。民家有資糧者。悉徙之入城。多募勇士。使子弟分將之。楷旣下蔡州。果移兵攻陳。犨襲擊之。斬楷。殺獲殆盡。巢聞之怒。營於州北。立宮室百司。爲持久之計。時民間無積聚。賊掠人爲糧。生投於碓磑。併骨肉食之。與秦宗權合。縱兵四掠。數十州咸被其毒。攻圍三百日終以糧乏解去。

寇準瘞穀

澶淵之役。寇準檄令州縣堅壁。鄉村入保。金幣自隨。穀不徙者。隨在瘞藏。

劉子羽預徙梁洋之積

宋劉子羽守蜀。聞有金兵。預徙梁洋之積。至金人深入。而饋餉不繼。乃殺馬及兩河軍士以食。疫癘大作。乃引還。子羽追襲其後。金人墮澗死者。不可勝計。餘兵悉降。雖入三郡而得不償失也。

劉惟輔焚熙河積粟

金人掠熙河。劉惟輔擊敗之。殺五千餘人。已而復至。惟輔顧熙河尚有積粟。恐金人因之以守。急出焚之。

于謙搬通州粮

土木之難。敵乘勢長驅而南。于謙曰通州倉欲守守之。或不能。委以與敵。則可惜。宜令官軍皆給一歲祿奉。聽其自運。仍以贏米爲之直。通倉遂空。敵解去。

清水泉

總引

凡賊將至城外。水泉皆投毒藥。

秦人毒涇

春秋晉師伐秦。秦人毒涇上流。師人多死。

長孫晟毒水

隋達頭大集兵。將犯塞。長孫晟曰。突厥飲泉。易可行毒。因取諸藥。毒水上流。達頭人畜。飲之多死。大驚曰。天雨惡水。其亡我乎。因夜遁。晟追之。斬首千餘級。

劉琦毒潁

金兀朮攻順昌。宋劉錡遣人毒潁上流。戒軍士雖渴死。毋飲於河。飲者夷其族。敵遠來。晝夜不解甲。飲水輒病。

毒藥

如用毒藥欲緩不欲急。欲暗不欲明。前軍食而死。後軍相戒不食是急。未有不明者也。妙莫妙於慢毒。趙王如意以十四日死。宋江諸人以五日死。皆慢毒也。今誠得五日十四日之毒。何敵之不可斃哉。

毒水方

麻花幷尖。苦參對配。或加白芷艸烏。共研末注陰澗井泉。

又方

雷公藤　巴豆　五月草　常山（爲末用）

毒酒方

川烏（毒）　草烏（毒）　五月草　天仙草

陀羅花子　每五分浸酒一

萬般毒

桃花砒（紅）　砒瑪瑙（五色）　鐵脚砒（黑）　狼毒（熱）　附子（熱）　天雄（熱）

黃（利）　巴豆（利）

蛇埋草（一云將毒蛇埋下種荆芥採而陰乾爲末入藥一云卽馬旋草採時手背犯之瓢腫）

金絲腸斷草（入腹腸則寸斷）　鉤吻（斷腸）　爛骨草

封喉草（啞）　血肉草（毛竅沾之血湧）　姜粉（迷）　鬧羊花（迷）　甘遂（逆）　常

山（嘔）　半夏（噤）　江子油（毒）　鐵脚蓮（毒）　大小藜（毒）　巴戟（毒

）　巴霜（毒）　黃竹（毒）　黑記草（毒）　蜈蚣（毒）　虺蛇（毒）　蝰蚝

（毒）班毛（毒）

淸芻草

太宗勅燒薙秋草

唐薛延陀眞珠可汗。發兵二十萬擊突厥。思摩不能禦。遣使告急。太宗勅思摩燒薙秋草。俟其將退。奮擊破之。

劉仁恭焚草

唐盧龍節度使劉仁恭。習知契丹情僞。每霜降。輒遣人焚塞下野草。契丹馬多饑死。常以良馬賂仁恭。買牧地。

夏元昊赭地

契丹主帥騎兵十萬。長驅入夏境。元昊見契丹兵盛。乃上表謝過。請收叛黨以獄。契丹主猶豫未決。元昊以未得成言。又退師三十里以俟。凡三退將百里。每退必赭其地。契丹馬無所食。因許之和。元昊遷延以老之。度其馬饑士疲。因進兵急攻。契丹主大敗。從數騎走還。

斡漓不據牟駝岡

斡漓不軍抵都城西北。據牟駝岡。天駟監獲馬二萬匹。芻豆如山。蓋郭藥師熟知其地。故導金兵先據之。

于謙

土木之難。敵乘勢長驅而南。于謙曰。敵所急者草。諸廠宜聽軍稱力取之。不則盡焚之。毋以飽敵馬。

酒民曰。自古國都於其近郊。必有牧馬之所。其間必積芻豆。以爲飼秣之具。方無事時。貸以牧育。因爲沂便。然世道不能常泰。而意外之變不可不先爲之慮。牟駝岡之已事可鑑。如前明京城東北鄭燗村二十四馬房。其倉場儲積最多。嘗有大史請即其地築爲一城。以護積聚。及移附近倉場咸積其中。就將騰驥等四衛官署軍營設於其中。特勅武臣一員。於此守鎮。仍司芻牧。四衛官軍不妨照舊輪班。內直下直。回城屯作。是亦先事而備之一策也。

居士曰。兵恃馬以爲强。馬恃草以爲命。斷草則馬失其命。而兵失其强矣。

清竹木

總引

竹木行。貨多負郭。若不移徙。皆賊攻城之具。須令各商。將已登岸者。速運入城開賣。其在水各排。移百里外隱僻小港中暫匿。以待賊過復業。如違入官公用。

清硝礦鉛鐵

總引

硝礦鉛鐵。火器之用。關係非輕。不可棄以資敵。客販冶坊。多在城外。須先査鋪行。及冶坊姓名。遇有警報。着該地方保甲。押催硝礦鉛鐵。搬運入城。聽從開賣。違者治以與賊交通之罪。其貨沒官公用。保甲不報。一體問究。如有公用。照時價將銀見買。

清油蠟

總引

油燭。守城之要務。不可缺之。須查城外一應油行販舖。仰保甲。於有警之日。押民依期搬運菜油豆油桐油桕油麻油白蠟等項入城。應從開賣。如有公用。照時價見銀交易。仍督官挨查。不依期搬入者。連總甲枷號。其油入官。

清屋宇

總引

城外三丈內。若有房屋。賊潛伏屋下蟞射。守城軍民。或卽用其梁柱作梯上城。或順風放火。或就本屋運土。幇城起闉而登。皆無可奈何。有近城一丈以內者。城身又低於屋。此不守之城也。合行嚴禁。一毫不留。違者以通賊論。

劉錡焚城外居民

宋劉錡字順昌。城外有民居數千家悉焚之。在今人便嚙指無此胸襟胆力矣。

趙立撤廢屋

金撻懶圍楚州急。趙立命撤廢屋。城下燃火池。壯士持長矛以待。金人登城。鈎取投火中。金人選死士突入。又搏殺之。乃稍引退。

种師道詰李邦彥

金人南下。种師道入援。既至。帝命師道於政事堂共議。師道詰李邦彥曰。聞城外居民。悉爲賊殺掠。畜產甚多。亦爲賊有。當時旣聞賊來。何不悉令城外居民。撤去屋舍。移其所畜盡入城中。乃遂閉門以遺賊資何也。邦彥曰。倉卒不暇及此。師道笑曰。亦太慌忙耳。左右皆笑。

酒民曰。明季賊破光州。非攻而破之也。不過逼勒本地村民數十人。予以酒食。潛伏近城屋內。暗行挖掘城緣。以此陷之。近城房屋半係鄉紳之業。堅不聽燬。以至於此。恨不得按三尺而問之。

居士曰。撤屋一事。難言之也。賊遠則居民不服。賊近則撤毀不及。競絿之道。惟得其宜可也。

清什物

總引

以上數款。不過略舉其大者言之爾。四關百姓一聞警報入避城中。一切私財器具。如木石銅鐵磚瓦茭芻糇粮畜牧等類。盡徙入城。徙不逮者焚之。勿留一件。徒爲賊資。且借爲具攻城也。

清地面

總引

清野第五

濠外里許。皆宜曠野。若有村落。則敵得據而與我相持。有臺塔。則敵得登而瞰我虛實。有豐草溝渠。則敵可隱匿。有大樹竹木。則敵可資為攻具。且砍樹數株。倒倚城下。可以緣登。又橫担池中。可以涉水。須禁絕之。

險要第六

據險

失險

設險

險要

易曰王公設險以守其國。所謂守者。非特守於城也。必按境內山川形勝。何處可扼衆令重兵屯守。何處可分據令偏師犄角。何處可伏兵挫其先鋒。何處可游兵絕其粮道。以戰爲守則守固。不可逡閉隅自投絕路也。輯險要。

據險可以爲法

王平議據興勢

曹爽發卒十餘萬人。自駱口入漢中。漢中守兵不滿三萬。諸將皆恐。欲守城不出。以待涪兵。王平曰。漢中去涪垂千里。賊若得關便爲深禍。今宜先遣劉護軍據興勢。平爲後拒。若賊分向黃金平帥千人下自臨之。比爾間。涪軍亦至。此計之上也。諸將皆疑。惟護軍劉敏。與平意同。遂帥所領據興勢。多張旗幟。彌亘百餘里。爽兵距興勢。不得進。關中及氐羌。轉輸不能供。牛馬騾驢多死。民夸號泣道路。涪軍及費禕兵繼至。太傅懿與夏侯元書曰。昔武皇帝再入漢中。幾至大敗。君所知也。今興勢至險。蜀已先據。若進不獲戰。退見邀絕。覆軍必矣。將何以任其責。元懼言於爽。引軍還。費禕進據三嶺以截爽。爽爭險苦戰。僅乃得過。失亡甚衆。關中爲之虛耗。

張仁愿築三受降城

張仁愿爲朔方總管。朔方軍與突厥。以河爲界。北厓有拂雲祠。突厥每犯邊。必先謁祠禱解。然後料兵度而南。時默啜悉兵西擊突騎施。仁愿請乘虛奪取漢南地。於北河築三受降城。絕虜南寇路。唐林璟以爲兩漢以來。皆北守河。今築城虜腹中。終爲所有。仁愿固請。中宗從之。六旬而三城就。拂雲爲中城。南直朔方。西城南直靈武。東城南直榆林。三壘相距。各四百餘里。其北皆大磧也。斥地三百里而遠。又於牛頭朝那山北。置烽堠千三百所。自是突厥不敢度山畋牧。減鎮兵數萬。

郭元振寘和戎城白亭軍

唐郭元振爲涼州都督。初州境輪廣。纔四百里。虜來必留城下。元振始於南硤口。寘和戎城。北磧寘白亭軍。制束要路。遂拓境千五百里。自是州無虜憂。

种世衡城故寬州

宋种世衡爲鄜州從事。夏戎犯延安。世衡以延安東北二百里。有故寬州。請因廢壘而城之。以當寇衝。左可致河東之粟。右可固安延之勢。北可圖延綏當夏之舊。有是三利。朝廷從之。

劉子羽保四川

張浚敗於富平。退保興州。人情大震。官屬有建策徙治夔州者。劉子羽叱之曰。孺子可斬也。四川全盛。敵欲入寇久矣。直以川口有鐵山棧道之險。未敢遽窺爾。今不堅守。縱使深入。而吾僻處夔峽。遂與關中聲援不相聞。進退失計。悔將何及。今幸敵方肆掠。未逼近郡。宣司當留駐興州。外繫關中之望。內安全蜀之心。急遣官屬出關。呼召諸將。收集散亡。分布險隘。堅壁固壘。觀釁而動。庶幾可補前愆。奈何復爲此言乎。浚然子羽言。子羽即單騎至秦州。召諸亡將。時諸亡將不知宣司所在。及聞命大喜。悉以其衆來會。凡十餘萬人。軍勢復振。子羽命吳玠聚兵扼險於鳳翔大散關東之和尙原。以斷敵來路。關師古等聚熙河兵於岷州大潭。孫賈世方等聚涇原鳳翔兵於階成鳳三州。以固蜀口。金人知有備。引去。

吳玠保和尙原

張浚合五路兵。與金戰於富平。軍遂大潰。五路皆陷。巴蜀大震。玠收散卒。與弟璘保散關東和尙原。積粟繕兵。列柵爲死守計。或謂玠宜退屯漢中。阨蜀口。以安人心。玠曰。我保此。敵決不敢越我而進。是所以保蜀也。金將烏珠折合來攻。玠命諸將堅陣待之。更戰迭休。山谷路狹多石。馬不能行。金人舍馬步戰。遂大敗遁去。

險要第六

楊存中不割和尙原

金人再入關。議割蜀之和尙原以畀之。楊存中入對曰。和尙原。隴右之藩要也。敵得之則可以睥睨漢中。我得之則可以下兵秦雍。曩議予金人。吳璘力爭不從。今璘在遠不及知。臣若不言。非特負陛下。亦有愧於璘。近者王師需銳而後得。願毋棄。

釣魚山

余玠帥蜀。築招賢館。播州冉氏兄弟璡璞。有文武才。詣府上謁。玠賓館之。奉甚厚。居數月。兄弟終日不言。惟對踞以堊畫地爲山川城池之形。旬日。請見。屏人曰。某兄弟辱明公禮遇。有以少補。非敢同衆人也。爲今日西蜀計。其在徙合州城乎。玠不覺躍起。執其手曰。此玠志也。但未得其所爾。對曰蜀口地形之勢。莫若釣魚山。請徙諸此。若任得其人。積粟以守之。賢於十萬師遠矣。玠大喜築十餘城。皆因山爲壘。棋布星屯。列兵聚粮。於是如臂使指。氣勢聯絡。蜀始可守。

設險可以爲法

順安軍

宋太宗時。以陳恕爲河北東路招置營田使。大興河北營田。先是雄州東際於海。多積水。戎人患之。不敢由此路入寇。順安軍至北平二百里。地平廣無隔閡。每歲胡騎多由此而入。議者謂宜度地形高下。因水陸之便。建阡陌。浚溝洫。益樹五穀。所以實邊廩而限戎馬。故遣恕往營之。

滄洲

滄洲北舊多設陷馬坑城下樓爲斥堠。望十里。允則曰。南北旣講和矣。安用此爲。命撤樓夷坑。爲諸軍蔬圃。浚井蔬洫。列畦隴。築短垣。縱橫其中。植以荊棘。而其地益阻隘。因治坊巷。徒浮圖北原上。州民旦夕登。望三十里。下令安撫司。所治境有隙地。悉種榆。久之榆滿塞下。顧謂僚佐曰。此步兵之地。不利騎戰。豈獨資屋材邪。

馬燧引晉兵決汾

唐馬燧鎭太原。以晉陽王業所起。度都城東西。平易受敵。時邊數有警。乃引晉水注城東。瀦爲池。寇至。計省守陣者萬人。又決汾水。環城多爲池沼。植樹固堤。

孟琪障沮漳之水

宋孟琪鎭江陵。初至。登城周覽。嘆曰。江陵所恃三海。不知沮洳有變爲桑田者。今自城以東。古嶺先峯。直至三汊。無所限隔。敵一鳴鞭。卽至城外。乃修復內隘十一處。別作十隘以外。有距城數十里者。沮漳之水。舊自城西入江。因障而東之。俾遶城北入於漢。而三海遂通爲一。隨其高下。爲匱蓄泄。三百里間。渺然巨浸。

孟宗政潴水

宋孟宗政知棗陽。以金人迫濠而陣。易於馳騁。乃於西北濠外。潴水爲瀦以限騎。

余闕三塹

元余闕守安慶。抵官十日而寇至。乃浚隍增陴。隍外環以深塹三重。南引江水注之。時㸔盗環布四外。闕居其中。左提右挈。屹爲江淮一保障。

魏勝築城環孤山

魏勝知濟州。城西南枕孤山。敵至登山。俯瞰城中虛實。受敵最劇。勝築重城環山於內。寇不能害。

李庭芝築城包平山堂

李庭芝兼知揚州。始平山堂瞰揚城。敵至則構望樓其上。張弓弩以射城中。庭芝乃築城包之。

酒民曰。城外山險。賊至卽以兵堅守。免爲賊先據。下窺城中虛實。魏李二公環包於內更妙

圖附後

洴澼百金方

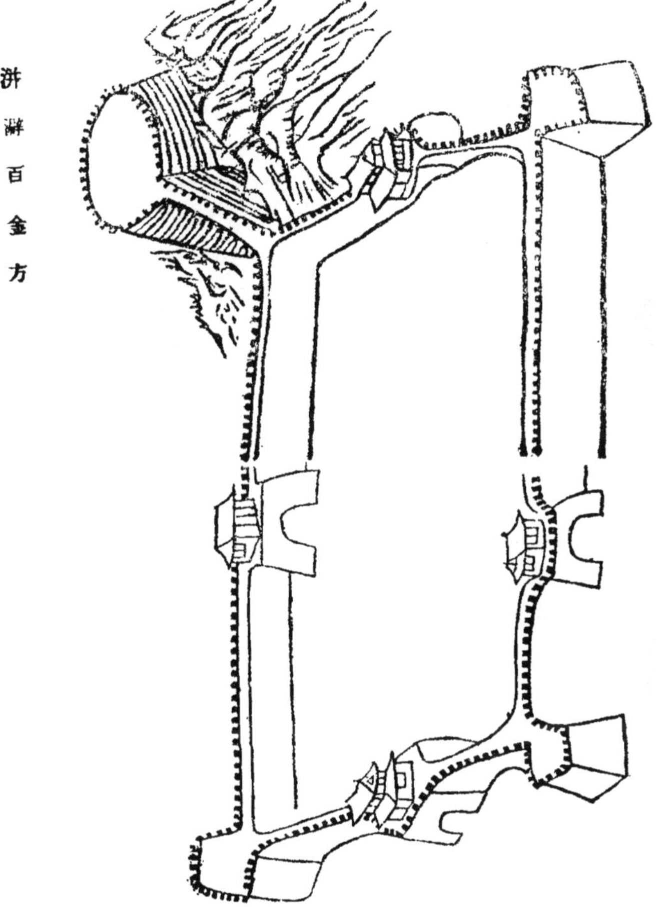

城內據山。作境城高臺。設大砲守之。賊卽入城。可保小城或登臺遠擊。

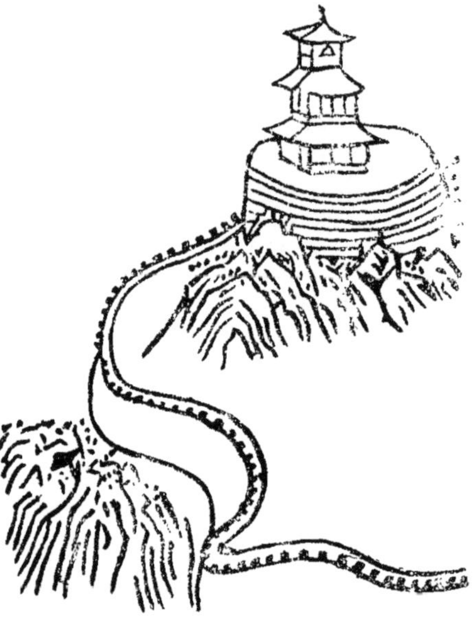

失險可以爲戒

成安君不守井陘之險

漢韓信張耳以兵擊趙。李左車說成安君曰。漢將韓信。乘勝而去國遠鬥。其鋒不可當。今井陘之道。車不得方軌。騎不得成列。行數百里。其勢糧食必在其後。願足下假臣奇兵三萬人。從間路絕其輜重。足下深溝高壘。勿與戰。彼前不得鬥。退不得還。吾奇兵絕其後。野無所掠。不至十日。兩將之頭。可致麾下。願君留意臣之計。否則爲二子所擒矣。成安君不聽。信使間密覘。知其不用。乃敢引兵遂下。大破虜趙軍。斬成安君泜水上。

諸葛瞻不守束馬之險

蜀諸葛瞻督諸軍拒鄧艾。至涪。停住不進。黃崇屢勸瞻宜速行據險。勿令敵得入平地。瞻猶豫未納。崇再三言之。至於流涕。瞻不能從。鄧艾遂長驅而前。破瞻斬之。成都不守。

慕容超不守大峴之險

南燕主慕容超。大掠淮北。劉裕抗表伐之。超引羣臣會議。公孫五樓曰。吳兵輕來。利在速戰。不可爭鋒。宜據大峴。使不得入。曠日延時。阻其銳氣。然後徐簡精騎。循海而南。絕其糧道。別勅段暉帥兗州之衆。緣山東下。腹背擊之。此上策也。若縱賊入峴。出城逆戰。非勝算矣。超曰。今歲星居齊。以天道推之。不戰自克。不如縱使入峴。以精騎蹂之。桂林王鎭曰陛下必以騎兵利平地者。宜出城逆戰。戰而不勝。猶可退守，不宜縱敵入峴。自貽窘迫。昔成安不守井陘之險。終屈於韓信。諸葛瞻不據東馬之險。卒擒於鄧艾。臣以爲天時不如地利。阻守大峴策之上也。超不聽。裕過大峴。燕兵不出。裕舉手指天。喜形於色。遂平廣固。送超詣建康斬之。而南燕滅。

梁主不守采石之險

侯景詐稱出獵。攻歷陽。太守莊鐵以城降。因說景曰。國家承平歲久。人不習戰。聞大王舉兵。內外震駭。宜乘此際速據建康。可兵不血刃而成大功。若使朝廷徐得爲備。遣羸兵千人。直據采石。雖有精甲百萬不得濟矣。景以鐵爲道。引兵臨江。梁主問策於尙書羊侃。羊侃請以二千人急據采石。令邵陵王襲取壽陽。使景進不得前。退失巢穴。烏合之衆。自然瓦解。朱異曰。景必無渡江之志。遂寢其議。景聞之喜曰。吾事辦矣。乃渡江。建康大駭。景軍乘勝至闕下。

宋不守關之險

粘沒喝分兵趨汴京。平陽府叛卒。導金兵入南北關。粘沒喝嘆曰。關險如此。而使我過之。南朝無人矣。進屯澤州。

宋不守河之險

金幹漓不陷相濬二州。時梁方平帥禁族屯於河北岸。金將迪古補奄至。方平奔潰。河南守橋者望見金兵旗幟。燒橋而遁。官軍在河南者。無一人禦敵。金人遂取小舟以渡。凡五日騎兵方絕。步兵猶未渡也。旋渡旋行。無復隊伍。金人笑曰。南朝可謂無人。若以一二千人守河。我豈得渡哉。遂陷滑州。

宋不守獨松關

兀朮自廣德過獨松關。見無戍者。謂其下曰。南朝若以羸兵數百守此。吾豈能遽渡哉。遂犯臨安

周德威不守渝關之險

初幽州北七百里渝關。下有渝水通海。自關東北循海有道。道狹處。纔數尺。旁皆亂山。高峻不可越。北至進牛口。舉賓八防禦軍。募士兵守之。田租皆供軍食。不入於薊。幽州歲致繒纊。以供戰士衣。每歲早穫。清野堅壁。以待契丹。契丹至。輒閉壁不戰。俟其去。選驍勇據隘邀之。契丹常失利走。士兵皆自爲田園力戰。有功則賜勳加賞。由是契丹不敢輕入寇。及周德威爲盧龍節度使。恃勇不修邊備。遂失渝關之險。契丹每芻牧於營平之間。

險要第六

方略第七

方略第七

戢青矜

置繩梯

置弔車

方略

荒雞亂鳴。此非惡聲。盤根錯節。利器乃別。堂上恰㖒。牀下怖伏。凡今之人。匪歌則哭。惡斤成風。於焉逍遙。目無全牛。可以奏刀。輯方略。

安插鄉民

城外避兵之民。有親者依親。無親者官爲設處。如廟寺之類。僧道預先報名。發令共居一處。其餘公館寺觀。俱派鄉民栖止。大率男子共止數處。婦人共止數處。門外貼名。以便認識可也。

羊侃

梁百姓聞侯景至。競入城。公私混亂。無復次序。羊侃區分防疑。皆以宗室間之。

于謙

己巳之變。于謙泣奏。凡兵皆出營郭外。毋令避而示弱。郭外之民。皆徙入內安插。毋令失所而囂。

照驗法

州縣官當平居無事時。先就鄉居士民。作有柄手牌式一面。寬六寸。長一尺二寸。白粉油面。每家照樣做來。上書本家壯丁共幾名口。年若干歲。面色紅白。有無疤記。婦女老幼。不必細開。官標仍給各家領去。待聲息將近。四面各照四門進入。守門官吏。於門外照牌點驗。若有面生之人。牌上無名。或年貌不同。卽時擒拿送審。以防奸細夾雜進入。爲賊內應。

安插難民

難民帶米

凡避賊投城堡墩寨者。男婦各帶米三斗。幼小二斗。至於富民。則每口以一石爲率。

難民來自他方。恐有奸細混入。且慮耗本城之粟。議者恆欲絕之。但百姓避死而來。一概拒絕。是自我斷其生路也。心旣不忍。百姓裸身而至。一概收留。是藉其耗我食糧也。勢亦不便。且聞風避地。必其擕貲多而便於遷徙者也。當明著爲令。每口齎粟一石。方許放入。則彼無生而得生。我無粟而有粟矣。且令十家共遞一揭到官。自相識認保結。否者竟行斥逐。奸細亦何所容乎。

盤詰奸細

壕外立柵

詰奸者多在門內。且以尫羸之卒。執朽鈍之兵。不堪太甚。萬一有健賊數十。假充難民。一擁而入。先據城門。如之奈何。須立木柵。在濠外百步。委廉能官弁帶領精兵百名。全裝利器。四十名為前後拒。六十名為左右拒。設立照入牌百面。查驗無弊。付牌放行。大約以五十人為一班。其牌周而復始。陸續傳送。門內仍設嚴兵防守。

驗牌放進

城門出入紛紛。最難清察。委之門役。徒資詐爾。令於每城門內。各設一公所。鄉紳孝廉一人。佐貳官衛官一人。輪管。各帶有眼力辨言貌者數人。惟本府本縣人。聽其出入。各鄉鎮及別府別縣人。雖上司差委。亦必細詢。然後放入。果係城中姻戚往來等人。必得城中親識保領。然後放入。遊食僧道。一概攔阻。

分門出入

奸之所以難詰者。以人衆往來擁擠。得以乘機混入。無由物色爾。以四門言之。當分兩門總進。

兩門聽出。違者即以軍法處治。進門百姓。一一魚貫而行。不許喧嘩攙越。則法度齊肅。而詢察官吏。神閑氣定。得以安詳物色。奸細無所容矣。

設墩臺

墩臺制

墩臺高三四丈。必占山坡高處直起。不用階級。上下皆用軟梯。每一墩。小房一門。床板二扇。鍋灶各一。水缸一。碗碟各五。油燭鹽米足一月。種火一盆。五軍守之。銃十門。青紅白黑四色大旗各一面。紅燈五盞。（粗徑二尺長三尺煅羊角染紅色爲之上用油蓋防雨下加墜石防風）長竿一根。（轆轤車繩全備）。墩軍職掌瞭覘。看賊從何方入犯。晝則放砲扯旗。夜則放砲扯燈。降燈如式接應。照下口訣行之。如有違犯失誤者。定以軍法從事。

放砲扯旗口訣

一砲青旗賊在東。　南方連砲旗色紅。　白旗三砲賊西至。　四砲元旗北路逢。

放砲扯燈口訣

一燈一砲賊從東。雙燈雙砲看南風。　三燈三砲防西面。　四燈四砲北方攻。

酒民曰。大約斥堠以遠為宜。以高為貴。以簡為便。墩法舊舉猳烟。但南方猳糞絕少。拱把之草。火燃不久。且遇陰霾。何以瞭望。懸旗懸燈。其法誠便。

居士曰。余蠡見陰趙鳴珂。有各省傳烽歌。一日夜可傳七千餘里。眞防守之良法也。將來當另刻一編。以附於後。

守墩約

一本墩失誤放砲扯旗扯燈。賊至隣墩之下。隣墩放砲扯旗扯燈。而本墩後接者。軍法示衆。

一本墩見賊放砲扯旗扯燈。而隣墩接應失誤者。隣墩軍法示衆。

一墩軍不准調用。每月一名運薪水。二名為一班。分為二班。半月一換赴墩。若聞警報。務要盡數在墩。有下墩回家者。無警細打割耳。有警軍法示衆。該管官連坐。

一應備前項什物軍器。欠缺一件。雖不欠缺。而不如法者。墩軍細打割耳。勒限買辦。該管官連坐。

一遇警後。但經放過火器油燭。不許過三日。卽要補完。違者以缺少軍需法治。

查墩約

一每月不拘次數。不定日期。四面分撥人員點查。不到者綁解治罪。

一差點人員。敢受分銀粒米。與墩軍所得之罪。一體均治。雖素親信。並不輕減。

一差閱人員。不逐墩親到。却在總路拘查。或托人代查。及到墩又點查不明者。一體細打。沿墩示衆。

一差查人員到墩。先數軍足五名。卽看火種有無。次看火藥油燭完欠。次看號銃裝收何如。次看旗燈有無損壞。次看旗桿堅實何如。桅繩扯試是否堅壯。次看水缸有無水。次看米菜等物。見存用過數目。次看碗碟睡臥處所。是否在墩宿歇。

一試銃試旗。扯旗而不放銃。放銃而不扯旗。皆不接應。知是演習也。

一初立墩。必須照依報警習學。預於十日前。通行隣近居民。及上司知會。否則恐驚地方耳目。後不信矣。

一官府經過。止擊梆鑼。不許擅扯旗舉燈放砲。以礙隣墩。違者以妄報聲息軍法治罪。

墩臺圖

空心墩圖

擺塘報

計城外要口。四面共有幾處。每十里爲一塘。每一塘撥五人。人各領起火六枝。三眼銃一把。燈籠一盞。雨具一副。各照派過信地出城哨探。如遇賊至。即放三銃三起火。次塘陸續接應。守城軍民。照中軍號令。上城守禦。擺塘約至隣境交界即止。擺塘人約三日一交代。如出探遲期。及應備隨身火藥等器不如法。不候交代輒回。並偷藏人家廠園林內者。軍法示衆。

重偵探

偵探者。一軍之耳目也。人喪耳目。則爲廢人。軍喪偵探。則爲廢軍。乃用兵第一要務。若能近賊營。入賊隊。打聽得的實消息者破格重賞。蓋預知賊人。如何攻器。我便可防。如何詐謀。我便可應。此尤喫緊一着也。

酒民曰。孫子云。自古明君賢將。所以動而勝人者先知也。先知者。不可取於鬼神。必取於人。知敵之情者也。然重賞之下。方有勇夫。今人豈肯爲一囊之錢。數段之綵。便肯拚性命入死地探的耗乎。故用兵一事。須大手筆人爲之也。

假便宜

守士官爲主。居中調度。城上分爲四面四角。守正一人。守副二人。俱以佐貳副倅。或大小鄉紳孝廉。若上舍子矜內。有老成練達。執法嚴明者。亦可爲之。聽其處斷一面之事。守城悉行軍法。欲救一城性命。難做一些人情。主守須假之威權。便宜行事。

分信地

請鄉官協守城門。各救其家之便情之合者分配。又將在城舉監生員省發等官。及衞所能幹官生。各派分樓舖。分班輪管。晝夜巡視。信地已定。庶事有責成。

居士曰。李綱守都城。以百步法分兵備禦。即此意。陳規所謂分段落則易守也。

編丁壯

守城必派粱夫。編夫難論門戶。富家大厦千間。貧家一室懸罄一門一夫。貧者安肯心服。且非獨此也。人情安樂則願生。窮苦則思死。一旦有警。彼貧老餬口不暇。豈能餒其腹。餒其家。執干戈而扞矢石乎。必也酌量闔城粱共若干口。富戶共若干家。各照家計厚薄。公派粱夫多寡。如家丁義男。不足所派夫數。許出値僱募貧民。代爲看守。如此則富家無丁而有丁。貧民無食而有食。彼此相資之術。實彼此相安之道也。

一每粱多則三四人。少亦兩人。庶可更番宿食拒禦。若只一人。不二日。精力已疲極。賊乘倦攻之。豈不誤事。

一編夫守城。東西南北。要近各人住居。若不分遠近亂編者官吏重究。

派守具

通計本城。共有若干粱口。見今通有若干守具。各照信地分派。稀密得宜。各城樓及去城外冲要之處。各寘大銃佛狼機等器。隨用慣習官兵。准備裝放。粱夫每人備利斧一把。木棍一條。最爲

得力

早分垜

城內外居民。年五十以下。十八以上。各以方面。分記姓名於城粱粉壁之上。以備臨時各認信地。此事倉卒做不得。須預安排。

預演習

城上人夫。認號旣畢。限於每日飯後巳時。照以前號令。一連教演三日。巳時集。未時散。庶免臨敵倉皇。手足無措。日間演習旣熟。夜間亦須演習。風雨之日。又須演習。兵法所謂每變皆習。乃授以兵之意。

量軍馬

城中軍馬。各有部數。必料其多寡。酌量分派。守城兵若干。守者不出。出戰兵若干。戰者不守。中軍若干。主於彈壓。遊兵若干。主於策應。奇兵若干。以備更番。各墩。各塘。各探。各門。各畫。各巡視庫獄廠救火雜項共若干。其餘多剩。皆統於中軍。以聽調用。

選鋒彈壓此係中軍

遇賊寇臨城緊急。主將宜簡練驍勇絕倫之士數千。一一皆能力扼虎射命中者。以爲腹心。親自統率鎮撫城中。恐防他盜乘機竊發。從來一方有急。必借援兵。人止知援兵之益。更不知援兵之害。如唐郭晞援邠州。軍士白晝羣行。丐額於市。有不慊。輒擊傷市人。推釜鬲甕盎於道。甚至撞壞孕婦。邠州守白孝德莫敢誰何。此援兵之害。中於百姓者也。如淖齒將楚兵數萬救齊。擢齊湣王之筋懸之梁上。畢受其楚毒而死。竟滅齊國。此援兵之害。中於主帥者也。所以然者。客過强。主過弱。故生死利害。反爲客所操縱刼制其主耳。强主之道。莫先於選鋒。凡智可定國。力足超羣者。宜簡而別之。禮而重之。聯爲腹心。張爲羽翼。主將親自統領。內以鎮撫地方。外以剿滅盜寇。明以震主帥之威。潛以戢援兵之害。不至客兵勝於主兵。若豎而胄。丐而甲者。譬如猶羊見草而悅。見豺而慄。雖有百萬。何濟於用哉。

遊兵策應四枝

守粱舉表。百姓未諳武藝。必將本城素練之兵。饒有胆略善火器弓箭者。分遊兵四枝。派守四方。壯其聲勢。每方之將。各設四表。賊來近。舉一表。賊至城。舉二表。賊攻城。舉三表。賊攀牆。舉四表。夜則加燭於表上。虜侯戰隊。視舉表處急援。但一門有警。各門堅壁固守。不得輕動。以防聲東擊西之患。

奇兵更番二枝

四門城粱。既有民夫。又有遊兵。似可保無事矣。但恐賊多攻久。兵力不支。須設援兵二枝。一屯城東北隅。一屯城西南隅。有警。各照信地。急爲應援。與遊兵更休迭戰。以信萬全。或城中奸細放火。卽用此兵救之。

屯兵外拒

凡遇敵警。須於各城外要害處。只相去十數里屯兵分營。拒守截殺。城中相爲犄角。牽綴賊勢。使其左右顧慮。不敢併力攻城。而勝算在我矣。故堅守爲上策。輕出爲下策。畏避不敢出爲無策

養人力

晝息

戰卒不睡。恐賊向夜乘疲竊入。須晝令輪班休息。

備賞

激勸

攻城之日。宜專委廉能官一員。將銀包三錢，五錢。一兩。二兩。至十兩。或錢百文。以至千文萬文及花紅果酒之類。遇官兵梁夫能擊傷賊者。卽時量功大小對衆獎賞。庶人心激勸爭相防守矣。

和衆志

昔吐谷渾阿柴有子二十人。命諸子獻箭、取一則折之。取十九不能折。諭之曰。孤則易折。衆則難摧。戮力同心。　　爾家保國。至敵强寇偪。同舟遇風。誰爲局外者乎。凡同城之人。願相和如弟兄。相喻如臂指。若有暴橫奸私執拗敗羣之人。衆共罰之。然後申明必行之法。設處必需之財。料理必用之器。言期必行。行貴神速。事苟有益。不必功自己出也。言苟可用。不必議自我發也。首事之人公虛敏斷盡之矣。

擇賢能

有十人之能者統十人。有百人之能者統百人。有千萬人之能者統千萬人。先要擇十人百人千萬人之所服者而推之。是得一人。即得十百千萬人。失一人。即失十百千萬人也。柔懦者不爲長。昏愚者不爲長。暴橫者不爲長。執拘者不爲長。奸私者不爲長。志不奮發。力不强健者。不爲長。蓋一面稍疎。三面雖嚴。何救於一面之失。一城數萬人之命。付於守城之人。守城數千人之命。付之十餘守者。何等關係。可不擇人

專號令

政出多門。軍家大忌。一切號令。俱出主守一人。副貳以下。有擅自改易旌旗軍號等類者。重治。即果有未便。合須改易。亦必先申主守。聽憑裁奪更移。使人畫一可守。

戢青衿

從來城守必派諸生。謂其才能禦侮。志切同仇。可督率指揮。用資扞圍。乃籍其方略。收禦敵之功者固多。受其把持。成決裂之勢者不少。則豪生逞臆橫行。主守莫敢問也。今聞儆時。須集數官諸生於明倫堂設誓。有敗類者。鳴鼓攻之。倘梁夫足用。不必派諸生登陴。而以本坊緝奸事宜托之。本坊諸生家自爲守可也。

下情恤

勢在危迫。上下同命。主將必與士卒同甘苦。均勞逸。問病撫傷。如家人父子。民始歸心。夏月城上散瓜果。給扇傘。貯冰水。煮香茹餘之類。以防暑渴。冬月城上每段加火爐。煮椒湯。各廠加小火爐。以禦寒冷。尤可憫者小民生意斷絕。餬口無資。而宦家富室。討息催租。急如星火。獨不思城一破。則房且不存。租於何有。本且盡去。息於何收。貪而忍。忍而愚矣。主守合曉諭勸勉。待事平之日。再徵催。未晚也。

䆿吊車

四門及敵臺左右。各備小吊車四五架。以便兵上下及逃難者。然須問明。方許吊入。

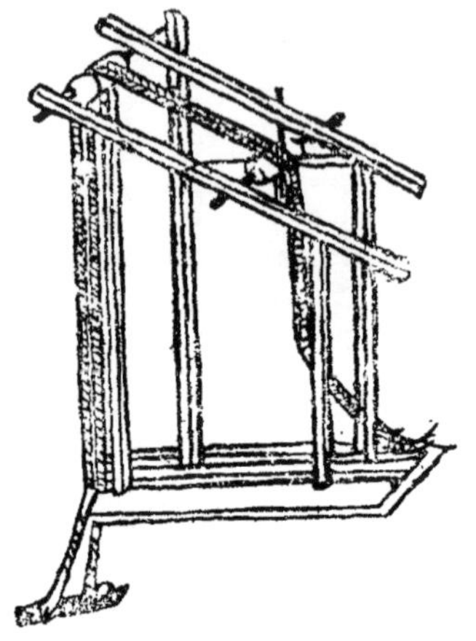

䆿繩梯

巨繩繫橫。爲軟梯。凡登高則用之。

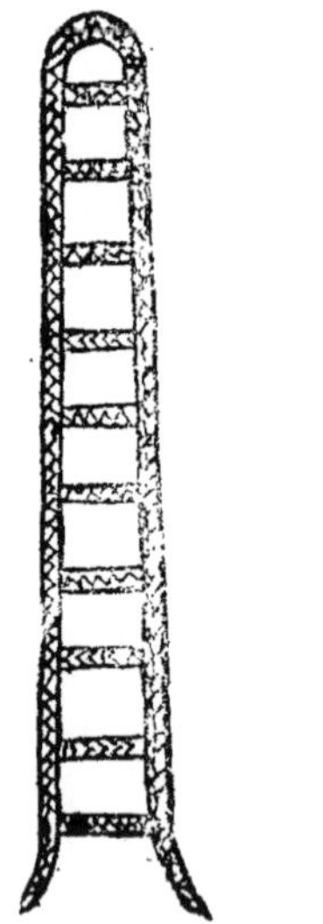

號令第八

行軍號令　中軍號令
四方號令　旗幟燈火
守梁號令　對敵號令
遊兵號令

號合第八

號令

令者。令民知所遵而易從也。必上無疑令。斯下無二事。徙木之威賢於反汗多矣。故信之一字。與智仁勇嚴均爲將之首務也。輯號令。

行軍號令

斷斬

大將既受命。專征伐之柄。犒師於野畢而下令焉。夫聞鼓不進。聞金不止。旗舉不走。旗低不伏。此謂悖軍。如是者斬之。呼名不應。點之不到。往復愆期。動違師律。此謂慢軍。如是者斬之。多出怨言。怨其不賞。主將所用。倔強難治。此謂橫軍。如是者斬之。揚聲嘆語。若無其上。禁約不止。此謂輕軍。如是者斬之。所學器械弓弩絕弦。箭無羽鏃。劍戟澀銹。旗纛凋敝。此謂欺軍。如是者斬之。妖言詭辭。撰造鬼神。詭憑夢寢。以流邪說。恐惑吏士。此謂妖軍。如是者斬之。奸舌利嘴。鬥是攢非。搆怨吏士。令其不悅。此謂謗軍。如是者斬之。所到之地。凌侮人民。淫亂婦女。此謂奸軍。如是者斬之。竊人財貨。以爲己利。奪人首級。以爲己功。此謂盜軍。如是者斬之。將軍聚謀。偪帳屬垣。竊聽其事。此謂探軍。如是者斬之。或謂間謀。及軍中號令。揚聲於外。使敵聞知。此謂背軍。如是者斬之。使用之時。結舌不應。低眉俛首。似有難色。此謂狠軍。如是者斬之。出越行伍。爭前亂後。行到喧嘩。不馴號令。此謂亂軍。如是者斬之。託傷詐病。以避艱難。甚或佯死。因而逃遁。此謂詐軍。如是者斬之。主掌財帛。給賞之際。阿私所親。使吏士結怨。此謂黨軍。如是者斬之。觀寇不審。探寇不詳。不到而言到。多而言少。少而言多。此謂誤軍。如是者斬之。營壁之間。既非犒勞。無故飲酒。此謂狂軍。如是者斬之。此令既立。吏士有犯之者。當斬斷之者。大將以問諸將曰。罪當斬。遂令吏士挾於外斬之。斬斷之後。使傳令告吏士曰。某人犯某罪。與諸將議當斬。已處斷訖。公等宜觀此以自戒。是大將以禮行罰。使卒無冤死。衆有畏心矣。故令者將之大柄也。可不重乎。是以孔明涕泣斬馬謖。穰苴立表而誅寵臣。此皆先遵法令。後收功名者也。

中軍號令

城中高處。可以四面瞭視之地。主守居之。設立中軍黃旗一面。黃紙雙燈一盞。單燈分青紅白黑紙各一盞。如黑紙難明。則代以綠。又備青紅白黑小旗各一面。大流星砲百枚。大銅鑼一口。巨鐘一口。碗口砲六口。手銃亦六口。(用止三口多三口者備不響也)。其隨銃應該木馬。火藥。火繩。送子等件。俱備足。撥好軍一名。專管火種。日夜瞭城外伏路號。火銃砲吹鼓手八名。凡遇上城時。有小令旗一面。上書掌號二字。吹手見此旗方向處。放砲三聲。即將黃旗豎起。以便齊人上城。遇下城時。有小令旗一面。上書鳴鑼二字。吹手見此旗鳴鑼。即將黃旗落下。以便諭衆下城。遇夜以燈代旗。吹手若不見掌號之旗。掌號之燈。切不可掌號。不見鳴鑼之旗。鳴鑼之燈。切不可鳴鑼。每更盡。吹喇叭二聲。催人換更。如日間東方有警。放砲三聲。則加青小旗。餘方仿此。擊鼓催兵。落旗鼓止。如夜間東方有警。放砲三聲。則加青單燈。餘方仿此。擊鼓催兵。落燈鼓止。遊兵戰緣。各認方色策應。而諸原派守城者。不得擅離信地。以防聲東擊西也。如二方三方四方交發。亦各認本色策應。失誤者斬。

四方號令

四面城樓。各豎本方旗號。以六丈布爲率。而游兵將領雜城長。各認本方色旗。如本方有警。晝則搖動本方色旗。夜則又起本方色單燈。擊鼓催兵。無事則鳴鑼止之。至於油燭火藥選車種火等項。俱照中軍

旗幟燈火

中軍。十二丈黃布大旗一面。桅竿長五丈（晚用黃紙雙燈）

四門。六丈青紅白黑布大旗四面。桅竿長二丈（晚用各方色單燈黑紙難明以綠代之下仿此）

四角。六丈大旗四面。東南方。上半青下半紅。西南方。上半紅下半白。西北方。上半白下半黑。東北方。上半黑下半青。桅竿長二丈（晚用各方色單燈如東南方上青下紅餘者可類推）

每百垛。二丈各方色布旗一面。竿一丈五尺。（晚用小單燈）

每二十五垛。一丈各方色布旗一面。竿一丈。（晚用小單燈）

每五垛五丈各方色小布旗一面。竿七尺。（晚用小單燈墜城下）

中軍坐纛旗五采爲邊。照四門四角大小方色旗各一面。以便傳警。（晚用各方色單燈）

旌旗金鼓。所以一人之耳目也。爰製八卦之旗。以太極爲中軍。其詭設物象書竿畫魅者弗取也。夜則以燈代之。

守垛號令

分班

守梁夫。必計其多寡。派作二班。或三班。每一梁用灰粉白。內書梁夫姓名。各認定防守。分班更換。以休養精力。如頭班一晝一夜。次日卽換二班。再次卽換三班。各寘簿定限。彼此不得推諉。

統領

五梁爲一伍。立一能幹者爲伍長。二十五梁有城長。百梁有雉長。伍長城長雉長各執旗。伍長塡五梁夫姓名在旗內。城長書五伍長姓名在旗內。雉長書四城長姓名在旗內。以便統領查核。東面自南起伍長旗寫天地元黃字號。城長旗寫東城一東城二字號。雉長旗寫東雉一東雉二字號。餘可類推。各門各角。又分管各雉長。白日止豎旗號。各長輪守之。非寇至。不用軍民上城。以息其力。

按名責治

梁口上用石灰塗白。排書各戶所出正身僱身。俱要眞正姓名。其鄉紳所出某人。及有力大戶僱人數多。俱上書本名。下書所僱姓名。以便臨時查點。既受若值。應代若役。如有違誤。替身按法關罪。主人但以失於訊察。輕重抵罪。

方空內乃用石灰粉白書垜號垜夫姓名後各垜仿此不盡留白空者恐其混看誤爲垜眼也

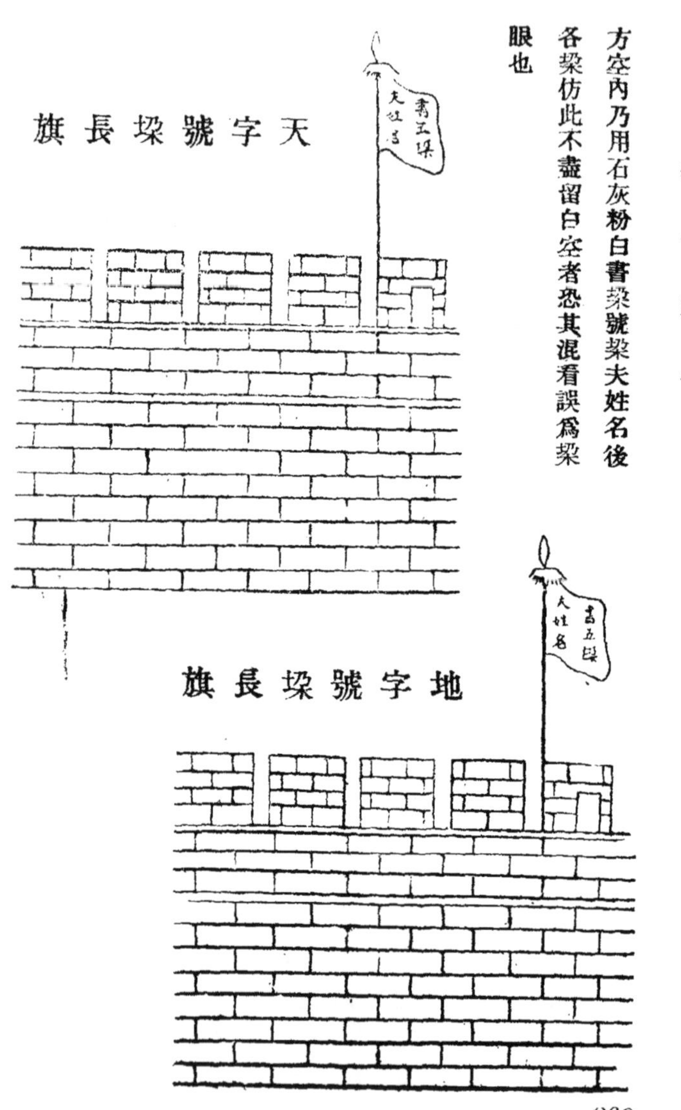

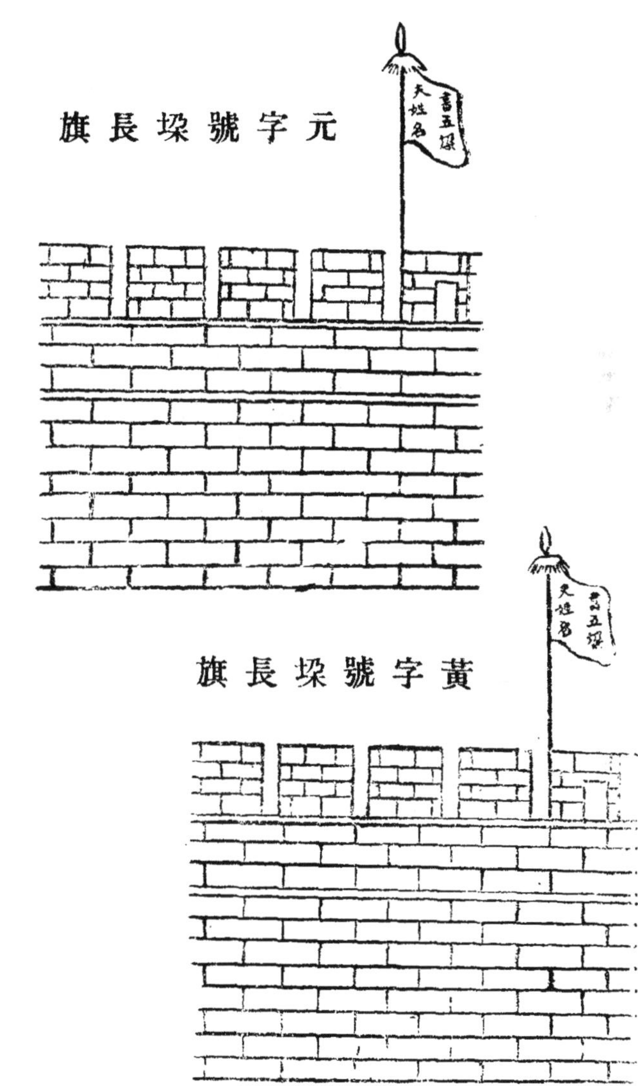
元字號垜長旗
書五垜
夫姓名
黃字號垜長旗
書五垜
夫姓名

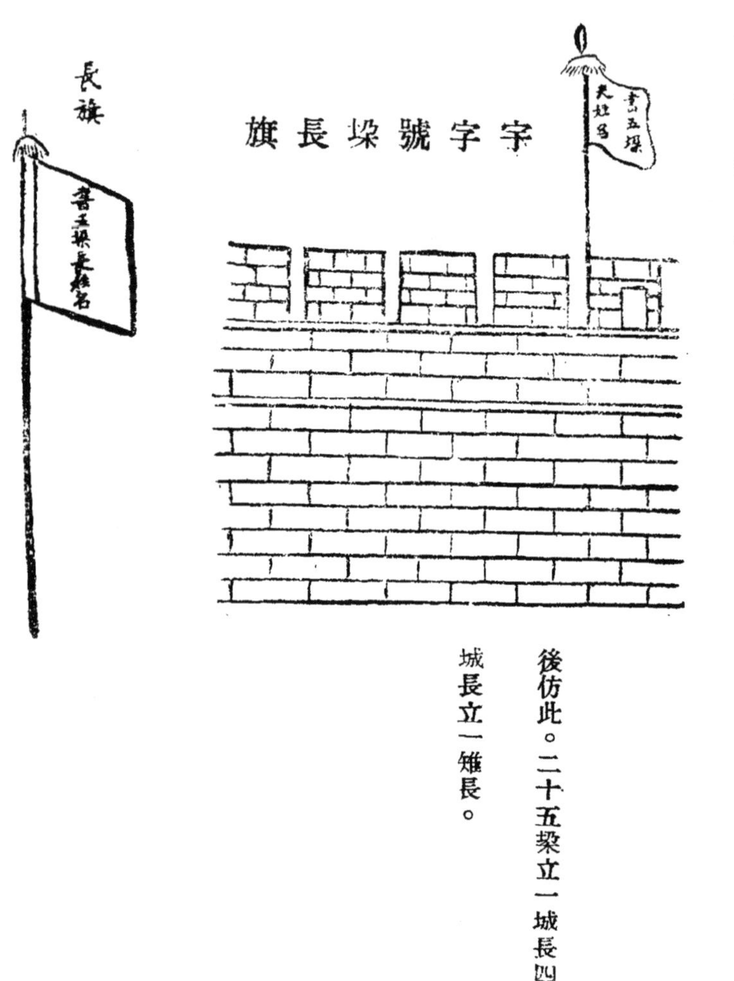

後仿此。二十五垛立一城長四城長立一雉長。

僱役僱値

梁有僱募者。俱要強壯守分良民。不得以老弱奸棍充數。每日工食。官定價米二升。錢十文。錢十文者。薪資也。殺賊有功犒賞在外。

雉長旗

書四城長姓名

有警輪守

五梁爲一伍。一當有警。每夜一人輪守一更。每梁各置一石堆。大二三尺。高稱之。每更。一夫執小旗。登石擊柝。站立既高。則可以俯瞰五梁守下。有無奸細。其餘四人穩臥。倘遇有警。喚醒同伍四人。則名雖一夜之守。實止一更之勞也。轉更輪換。聽中軍喇叭。各門應之。每伍置一木牌。注定某人某更。不得推諉失誤。伍長提督之。該直者。要注定眼力。不得減滅燈火。又戒出頭外望。以防飛矢銃彈所傷。輪睡者。亦不得脫衣。如聞中軍砲響。縣起雙燈。則同伍者。一齊向外。持械站立力拒。候中軍燈落止號。方許就睡。

無警輪巡

無警夜巡。以三十梁爲一牌。每夜止用一梁之人上城。一名巡上半夜。一名巡下半夜。各帶器械燈火。靜行視聽。不必擊梆。有所見聞。鳴鑼警衆。止在三十梁界內。往來巡視。次早將牌轉送下戶。每月輪流一徧。周而復始。一年一家不過數夜。就是小本生意。白晝貿易。夜間巡城。亦不躭誤。

傳食

城上鍋竈不便。城下各照所分人口。五梁闢一火頭。一日三飯。三更時麵食。火頭各照所管之人以器餚飯。城上人用索扳取。每飄菜總一盤。有送私食者不禁。

濟渴

每五梁寘大水缸一口。一以濟渴。一以備火。

宿法

每梁口五個。立草廠一間。下用板鋪。勿使泥濕傷人。上用苫蓋。四面皆遮蔽風雨。遇有樓鋪者。卽聽以樓鋪充之。不另立。

便利法

五梁共大鐵鍋一口。砌如竈式。下可容火。大小便利。悉在其內。賊來攻城。勢必仰面。煮令沸熱。杓澆箭噴。各聽人便。

糞砲罐法

先以人清磚槽內盛煉。擇靜曬乾打碎。用篩羅篩細。盛在甕內。每人清一秤。用狼毒半觔。草烏頭半觔。巴豆半觔。皂角半觔。砒霜半觔。砒黃半觔。班毛四兩。石灰一觔。荏油半觔。入鍋內煎沸。入薄瓦罐。容一觔半者。以草塞口。砲內放。以攻擊城入。可以透鐵甲。中則成瘡潰爛。放毒者。仍以烏梅甘草寘口中。以避其毒

居士曰。但以諸毒同糞煎。順風揚澆。賊有觸者卽痛爛見骨。亦甚便也。此法見唐顯悅廣救命書。

懸燈說

每五梁一燈。用新油紙者方明亮。燈上用一油紙蓋以防雨。蓋上仍壓瓦一片防風。若篾箬篷蓋尤佳。每燈製一挑竿。索懸城下。離地七尺。火光下散。我能見賊。賊不能見我。換燭卽輪更之人。不許誤事。然懸索宜細。止勝一燈。庶賊不能攀躋。每十梁用一火球。所費比油燭減易。燈油梁長派備。

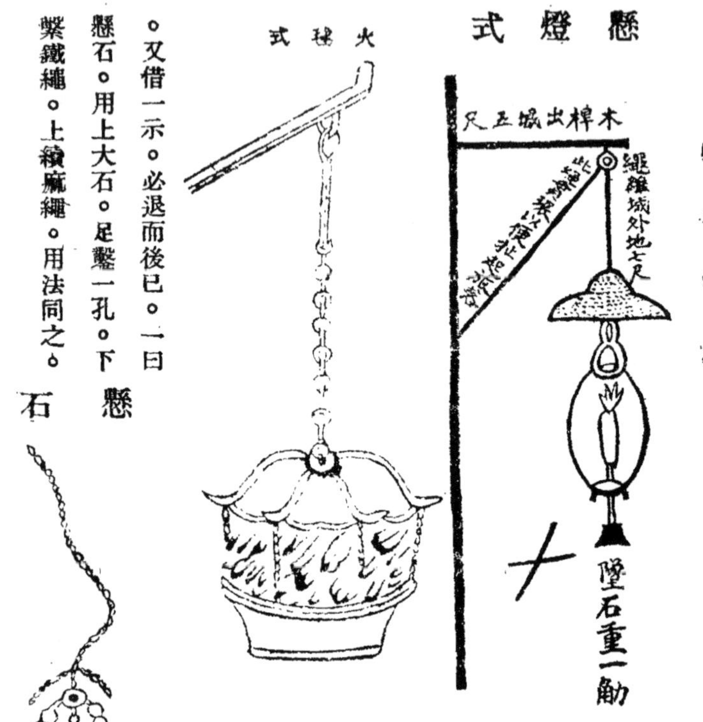

積石

石有三種。一曰擲石。自一觔半至六斤者。每垜一堆。高圓三尺。又五六十斤者五塊。措辦不及。令入城者人納一塊。一曰大石。每垜一塊。或磨盤。或碌軸。或搥衣石。大約一人之力能舉者。預布垜頭。賊有摧車頂門。下梯肩版。卽將此石向頭推打一石不中。又借鄰垜一石擊之。不中。又借一示。必退而後已。一曰懸石。用上大石。足鑿一孔。下繫鐵繩。上續麻繩。用法同之。

懸石

插器

用有底通節粗竹二尺。每丁埋一個在垜口

各軍所執器械裏面。槍銃刀矢插筒內立之。

插器

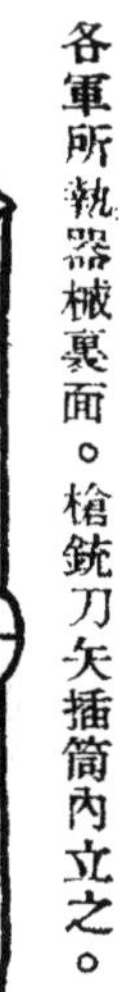

灰瓶

灰瓶

取細石灰入小瓶內。每梁預積一堆。將口塞住。如賊臨城。乃從上拋下擊打。灰飛損目。不能久立。

泥水

賊戴木排門扇木船竹圈之類。遮護其身。突來攻城。此時矢石不能擊。長槍不能入。何以破之。須用水和泥擲之。泥在木上不墜。泥多則重。又擲巨石於泥上。石亦不墜。泥石相壓。戴者不能勝。自然退矣。

壘臺

梁口太高。難以外望。各照信地。泥壘小台。須要梁口齊胸。以便下視。若原有石砌台基更妙。

設柵長

上城處豎立柵門。撥兵看守。不許梁夫私下。亦不許閒雜人潛上。一防攪亂軍伍。一防奸細外招。止送飯換班開放。至晚中軍放砲。則封鎖不開。如警急。則茶飯挈送城上。止於換班放出。

斬逃亡

守梁夫下城逃走。遊兵拿獲到官。立斬。

備取索

城上每段立一典掌。置小旗數面。凡遇需用物件。寫字帖旗上舉示城下。城下各段亦有主者。預簡備用雜物。各爲部分。謹伺舉旗。卽應送上城。勿令緩急缺乏。又設雜役軍人。量爲多寡。專司負挈所需物件。又每雉須備桌一張。筆硯一副。小紙條寬一寸者一百。以備緩急取物。寫字傳知。

巡邏兵

各梁兵勤惰不一。須常稽察。然使人人點名。更更喧嚷。則守梁者每不能睡臥。精神困疲。非計也。當以城長爲限。如東門至南門之類。每門設巡邏兵十名。置小旗一面。中書按邏字。每更兵二名。輪班絡繹巡視。止挑燈執旗。往來梁口。不許叫喝打梆搖鈴。若有梁夫熟睡。不行瞭望。並梁口燈火斷滅者。隨掣更旗。次早總巡官處稟究。仍行喚醒點燈。不許擅自喝打。賣法重治。若掣一旗。賞銀一方。則梁夫自無力賄免。而可以免賣放之弊矣。

巡邏官

設役巡邏。猶恐疎虞。每門設巡邏官二員。各與馬匹。寘更牌更箭。如東巡至南門。時值二更。東門官將一更箭交付南門官收驗。南門官隨付二更牌與東門官收驗。輪番送周。次早送總巡官處查攷。若各官將牌箭私授。不親巡警者。查出。以軍法重治。其巡警官先察巡邏士人。若見各梁口偶有睡熟失瞭隱燈者。掣其更旗巡旗。次早並送總巡官處究治。亦止許巡視。不得呼喝敲梆。驚擾守梁之人。

加犒勞

夜中或值風雨。正奸人乘機竊發之會。宜倍加嚴謹。預須簑笠臨時取用。當風雨之夜。無論家人僱人。格外加勞。

對敵號令

誅後至

遇有警報。中軍晝則放砲扯旗。夜則放砲扯燈。各軍民隨卽照派信地。各執器械。俱向外立定。如有遲延不到者。垛長指名報告。本犯卽以軍法處治。容隱者一併治罪。

齊心

守城要齊心。城上四方防守之人。無分貴賤大小。均以性命爲急。各爲自己身家守。非爲他人效命也。先要齊心一體。勿懷慳心。我飽而人飢。勿懷懶心。人勞而我逸。勿爭利而趨。勿懼害而避。勿因小嫌而彼此賭氣。勿懷小忿而彼此相爭。至於一垛有急。一伍協力。一賊上城五夫下手。敢有觀望退縮躲避不前者。一伍之人。俱斬首示衆。

劉錡

劉錡守順昌。寘家寺中。積薪於門。戒守者曰。脫有不利。卽焚吾家。毋辱敵手也。於是軍士皆勇。男子備守戰。婦人礪刀劍。爭呼躍曰。平日欺我八字軍。今日我當爲國家破賊立功。遂大敗金人。

李芾

李芾至潭州。城中守卒。不滿三千。芾結峒獠爲援。繕器械。峙芻糧。柵江修壁。及元兵至。芾慷慨登陴。與諸將分地而守。民老弱皆出結保伍助之。不令而集。者日以忠義勉將士。死傷相藉。人猶歃血乘城。殊死戰。有來招降者。輒殺之以狥。

壯胆

守城要壯胆。死賊性命。與我一般。彼不皆勇。我不皆怯。彼以捨命成功。我以貪生取死耳。彼在城下仰攻。有十倍之難。我在城上下打。有十倍之易。人見一賊扒城。便爾胆顫。見一賊上城。便欲驚逃。不思一人驚走。千人皆散。一散之間。賊俱入城。父母妻子。個個殺死。若放開胆力。站住不動。與賊敵鬥。賊安得上城。是站住者滿城得活。走散者大家同死。但有見賊退走一步者。登時斬首示衆。

李顯忠

金帥孛撒帥步騎十萬攻宿州。李顯忠竭力悍禦。城東北角。敵兵二十餘人。巳上百餘步。顯忠取軍所執斧砍之。敵卽退。

定氣

守城要氣定。凡百步以外。則吶喊冲搪。必不可動。切忌妄發矢石火器。既不中賊。又損實用。嘗曰。守里不如守丈。守丈不如守尺。愈遠徒勞。愈近得力。若氣不先定。便自慌忙。亂放槍砲石矢。器械已盡。氣力已乏。心胆已亂。彼賊近城。何以敵之。此守城第一大戒也。必待離城數十步方齊力攻打。此勢險節短之意也。記取記取。殺賊後。各人急須嚴守自己垛口。靜聽上人頒賞均分。不許爭功爭賞。致失守誤事。違者以軍法重處。

麴義領兵先登

袁紹自出拒公孫瓚。瓚兵三萬。其鋒甚銳。紹令麴義。領精兵八百先登。瓚輕其兵少。縱騎騰之。義兵伏楯下不動。未至數十步。一時同發。讙呼動地。瓚軍大敗。斬其將嚴綱。獲甲首千餘級。

張宏範逼宋於崖山

元張宏範帥舟師逼宋於崖山。豫搆戰艦。於舟尾以幙障之。命將士負盾而伏。令之曰。聞金聲起戰。先金而妄動者死。飛矢集如蝟。伏者不動。舟將接鳴金撤障。弓弩火石交作。頃刻並破七舟。宋師大潰。陸秀夫抱其主共赴水死。

洒民曰。敵攻城。每先遣游騎於百步外。馳驟旋繞。誘發火器。只待數放之後。或子藥匱乏。或銃熱不堪再裝。方合力齊攻。坐此失事者不少。愼之。愼之。

定脚

守城要定脚。各守信地。賊徒攻城。每每聲東擊西。聲南擊北。聲晝擊夜。聲晴擊雨。總是出其不意。攻其不備八個字爾。兵法。擅離信地一步者斬。雖一面十分緊急。自有游兵向緊急之方。齊力防護。三面之人不許移動。若過他人一垛。斬首示衆。

專目

守城要專目。目力不精。則緩急失候。守垛之人。遠望近視。頭不敢回顧。眼不敢轉睛。放銃發箭。則端相賊身。下石投木。則端相賊腦。下三眼刺槍。則端相賊心。使鎟斧大棒。則端相賊頸。見手則斷其手。見頭則斷其頭。手眼萬分留心。不可遲延一刻。毫髮之間。生死所係。任他千轟萬亂。吶喊搖旗。只要眼力觀看。不可一毫動心。凡垛長。城長。雉長。巡視困倦者。輪流歇息。但有見班打盹怠惰者。穿耳示衆。

靜聲

守城要聲靜。喧嘩囂亂。此敗道也。故城上招呼。各以手勢。說話各以低聲。夜間尤要安靜無聲。聽賊消息。四城門俱有更鼓。每交點。放礮一聲。人高聲大叫一聲云大家小心。城上衆人齊喊一聲。餘時俱不許動一些聲息。使賊不得掩彼形聲探我消息也。城上白日屏去鈴柝。止豎旗號。

不許一人喧嘩。即有攻打衰傷之人。亦不得大言震喊。高叫驚走。但有隔梁閒話者。割耳示衆。

堅志

守城要志堅。兵貴如山。千搖不動。百震不驚。庶乎賊智自窮。我守可固。昔曹成攻賀州。日久不下忽有一人登城大呼曰。賊登城矣。守城之人。都滾下城。賊遂登城。此曹成之計。一人譌言。萬人驚走。以後守城。丁甯此令。但有一人謠言。惑亂人心者。守城之人。寸步休移。抵死莫動。將謠言之人。與先動之人當時斬首。懸高竿示衆。

居士曰。蘇老泉所謂泰山崩於前。而顏色不變。麋鹿興於左。而目不瞬。此二語爲將者不可不知也。

燭奸

守城要燭奸。賊在城外屯聚。以逸待我勞。以飽待我餓。以甯耐挫我銳。以優游懈我心。聲言解圍以安我意。聲言增兵以寒我胆。乍動乍靜以疲我精神。緩進零冲以耗我氣力。忽散忽聚以老我智謀。築壘增栅以示待持久。我意已定。一切勿動。徹圍毋喜。疾攻毋驚。歸師毋躡。示怯毋進。約和毋信。僞隙毋乘。忽退勿懈。久持毋斁。古今名將用兵。未有無節制號令而能取勝者。今將中軍以下號令。合行刊刻。守城之人。各給一本。如某項人某數款要緊。識字者自讀。不識字者。聽識字之人教誦解說。字字依行。

遊兵號令

每門每台。各備起火流星。事急則然之。本面遊兵。即行接應不許稽遲。

各舖備火種一盆。不許種絕。

各門備快馬數匹。以傳警信。

號合第八

禁約第九

禁奸盜　禁歇家

禁樂戶　禁茶坊

禁酒肆　禁混堂

禁浪遊　禁風火

禁總薪　禁訛謠

禁喧嘩　禁夜行

禁私開禁門　禁虛發矢石

禁妄動　禁吹響器舉竿表

禁擅離信地　禁擅入信地

禁近城房屋　禁近城土阜

禁私回賊話　禁私開賊書

禁約第九

禁約

禁者。令民知所戒而不犯也。禁而不能止。則將未能令。軍必敗矣。太公曰。殺一人而三軍震者殺之。是刑止宄。此將威之所以行也。若欲行罰。必自貴者始。輯禁約。

禁奸盜

重法

壯丁上城。家中無人看守。小人乘機爲奸爲盜。但有拿獲者。當時打死示衆。其飲食不足之人。聞其手本。稟官設法。賑借存恤。

羊侃

梁侯景初圍城。軍人爭入武庫。羊侃命斬數人。方止。此卽刼盜之漸也。

李綱

李綱當金人圍城死守時。有自門上擲下人頭至六七者。皆云斬獲姦細。及驗認。則皆漢人首級。綱於是捕獲數人。斬以狥軍。又有京師不逞之徒。乘機殺傷內侍。取其金帛。而以所藏器甲引劍。納官請功。綱命集守禦使司。以次納訖。凡三十餘人。各言名姓。皆斬之。并斬殺傷部隊將者二十餘人。及盜衲襖一領者。强取婦人絹一疋。妄斫傷平民者。皆即斬以狥。故外有强敵月餘日。而城中竊盜無有也。

宗澤

宋宗澤知開封府。時敵騎留屯河上。金鼓之聲。日夕相聞。而京城樓櫓盡廢。民兵雜居。盜賊縱橫。澤至。首捕誅舍賊者數人，下令曰爲盜賊者無輕重。並從軍法。由是盜賊屏息。民賴以安。

馬知節

宋馬知節徙知定遠軍。時部民入堡。卒有盜婦人首飾者。護軍止笞而遣之。知節曰。民避外虞而來。反爲內盜所掠。此而可恕。何以肅下。即斬之。又虜衆犯塞。民相攜入城。知節與之約。有盜一錢者斬。俄有竊兒童錢二百者。即戮之。自是無敢犯者。

禁歇家

歇家不許居住城內。恐有姦人窩宅。

禁樂戶

凡不良之人。挾重資而至。多以娼家爲窩宅。娼家惟利是視。自不必詰所從來。矧有娼卽是盜者。宜嚴行驅逐。

禁茶坊

奸人設謀定計。多任茶坊者。慮酒後之言有漏泄也。須嚴禁之。違者卽將房入官。變價充餉。兩鄰連坐。

禁酒肆

酒肆亦藪奸之所也。賊信緊急。不許開張。或從民便。止許零沽。不得留人聚飲。違者罰亦同前。

禁混堂

不良之人。每每寢宿混堂。宜倂禁。

禁浪遊

奸人日間無計藏身。每豪託閒遊。掩人耳目。遇警之日。凡有浪遊名勝庵院者。許人擒住究實。重賞告者。

酒民曰。歇家樂戶茶坊酒肆混堂及名勝寺院。果皆藪姦之所也。若有明智之人。正宜留之。以無捕役耳目之從。一概拒絕。倘屬下策。但格外之事。恐非所及。故當取其次者。

禁風火

兵臨城下。城內居民失火者斬

禁積薪

警報緊急。城中居民近城者。不宜堆積稻草柴薪。恐城外火箭飛入起火。故宜禁諭。少則收藏。多則移空隙地為便。

禁訛謠

警報狎至。訛言易興。有等造言生事之人。或妄洩軍情。或虛張賊勢。而輕聽好事者。又從而播傳之。最爲搖亂人心。卽時梟斬不宥。凡有曉望氣術數之人。悉收隸官府。不得與他人竊語。及禁論說怪異。以惑衆。

禁喧嘩

凡見賊大言喧嘩者。或被傷高呼驚走者。照臨陣退縮。軍法示衆。臨敵回頭擅動者割耳。夜驚者。治其所由。本官連坐。

禁夜行 決當禁

城內柵欄之設。所以備盜也。今夜行者徹夜不止。則柵欄徹夜不關矣。虛設何益。必委風力僚佐。率精兵持鎖鑰。專緝犯夜之人。重懲一二勢家之惡子弟。及悍僕豪奴。則小民自不敢犯。而盜賊無由乘機竊發矣。

禁私開禁門 加外鎮一法別見方略部

城門謂之禁門。以見不宜擅啓閉也。太平日久。法紀縱弛。守門官偷安自便。高臥在家。守門軍得錢賣行。啓閉任意。從此誤會。爲禍不輕。如有犯者。定以軍法從事。

禁虛發矢石

勢險節短法

凡遇攻圍。俟賊近城。令慣熟弩手善射者。乘便射打。務要奇中。毋得亂發矢石火器。既不中賊。又損用。大率守具。皆用於十步之內。著著見功。方爲的當。大略守里不如守丈。守丈不如守尺。愈遠徒勞。愈近得力。遠攻不中。既費力。又損器。何爲哉。

禁妄動恐爲賊所乘也

賊內應多在夜間。或於倉庫放火。或於空廟及高阜處放火。或放仛爲號。即有十餘人雜入我軍。偷至城上。砍傷守垜軍士。吶喊稱言城破矣。賊至矣。我軍聞之驚潰。賊因乘之大開城門。延衆賊而入。此千古覆轍也。但戒嚴軍士。守城者守城。妄動即斬。守門者守門。妄動即斬。又急傳守門之人。但防內賊。勿防外賊。凡城內居民。各執器械。各立門前。至天明。賊計不行。自授首矣。

張遼火起勿動。

魏張遼屯長社。軍中有謀反者。夜驚亂火起。一軍盡擾。遼謂左右曰。勿動。是不一營盡反。必有造變者。欲以動亂人爾。乃令軍中曰不反者安坐。遼將親兵數十人。中陣而立。有頃皆定。即得首謀者斬之。

段秀實不許救火

唐段秀實爲涇州刺史。別將王童之謀作亂。約夜焚芻積。救火則發。秀實申嚴警備。夜果火。即下令軍中。行者皆止。坐者勿起。各整部伍。嚴守要害。童之自請救火。不許。及旦。捕童之及其黨八人。皆斬以狥。

禁吹響器舉竿表恐爲賊之應也

兵臨城下之時。城中居民。不許妄豎高竿。亂吹響器。并樂器小砲。概不許作。

禁擅離信地

分派既定。各有職掌矣。守門者守門。守臺者守臺。守梁者守梁。守方者守方。守庫者守庫。守獄者守獄。中軍居中軍營。游兵居游兵營。奇兵居奇兵營。戰兵居戰兵營。務令如山如林。整齊嚴肅。以備調遣。敢有擅離信地一步者。斬首示衆。

禁擅入信地

頭面生可疑之人。假託閒遊買串信地者。必奸人欲潛窺伺者也。即時拿送究治。凡營兵欲買食物。每隊自有火兵一名。給牌入市。餘皆並禁。萬不宜令手藝之人。借名交易。私入營盤。如修脚頭補皮匠賣點心之類。

鬻麵者

邛州牙將阡能叛。高仁厚帥兵討之。未發前一日。有鬻麵者到營中。邏者疑。執而訊之。果能之諜。

禁近城房屋

城外三丈內。若有房屋。賊或潛伏屋下。擊射守城軍民。或卽用其梁柱。作梯上城。或順風放火。或就本屋運土臨城。起樹而登。皆無可奈何。有近城一丈以內者。城身又低於屋。此不守之城也。合行嚴禁。一毫不留。違者以通賊論。

禁近城土阜

池外高阜之土。不宜存留。一則恐賊借以塡濠。二則恐其礙我砲路。

禁私問賊話

凡賊有講話者。不許私問。巡邏報與中軍。酌量回答一面傳令。別面隄防暗算。

禁私開賊書

外有使至。守門者簡實。徑導詣主守。內外軍民。不得輒相見。如得飛書。持送本營。對衆封送主守。如城上城下。有面生可疑者。交相接語。或擲物件。做手勢號色。即時拘拿。解主守究問

禁約第九

設防第十

防門　防牆
防垛　防奸細
防窮民　防內應
防詐門　防詭冒
防暴來　防潛襲
防離叛　防風雨晦冥
防佳時令節　防敵退而實進
防敵去而復來　防敵攻東擊西
防賊求和挾詐　防隙地
防火變　防火藥
防艸場　防獄
防庫　防七乘

設防第十

設防

千丈之隄。潰於蟻穴。合抱之棟。摧於蛀壞。一瑕百瑕。理勢然也。防之爲道難言哉。必也善守如環。使敵無間可入。斯爲貴矣。輯設防。

防門

火月城

賊若破月城。未破內城。城上人須用火炬擲月城內。以月城爲火池。多多添擲竹木。賊不勝烟火。自然退出。

楊智積益薪助火

楊智積。隋文帝姪也。楊元感反。攻城。燒城門。智積於內益薪。以助火勢。賊不能入。

㨢牌

㨢牌。量其城門高下闊窄。堅木造之。厚四五寸。外用鐵葉。排釘錠裹。頂上照門空一尺闊長渠。將㨢牌預爲懸穿城上。兩邊栽壯木二根。橫架圓木一根。中安二滑車。㨢牌用粗繩繫住。若遇焚門。土壅不及。將槎放下隔阻。

槎式

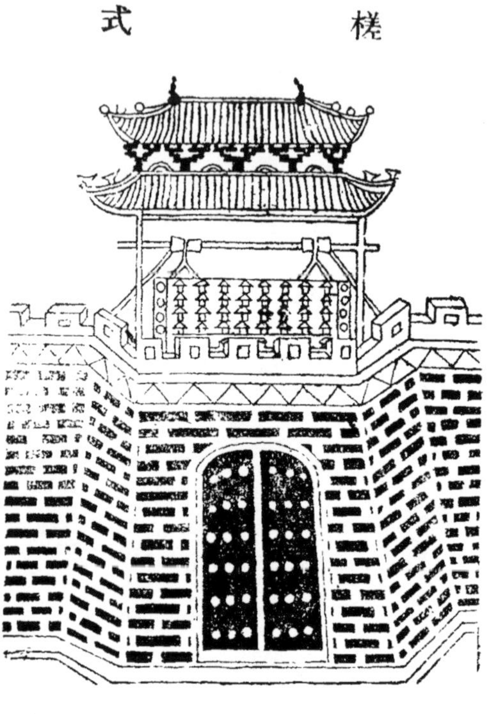

蘆蓆虛蓋浮土。賊輒陷。

金錐板

月城內。大城外。築城陷馬坑。闊狹與城門相等。不可太過。恐牆脚虛頹也。長可一二丈。深一丈有餘。底闊而上狹。蓋上陷於下。賊一墮。勢不能攀躋求脫矣。其內實金錐板。城上門口。仍列壯士。用强弓勁弩。火器砲石。利刃長矛。爲鉤搭斬截之具。無事用堅木搭上爲跳板。使我兵利於出入。有急掣去跳板。用薄

金椎板式

舊製陷坑內用鹿角木鐵菱角蒺藜不如用金錐板妙錐用鋼鐵爲鋒極尖銳長二尺許堅木爲板長五尺闊二尺密釘金錐平鋪坑內錐鋒醮虎藥少許見血封喉立死賊馬一入所值蹄立穿

鐵插板

鐵插板式

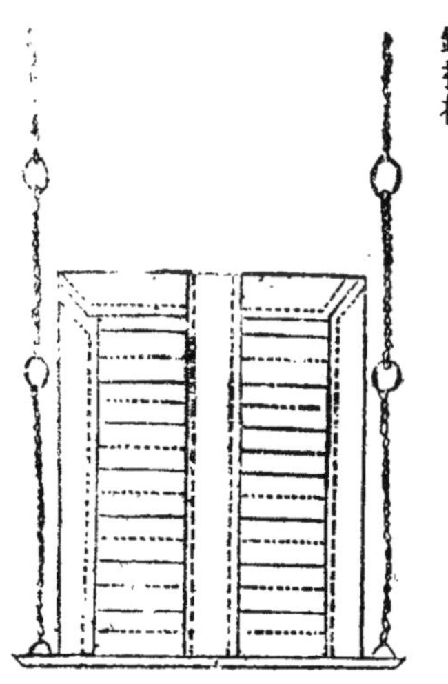

插板用榆槐堅木爲骨。其闊兩邊各掩過城門一尺。幔以生牛皮。周圍用鐵葉裹釘完密。下用狼牙釘。極其鋒利。兩旁施鐵環。貫鐵索。各立二柱。柱開池槽。亦用鐵葉裹之。柱下各立撐柱。以

防傾圮。柱上設一轆轤爲絞索之用。兩柱間設一大橫木。中空一竅。插板中亦空一竅。絞至兩竅相對處。即以一巨鐵釘拴入其中。如欲擱阻賊兵入城。但拔去鐵釘。其插立下。勢重千鈞。當之者立爲齏粉。插板勢重。必以絞車升之。

鐵鉉

靖難兵圍濟南甚急。鐵鉉令軍民詐降。陰伏勇士。開城門。候燕王入。急下鐵板幾中之。

刀車式

洒民曰。月城設陷坑。坑內寘金椎板。賊即破門。敢進一步。便陷死地矣。較火月城策。似稍勝之。又必寘鐵插板。何也。恐陷者層積。賊踐而登。故約過一二百人即便下。此使其前敗後絕。任意殲之爾。

刀車

以兩輪車。自後出槍刀密布之。敵攻壞城門。刊以車塞之。此車宜設二乘。一向外防賊徒外攻。一向內防奸細內應。

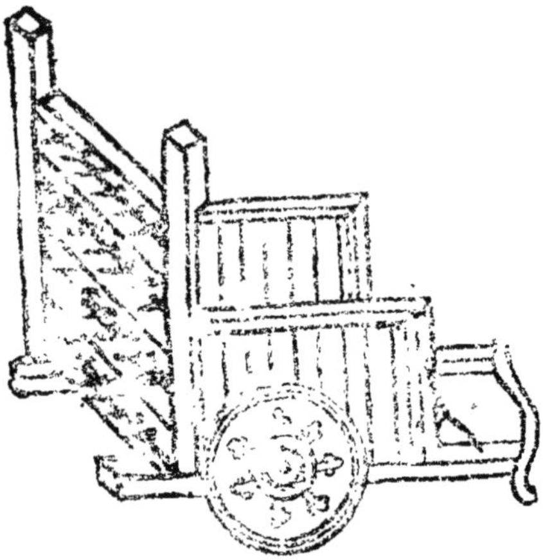

酒民鬥。今人一闘做報。將門用石疊砌。用土塡塞。甚爲可笑。萬一賊隙可乘。反阻戰兵出入之路。刀車鑿扇。皆妙法也。

鑿扇

侯景以長柯斧斫東掖門。門將開。羊侃鑿扇爲孔。以槊刺殺二人。斫者乃退。今用神器。從孔對擊。威力百倍。鑿扇甚妙。

七星池

凡賊攻城。多用火燒門。須用淋水滅之。預於城上緊貼門扇處鑿一池。橫長與門等。闊二尺。池口至底。以漸而殺。如屋簷天溝樣。底約闊五寸。鑿爲七眼。徑六七寸。每眼相去。以門之廣狹爲度。務令均勻。其相連處。橫鑿寸闊一縫。借之泄水。眼大可下砲石。縫狹水不旁注。如閘河傾瀉。火無所施。且人亦難於站立。此萬萬不可少者。池上無事以厚板蓋之。按侯景列兵繞臺城。既市。百道俱攻鳴鼓吹蜃。喧聲震地。縱火燒大司馬東西華諸門。羊侃使鑿門上為竅。下水沃火。戰士踰城門洒水。久之方滅。此即前七星池之意也。但旋鑿之。不如預備之矣。

溜筩

賊有以火燒城者。宜用鐵溜筩。貯水傾滅之。或曰。宜下濕沙滅之。若用水。則油焰愈熾。多致失事。

上用竹筩
下用鐵管
城上注水
於木斗內
傾瀉

火車

以兩輪車中為爐。上施鑊。滿盛以油。熾炭火。鑊令沸。仍四面積薪。推至城門樓下。縱火而去。敵必下水沃之。油得水。其焰益高。則樓可焚也。

火車式

水囊式

水囊

以猪牛胞盛水。敵若積薪城下。順風發火。則以囊擲火中。古軍法作水囊。亦便。

洴澼百金方

水袋

以牛馬雜畜皮渾脫爲袋。貯水三四石。以大竹一丈去節。縛於袋口。若火焚樓柵。則以壯士三五人。持袋口向火。蹙水注之。每門置兩具。

水袋式

麻搭

以八尺杆繫散麻二斤。醮泥漿水蹙火

麻搭式

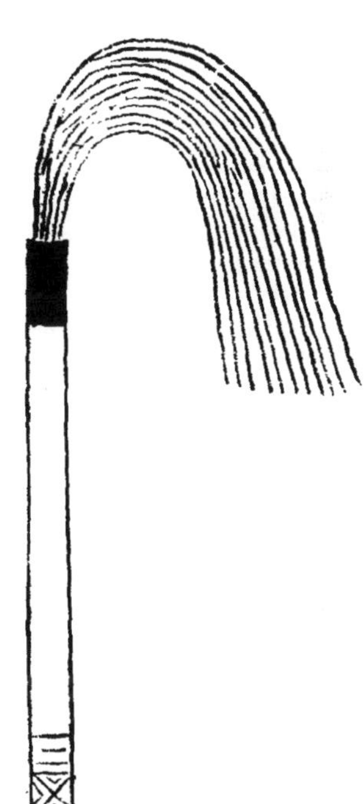

唧筒

用長竹下開竅。以絮裹木杆。自竅唧水。

唧筒式

設防第十

鐵鈎

東魏高歡攻玉壁。縛松於竿。灌油加火。規以焚樓。韋孝寬作鐵鈎。利其鋒刃。火竿來。以鈎遙割之。松麻俱落。

鐵鈎式

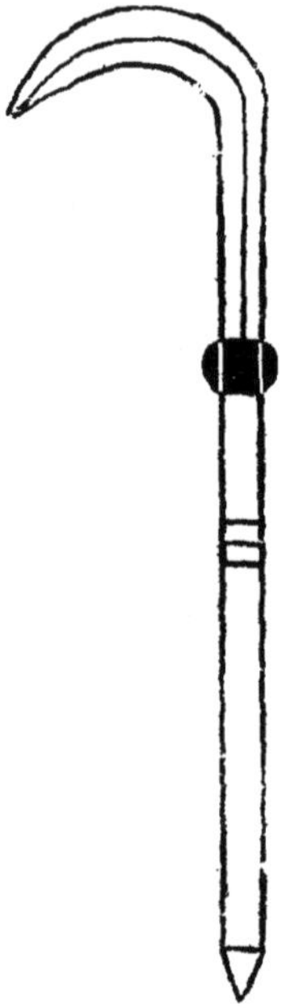

姚仲酒缶

金人攻仙人關。用火焚樓。姚仲以酒缶撲滅之。

孟宗政隄火

金帥完顏訛可。擁步騎傅棗陽城。宋孟宗政橐糠盛沙。以覆樓棚。列甕潴水以隄火。

酒民曰。又一法。用礬石化水塗門樓。常令滋潤。火不能害。

水井

城中宜多濬井泉。須於寺廟空閑之地。添井三五十眼。一以備人衆可飲。一以備火攻猝救。

水缸

凡棚樓敵台之下。皆當各貯大小缸數口。而五梁亦共貯一缸。如爲飛火所然。隨然隨撲。庶不至取救遠水。成燎原之勢。

防牆

突門虛敵台

攻城之具。用槐榆木。厚八寸餘。高八尺。如轎形。下有四小輪以人御之。其板俱用活銷。是以鉛彈遇之。車往來番去。鉛彈子折而過。車隨復起。不能傷人。推至城下。以弓矢仰射。而以尖鐵銜挖城。長五六尺餘柄以粗木爲之。每去一甎。則以銜入。五六人共坐其柄而撼。則城不能支矣。若有突門虛台。從旁夾擊。安能害我。其制已詳首卷。茲不復贅。

備修築

城中每面備磚一二萬。黃土數十車。石灰千斤水一百甕。每十梁。用鐵掀二張。鋼刀二口。門六扇。丈五長杆四根。以備攻破城垣。當時修補。

設防第十

木柵

東魏高歡攻玉壁。四面穿地作二十道。其中各施梁柱。以油灌柱。放火燒之。柱折。城並崩陷。孝寬隨其崩處。豎木柵以扞之。敵終不得入。

偃月城

金完顏訛可攻棗陽。募鑿銀鑛石工。晝夜陷城。城頹。孟宗政益薪架火山。以絕其路。列勇士以長槍勁弩備其衝。距城頹所數丈。築偃月城。翼傅正城。深坑倍仞。躬督役。五日成。

防垛

懸簾

垛口第一切要之物。每垛口作木架一個。兩足在內。栽城上。緊貼兩垛邊。上安橫木。向外可搭毡毯。或用被褥。俱以水濕。直遮垛口。箭不能入。但防賊鉤竿。須用兩帶繫垛內。外用兩活柱撐。如欲下視。將兩柱斜撐兩垛邊旁。遠視高撐。近視低撐。

懸戶

懸戶。則以轉軸。作為小門一扇。厚一寸。外畫虎頭。兩眼穿透。如鵝卵大。可以遠窺。亦以活杜撐之。懸戶懸簾。撐不可太高。須防流矢。

懸簾式

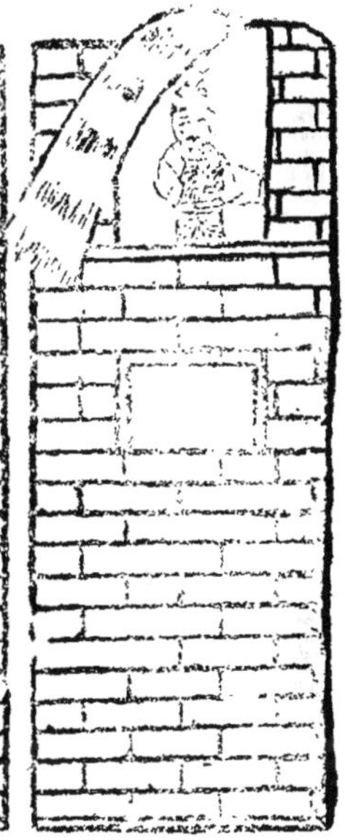

懸戶式

絮被

懸簾費重。不如以民間絮被代之。隨被大小長短。造成木框。被上密綴小帶爲耳。以兩竿揭出城外五六尺。用水浸透。被既虛懸復藉水濕。矢不能貫。火不能燃。守城百姓。有恃無恐。又保護女牆。一被遮二梁。以代懸簾。法簡功巨。

傍牌

又防鉛銃。須要旁牌遮蔽。一梁一牌更妙。力不能及。數梁一牌亦可。人家鍋蓋梁夫執之。亦能却矢。況牌乎。

木女牆

以板為之。高六尺。闊五尺。下施兩輪。軸施拐木二條。凡敵人攻城。摧壞女牆。則以此代之。

木女牆式

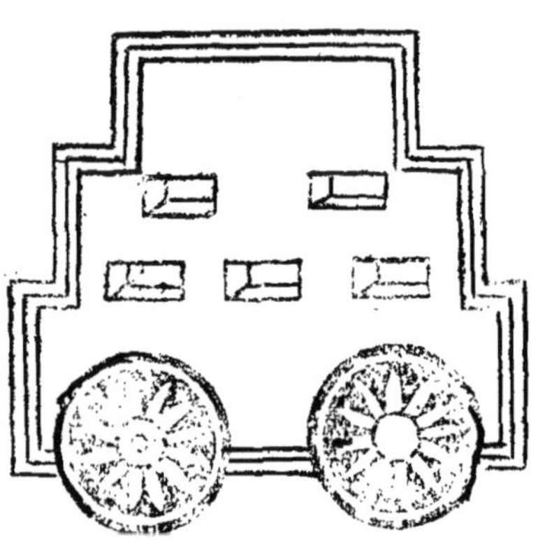

劉琦

宋劉琦守順昌。時守備一無可恃。琦於城上躬自督勵。取偽齊所造癡車。以輪轅埋城上。又撤民戶扉。周市蔽之。即代以女牆之意也。

連鎖大環

尹子奇圍睢陽。以鉤車鉤城上棚閣。鉤之所及。莫不崩陷。張巡以大木。寘連鎖大環。拔其鉤而截之。

酒民曰。其法未詳載此。以待巧思者意會。梁身甚薄。賊每攻城。先用大鉤鉤倒。使守城軍民。無所隱蔽。最爲誤事。連鎖大環之制。宜考也。

奈何木

奈何木繫石莿

奈何木

賊若攻城。不懼日攻。而懼夜襲。且或守城兵夫。偶而困倦不支。則寘奈何木。以防一時之懈。先諭各兵。每夜一鼓之後。各城樓喇叭一通。即將奈何木通城幀寘梁牆上。木上倒綴虎怕莿。每莿一束。用小指大草繩三尺長。以一頭繫莿束。一頭縛十餘斤重石塊。將石連繩。繫於木莿。垂牆頭之外邊，賊來襲攻。既不能攀援而上。又不能飛越而入。一經移動。磚石下墜。莿木隨落。賊自取傷。而守梁兵夫。且又警覺。卽拋打磚石。傷賊必多。因其無可奈何。故謂之曰奈何木也。其木宜取足近城木樹。

浮籬

奈何木下。梁口之外。益以浮籬。每扇約闊三四尺長六七尺不拘。環越接連。鴛設之法。或用小木或竹二根比籬闊三四尺。以一竿伸出梁外。一竿放入梁內。其外闊浮籬。籬上壓以磚石。天晴加實石灰數包於上。其內用繩縛墜石虛懸。用木釘釘於地下。鬆緩其繩。若賊加梯籬上。籬軟不能勝梯。磚石下擊。兩竿翻入牆內。守梁者且自驚覺。卽倦睡亦醒。若賊實梯籬下。而攀附上登。則頭觸浮籬。亂石墜矣。

兩竿架浮籬式

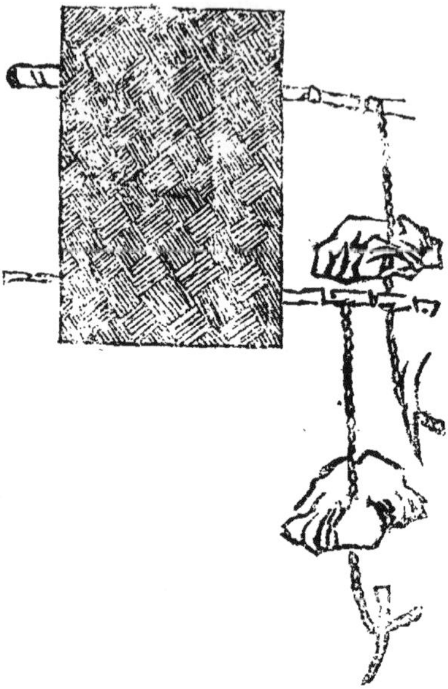

垂鐘版

長六尺。闊一尺。厚三寸。用生牛皮裹。開箭牕。施於戰栅。前後有伏兔拐子木。

簻籬笆

荆柳編成。長五尺。闊四尺。縵生牛皮。背施橫竿長七尺。戰栅上木馬倚之。女牆外狗脚木挂之。

皮竹笆

生牛皮條編江竹爲之。高八尺。闊六尺。施於白露屋兩邊。以木馬倚定。開箭窗。可以射外。

木馬子

一橫木下眞三足。高三尺。長六尺。

狗脚木

植二柱女牆內。相去五尺。凖牆爲高下。柱上施橫鉤挂。

洞子

用木製。長一丈。闊三尺。外直裏邪。外密裏稀。密處以大麻繩編如竹笆樣。城樓闕卽遮蔽之。

皮竹笆

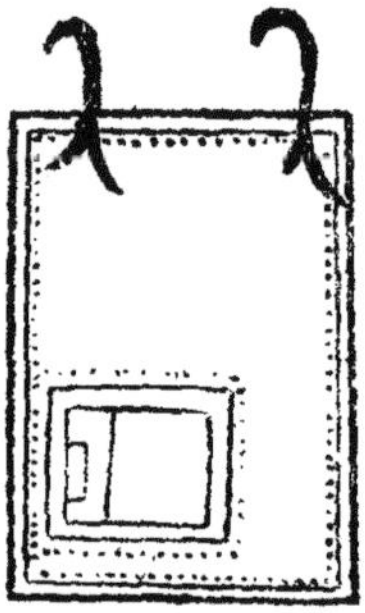

垂鐘板

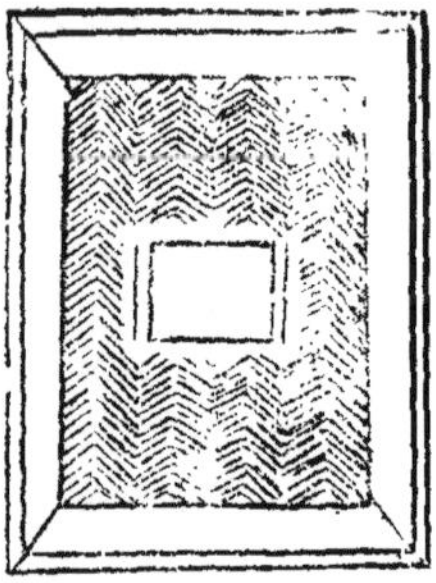

笓籬

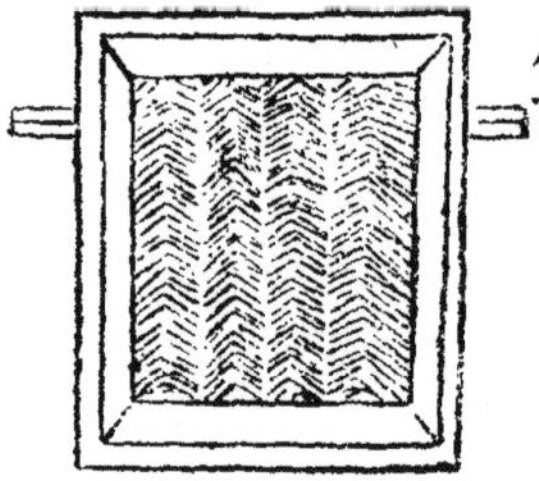

木馬子

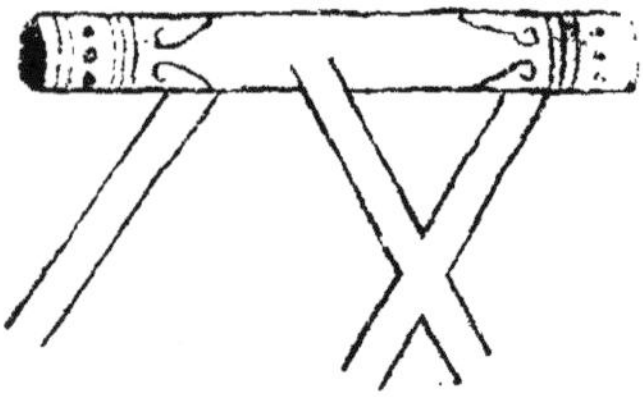

狗腳木

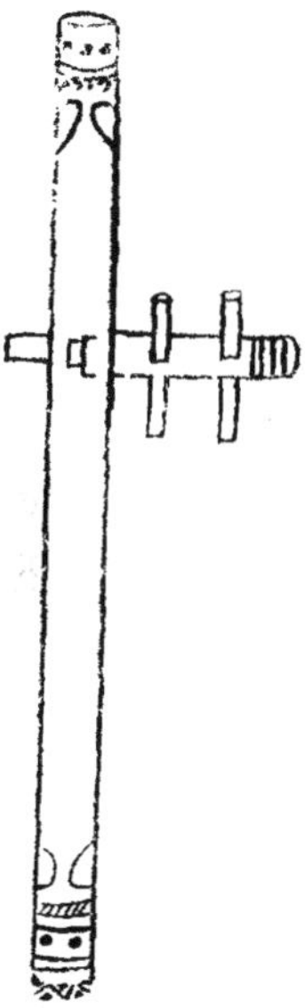

洞子

裏邪

外直

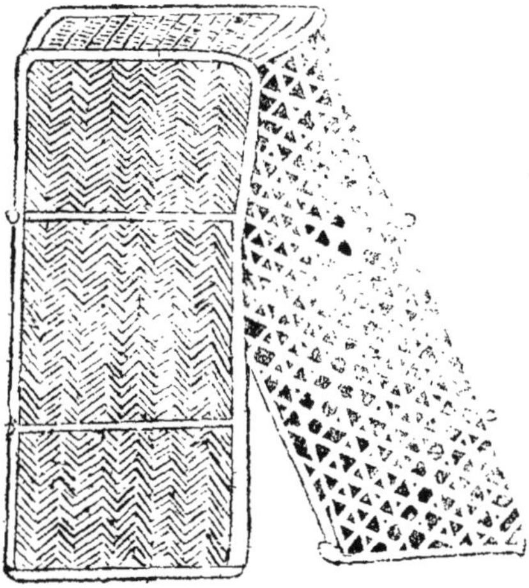

防奸細

嚴搜逐

從來賊欲攻城。必有內賊爲應。或一年半年。粧爲客人僧道。算卦。傭工。皮匠。裁縫。賣菜。販果。修脚。篦頭。在本城跴探道路。采訪虛實。窺伺貧富。交結守門牢件爲腹心。買囑在官人役爲耳目。甚者包攬皂快。營幹守門。一動一靜。無不皆知。一計一策。無不傳報。及圍城時。或舉火內應。或預支城鑰開門。或揚言賊已入城。惑亂衆心。有司須預先謹防。臨時搜逐。但有房主歇家。不行覺察。一概混留者。查實。奸細與房主歇家一同梟示。賊無內應。雖開門不敢徑入。此守城第一要務。

清保甲

凡欲防奸。須嚴保甲。預就每方之中。編定五家一牌。令其相爲覺察。不許容留面生可疑之人。容隱不舉。事發連坐。卽原係居民。若兵臨城下。如有蹤迹詭祕。舉動可疑者。亦許諸色人等稽察報官。若捉獲眞正奸細一名。登時賞銀十兩。以示獎勵。每家給一腰牌。開寫年齡籍貫。凡有牌出入。城門方准放行。

查流寓

流寓之家。有五年三年以上者與比屋一體編戶。若僦居一二年者。除可疑人定行驅逐外。餘查其眷屬多寡。親戚保結何人。生理何事。如無眷屬。及有眷屬而無親戚保結生理者。一概驅逐出境。

查僱工

染坊。麵坊。糟坊。磨坊。絲作。毡作。銅作。錫作。鐵作。木作。等店。類多各處僱工人。必取隣里保結。果係久僱。方准容留。如係新來。及無保結者。竟行驅逐。如店主容留。鳴官連坐。

查遠歸

奸細不盡屬遠人。土著者亦往往有之。卽貴家大族。甯保無不肖子弟。及亡奴悍僕。竄入賊中者。里人恐其挾怨中傷。卽明屬可疑。莫敢輕舉。然與其網疏而僨事。曷若過防爲萬全。凡在外遊食無商一旦來歸者。不論賢愚貴賤。該地方一一報官。另作一冊。責其族主隣佑。具不致疏虞甘結。庶便時爲覺察。仍明示過防之意。不必避嫌。待至事平。銷毀原冊。此在良民。原不患其稽核。而懷奸輩始不得逞矣。

查寺廟

奸人潛跡。多住寺院之中。尤宜防者。無名庵觀。見一客至。便視爲奇貨。安問從來。宜責成僧綱司。及本寺住持。先將各寺東西南北造冊四篇。某庵有牒僧幾衆。無牒行者幾衆。名山偶到客僧幾衆。此外流僧。一概驅逐。其行脚往來。惟准禪堂施飯。卽遣他往。不准留宿。別有沿街結黨。坐募齋供。說倀談因者。俗名懶僧。與盜無異。嚴示地方驅逐之。至於過客。一概不許寄寓。如容留異言異服之人。查出。卽以容留奸細論。僧綱司與住持。一體治罪。其道紀司亦單造一冊。法如前行之。

查客店

凡城外關廂。與在城不同。一店中有客數人。先令房主具結保開店之人。次令店主具結。保客人。尤須暗行物色。以防不虞。

立內柵

城中最慮潛伏。須於各街巷口。設實柵欄。每夜懸燈。撥夫執器械嚴守。晨昏啓閉。即官府夜行。亦須審察。以防奸細。

外加鎖

甕城內一層門向外者。晚用外鎖。撥謹慎有身家者十餘壯丁守之。以防城內奸細砍門而出。

防窮民

總論

賊之所至。甘心從逆者。皆窮民也。賊一入城。引賊焚搶富室者。皆窮民也。賊尚未來。額首祝天。而日望其來者。又皆窮民也。先事而誅之。則冤甚。且不可勝誅。臨事而防之。則無及。亦不可勝防。然則奈何。要知窮民之情。所以不顧而走險者。非有大志圖富貴也。不過因其生計盡絕。且圖救一刻之飢寒。賒一刻之死亡耳。所謂做一飽鬼。死亦瞑目之說也。但令安撫得宜衣食不乏。則皆我荷戈登陴相與戮力扞賊之赤子也。反側之罪。豈獨在民乎。故許洞云被圍者。當先安其內。而後及其外。即此意也。古人如漢虞詡。唐王式輩皆能識此機者。今載於左。

虞詡三科募士

東漢朝歌賊數千人攻殺長吏。屯聚連年。州郡不能禁。乃以虞詡爲朝歌長。及到官設三科以募壯士。掾吏以下。各舉所知。攻劫者爲上。傷人偷盜者次之。不事家業者爲下。收得百餘人。貰其罪。使入賊中。誘令劫掠。乃伏兵以待之。殺數百人。

酒民曰。攻劫者大盜也。偷盜者竊盜也。傷人者。卽今所謂天罡打行也。不事家業者。卽今所謂游手游食無籍光棍也。之數等者。法所必誅。詡能急取。用意深矣。

王式開倉賑貧

唐裘甫亂浙東。詔王式討之。式入越州。命諸縣開倉廩以賑貧乏。或曰。軍食方急。不可散也。式曰。非汝所知也。及平賊。械甫送京師斬之。賓酒大會。諸將請曰。某等生長軍中。久更行陳。今幸得從公破賊。然有所不喻者。敢問公之始至。軍食方急。而遽散之何也。式曰。此易知耳。賊聚穀以誘飢人。吾給之食。則民不爲盜矣。且諸縣無守兵。賊至。則倉穀實足資之爾。皆拜曰。非所及也。

防內應

敵人奸細爲內應

春秋。衞人將伐邢。禮至曰。不得其守。國不可得也。我請昆弟往仕焉。乃往得仕。及衞人伐邢。二人從國子巡城。掖以赴外殺之。遂滅邢。

唐維州據高山絕頂。三面臨江，在戎虜平川之中。是漢地入兵之路。初河隴盡沒。惟此獨存。吐蕃潛以婦人嫁此州門者。二十年後。兩男長成竊開壘門。引兵夜入，遂爲所陷。號曰無憂城。

唐李希烈反。朝廷以汝州與賊接境。刺史韋光裔懦弱。以李元平代之。既至。募工徒葺理郛郭。希烈乃使勇士應募。執役版築。凡數百人。元平不之覺。希烈遣將以數百騎突至其城。先應募執役者應於內。縛元平馳去。

本城反側爲內應

春秋。齊伐莒。莒子奔紀鄣。又從而伐之。初。莒有婦人。莒子殺其夫。已爲嫠婦。及老。託於紀鄣紡焉。以度而去之。及師至。則投諸外。或獻諸子占。子占使師夜縋而登。登者六十人。縋絕。師鼓譟。城上人亦譟。莒共公懼。啓西門而出。齊師入紀。

唐吳少誠遣兵掠臨潁。兵馬使安國甯。與節度使上官涗不叶。謀翻城應少誠。營田副使劉昌裔以計斬之。召其麾下。人給二縑。伏兵要巷。見持縑者悉斬之。無得脫者。

唐蠻軍抵成都城下。成都守將李自孝陰與蠻通。欲焚城東倉為內應。城中執而殺之。後數日。蠻果攻城。久之。城中無應而止。

酒民曰。惜乎城中人。技止此耳。若能因機設伏。誘令入城。從而殲旃。不更快乎。

防詐門

幽州挾詐

唐幽州叛。弓高守備甚嚴。有中使夜至。守將不內。旦乃得入。中使大詬怒。賊諜知之。他日。僞遣人為中使投夜至城下。守將遽納之。賊衆隨入。遂陷弓高。

乜先挾詐

英宗北狩。當是時。大同堡塢蕭條。城門晝閉。人心危疑。是年八月。虜奉上皇至城下索金幣。約賂至歸駕。郭閉門不內。遣人奏曰臣奉朝廷命守城。不敢擅啓閉。竟不出。劉安孫祥霍瑄出見。獻上皇金帛。及納賄往。虜笑不應。竟擁駕去。

防詭冒

詭冒敗卒

唐蠻進寇巂州。竇滂遣兗海將。帥五百人拒之。舉軍覆沒。蠻衣兗海之衣。詐爲敗卒。至江岸呼船已濟。衆乃覺之。遂陷犍爲。

詭冒援兵

後五代漢趙暉。圍王景崇於鳳翔。數挑戰。不出。暉潛遣千餘人環甲執矢。效蜀旗幟。循南山而下。令諸軍聲言。蜀兵至矣。景崇果遣數千出迎之。暉設伏掩擊殪之。

詭冒婦人

春秋。晉將嫁女於吳。齊侯使析歸父媵之。以藩載欒盈及其士納諸曲沃。(車有障者曰藩蓋詐爲婦女也)欒盈帥曲沃之甲。以晝入絳。

李密欲據桃林縣。縣官不從。乃託言奉旨入洛陽。暫送家眷入縣衙一寄。却以强兵戴婦女冪羅乘車而入。遂奪桃林。

防暴來

八日兵至新城

孟達據新城。司馬懿討之。達與孔明書曰。吾舉事八日。而兵至城下。何其神也。城陷。達伏誅。

竇泰奄至秀容

魏爾朱兆在秀容。高歡遣竇泰以精騎馳之。一日一夜行三百里。泰奄至兆庭。軍人驚走。兆自縊死。

李顯忠

有酋豪號青面夜叉者。久爲夏國患。乃令李顯忠圖之。請騎三千。晝夜疾馳。奄至其帳。擒之以歸。

王德

宋王德。從十六騎。徑入隆德府治。執僞守姚太師。左右驚擾。德手殺數十百人。衆愕眙。莫敢前。械姚獻於朝。欽宗問狀。姚曰臣就縛時。止見一夜叉爾。

防潛襲

韓執宥濟入華州

西魏王羆爲華州刺史。嘗修城。未畢。梯在城外時。高歡遣將韓軌。從河東宵濟。羆不知覺。比曉。軌衆已乘梯入城。羆尙臥未起。聞閤外洶洶有聲。便袒身露髻徒跣。持一白挺。大呼而出。敵見之驚退。逐至東門。左右稍集。合戰破之。軌衆遂遁。

李師道潛內兵以圖東都

唐李師道置留後院於東都。潛納兵數百人。謀焚宮闕。縱兵殺掠。其小卒詣留守呂元膺告變。元膺發兵圍之。賊衆突出。望山而遁。

東都西南皆

都城震駭

高山深林

防離叛

韜英子曰。守者降敵。敵若撫　用之。則未降者皆二心矣。必施反間之計。使吾間傳於敵間。則敵必殺降者。殺一降者。則衆心固而不敢降矣。

田單計劓齊卒

齊田單守卽墨。宣言曰。吾惟懼燕軍劓所得齊卒。寘之前行。與我戰。卽墨殘矣。燕人聞之。如

其言。城中人見齊諸降者盡剿。皆怨堅守。惟恐見得

劉鄩計殺彥溫

梁葛從周急攻兗州。人心頗散。副使王彥溫踰城而奔。守陴者多逸。劉鄩乃遣人陽語彥溫曰。副使勿多將人出。非吾素遣者。皆勿以行。又下令城中曰。吾遣從副使者得出。不者皆族。城中皆惑。奔者乃止。已而梁兵聞之。果疑彥溫非實降者。斬之城下。由是城守益堅。

防風雨晦冥

李愬乘雪擒元濟

唐李愬謀襲蔡州。夜起師。會大雨雪。天晦。凜風偃旗。馬皆縮慄。士抱戈凍死者衆。始發。吏請所向。愬曰。入蔡州。取吳元濟。士盡失色。夜半。至懸瓠城。雪甚。蔡人不爲備。四鼓。愬至城下。無一人知者。李佑等砍墉先登。衆從之。殺門者。闢關。留持柝。傳夜自如。黎明雪止。愬入駐元濟外宅。元濟始驚。率左右登牙城。田進誠進兵薄之。火南門。元濟請罪梯而下。檻送京師。

李全乘冰襲泗州

宋李全謀襲金泗州。時大雨雪。淮冰合。全曰。每恨泗州阻水。今如平地矣。以長槍三千人。從夜半渡淮。潛向泗之東城。將踏壕冰傅城下。掩金人不備。俄城上荻炬數百齊舉。遙謂全曰賊李三汝欲偷城耶。天黑。故以火燭之。全知有備。乃引兵還。

酒民曰。無備而有患者如此。有備而無患者如此。爲將者不可不知也。

防佳時令節

高歡元旦破秀容

魏爾朱兆既至秀容。分守險隘。出入寇抄。高歡揚聲討之。師出復止者數四。兆意怠。歡揣其歲首當宴會。遣竇泰以精騎馳之。一日一夜行三百里。歡以大軍繼之。泰奄至兆庭。軍人因宴休惰。忽見泰軍驚走。衆並降散。兆自縊死。

狄青上元奪崑崙

宋廣源川蠻儂智高反。還守邕州。狄青懼崑崙關險阨爲所據。乃按兵不動。下令賓州。具五日糧。休士卒。値上元節。令大張燈燭。首夜宴將佐。次夜宴從軍官。三夜宴軍校。首夜樂飲徹曉。次夜二鼓時。青忽稱病。暫起如廁。久之。使人諭孫沔。令暫主席行酒。少服藥乃出。數使勸勞坐客。至曉。客未敢退。忽有馳報者云。夜時三鼓元帥已奪峴崙矣。是夜大風雨。青率兵度峴崙關。既度。喜曰。賊不知此。無能為也。

成祖中秋破雄縣

靖難兵起。楊松帥驍勇者九千人。進據雄縣。燕王渡白溝河。謂諸將曰。今夕中秋。彼必不備。飲酒為樂。此可破也。亟行。夜半至雄縣。黎明。破其城而入。松與麾下九千人皆戰死。

防敵退而實進

滿寵料孫權

吳孫權揚聲欲向合肥。魏滿寵表召兗豫諸軍皆集。權尋退。詔罷兵。寵以為今賊大舉而還。非本意。此必欲偽退以罷吾兵。而倒還乘虛。掩不備也。表不罷兵。後十餘日。權果再到合肥城上。不克而還。

徐溫破虔州

吳遣劉信將兵攻虔州。譚全播拒守。其城險固。久之不下。乃還。徐溫復以兵三千。授信子英彥。使朱景瑜與之俱。曰。全播守卒皆農夫。妻子在外。重圍既解。相賀而去。全播所守者空城爾。大兵再往。必然克之。信引兵還擊虔州。全播奔雩都。追執之。

防敵去而復來

呂好問請備金

宋金師北去。京師解嚴。御史中丞呂好問進言曰。金人得志。益輕中國。秋冬必傾國復來。禦敵之計。當速講求。不聽。

种師道請備金

金師北去。种師道請合關河卒。屯滄衞孟滑。備金兵再至。朝廷以大敵甫退。不宜勞師示弱。二帝果有北轅之禍。

防敵攻東擊西

周亞夫備西北

漢周亞夫拒吳。吳奔壁東南陬。亞夫使備西北。已而精兵果奔西北。不得入。

郭淮備陽遂

魏郭淮屯北原以拒亮。後數日。亮盛兵西行。淮以爲此見形於西。欲使官兵重應之。必攻陽遂爾。其夜果攻陽遂。有備不得上。

李光弼嚴警邏

唐史思明圍太原。月餘不下。乃選驍銳爲遊兵。戒之曰。我攻其北。則汝潛趨其南。有隙則乘之。李光弼軍令嚴整。雖寇所不至。警邏不少懈。賊不得入。

韓遊環備東北

朱泚圍奉天。盛兵鼓譟攻南城。韓遊環曰。此欲分吾力也。乃引兵嚴備東北。

畢再遇

畢再遇進兵薄泗州。泗有東西城。再遇令陳戈旗舟楫於石匯下。如欲攻西城者。乃自以麾下兵從陡山。徑趨東城南角。先登。殺敵數百。金人大潰。守城者開門遁。

防賊求和挾詐

侯景僞和

臺城被圍既久。侯景衆亦飢。抄掠無所獲。東城有米。可支一年。援軍斷其路。景甚患之。王偉請僞求和。以緩其勢。運米入石頭。然後休士息馬。繕修器械。伺其懈怠擊之。景拜表求和。梁主許之。勅止援兵。景旣運東府米入石頭。復進攻城。晝夜不息。臺城遂陷。

防隙地

兗州水竇

唐昭宗幸鳳翔。朱溫率師迎於岐下。王師範欲乘虛據兗州。劉鄩先遣人詐爲鬻油者入城。伺其虛實。及兵所從入。視羅城下一水竇。可引衆而入。遂誌之。鄩乃告師範。請步兵五百。自水竇銜枚而入。一夕而定。

下邳深塹

岳飛以兵十萬。圍邳州甚急。城中兵纔千餘。守將懼。遣人求救。昂曰。爲我語守將。我嘗至邳。城中西隅有塹深丈餘。可速實之。守將如其教塡之。飛果自此穴地以入。知有備遂止。昂兵以爲聲援。飛乃退。

防火變

賊人內應。多以舉火爲號。城中人防變。又必多積柴薪。一旦火起。居民倉皇猥突。奸徒因得乘機竊發。今預立救火夫四十名。各家貯一水缸。各坊備長火鉤十把。舊絮被或絮袋十條。大小水桶五付。轆轤十付。澆桶十付。長梯五付。長槍五把。以防一時火變。則持鉤者十人。將起火屋。井下風屋鉤倒。以水濕絮袋撲之。司汲十人。汲水入桶。担水五人。登梯十人。運澆。持長槍五人。巡守要路。以防乘機搶擄者。城中居民。止許本坊赴救。他坊百姓。不許奔看混救。即係守城粱夫。巡官守領之家。亦不許下城救應。奸人見我鎮靜如此。無能爲變矣。若本坊保甲救護不力。致有延燒。及不係本坊居民。乘機搶火者。查出以軍法重治。

又

凡委積及樓棚門扇門棧。但火攻可及之處。悉皆氈覆泥塗。准備水具。

防火藥

磚庫

李之藻奏略云。守城最吃緊者。提煉精細之火藥。舊皆貯於盔中廠一處。（指京師言）不惟地遠難於取用。抑且聚積或有可虞。不如每門各造磚庫一所。中設地窖。外築墻垣。每庫細藥粗藥各萬斤。方保無虞。

藥用罈盛。上加泥護。禁斷燈火。預備水具。各派專役。嚴司典守。稍有不謹。定從軍法。凡一應面生可疑之人。但至火庫。卽係奸細。登時拿送究治。

防草場

城堡中堆聚草場。必須撥人防護。萬分謹愼。賊至之日。有面生可疑之人。但至草場。卽係奸細。拿送究治。

防獄

獄囚自分必死。每幸賊來。再圖生計。所以怠緩失守者多致內爲外應。防之不可不密也。輕係者宜放卽放。重辟者宜除卽除。仍宜嚴諭獄官。不得剋減獄食。不得受賄縱死囚自便。不得私放親識出入。晝則查點。夜則巡邏。仍時委心腹。伺察非常。亦預防之一端也。

流賊攻廬州

明潰賊屢攻廬州。志在必取。太守吳君。專以緝內應爲主。自帥家丁。沿門搜索。果獲奸民爲賊應者。當時斬首擲城外。賊以謀泄，遂退。一日復來攻。吳君竊計民間奸細已盡。近見送獄食者。視平時有加。事屬可疑。隨案各犯。果得重辟某者。原係衙蠹。潛通外寇爲內應。於是梟首示賊。賊謀嘗解去，自此絕意廬州。

防庫

庫者。聚財之所。有警之日。垂涎者多。宜統重兵彈壓。默消奸謀。

防七乘

賊之攻城也。有七乘。乘我之倦。如日夜勞苦。神疲力竭之類。乘我之怡。如日久心安。官不戒訓。民不恐懼之類。乘我之忽。如風雨雪夜。地遠人稀。思想不到之類。乘我之無備。如兵刃不利。矢石不足。火砲缺乏之類。乘我之疎。如城有單薄。地有平陂。外有攻沖之資。內有不備不具之類。乘我之緩。如往日遲心怠意。一時招架不及。手忙脚亂之類。此七乘者。城之安危所係。不可不慎也。

謀防第十

拒禦第十一

拒土山
拒塡壕
拒衝車
拒矢石
拒火
拒水
拒板城
拒鉤竿
拒磴道
拒雲梯
拒地道
拒砲
拒煙
拒蟻附攻城
拒擂木
拒馬

振纍第十一

拒禦

攻常不足。守常有餘。所以墨子能困公輸。彼皆不識。一鼓下之。或從天降。或從地出。或從近沖。或從遠擊。審思四法。相師相尅。輯拒禦。

拒土山

明制其上

侯景於城東西起土山。驅迫士民。不限貴賤。亂加毆捶。疲羸者因殺以塡山。號哭動地。民不敢竄匿。並出從之。旬日間。衆至萬數。城中亦築土山以應之。太子宣城王以下。皆親負土。執畚鍤。於山上起芙蓉層樓。高四丈。募敢死士二千人。厚衣袍鎧。謂之僧騰客。分配二山。晝夜交戰不息。賊不能進。

高歡傾山東之衆西入。先攻玉壁。於城南起土山。欲乘之以入。城上先有兩樓。直對土山。韋孝寬更縛木按之。令常高於土山以禦之。

陰制其下

侯景又起土山以臨城。城中震駭。羊侃命爲地道。潛引其土山不能立。

史思明寇太原。爲土山以攻城。李光弼爲地道以迎之。近城輒陷。

拒磴道

松明乾蒿

尹子奇圍睢陽。以土囊積柴爲磴道。欲登城。張巡不與爭利。每夜潛以松明乾蒿投之于中。積十餘日，賊不之覺。因出軍大戰。使人順風持火焚之。賊不能救。巡之所爲。皆應機立辦。賊服其智。不敢復攻。

拒塡濠

鐵珠子

前五代宋臺軍圍壽陽。劉勔用草包包土。擲以塞塹。擲者如雲。城內乃以火箭射之。草未及燃。後土續至。一二日。塹便欲滿。趙法進獻計。以鐵珠子灌之。珠子流滑。悉緣流隙得入草。於是火燃。二日間草盡。塹中土不過二三寸。

水燈

金粘沒渴攻太原。諸縣皆破。獨城中以張孝純王稟固守不下。其塡濠之法。先用洞子。下置車轉輪。上安居木。狀如屋形。以牛牛皮縵上。又以鐵葉裹之。人在其內。推而行之。節次相續。凡五十餘輛。人運土木柴薪於中。先用大枚薪。次以荐覆。然後寘土在上增覆如初。王稟先穿壁爲竅。寘火轄在內。伺其薪多。卽便放燈於水中。其燈下水尋木。能燃溼薪。火既漸盛。令人鼓鞴。其焰亘天。終不能塡。

濠橋

長短以濠橋爲準。下施兩巨輪。首貫兩小輪。推進入濠。輪陷則橋平可渡。若濠闊則用摺疊橋。其制以兩濠橋相接。中施轉軸。用法亦如之。知此法。則知所以禦之矣。

濠橋

摺疊橋

拒雲梯 附鵝車

火箭

蜀諸葛亮圍陳倉。起雲梯以臨城。郝昭以火箭逆射其梯。梯上人皆燒死。

三穴

唐張巡守睢陽。賊爲雲梯。勢如半虹。寘精卒二百於其上。推之臨城。欲令騰入。巡預於城潛鑿三穴。候梯將至。一穴中出大木。末寘大鉤。鉤之使不得退。一穴中出大木。拄之使不得進。一穴中出大木。木末寘鐵籠盛火焚之。其梯中折。梯上卒盡燒死。

地道燃火

朱泚攻奉天　使僧法堅造雲梯。高廣各數丈，裹以兕革。下施巨輪。上容壯士五百人。城中望之兇懼。上以問羣臣，渾瑊侯仲莊對曰。堅嫺雲梯，勢甚重。重則易陷。臣請迎其所來。鑿地道。積薪蓄火以待之。神武軍使韓澄曰。雲梯小伎。不足上勞聖慮，臣請禦之。乃度梯之所在，約距城東北隅三十步。多儲膏油松脂薪葦於其上。泚推雲梯。上施溼氈懸水囊。載壯士攻城。翼以轒轀。寘人其下。抱薪負土。塡塹而前。矢石火炬。所不能傷。賊併兵攻城東北隅。矢石如雨。城中死傷者。不可勝數。賊已有登城者。上與渾瑊對泣。羣臣惟仰首祝天。上以空名告身。自御史大夫實食五百戶以下千餘通授瑊。使募敢死士禦之。仍賜御筆。使視其功之大小。書名給之。告身不足。則書其身。且曰今便與卿別。瑊俯伏流涕。上撫其背遣之。前一日。瑊揣雲梯來路。先鑿地道。下深丈餘。上積馬糞。深五六尺。次二日。卽令燃火。次一日。復下柴薪夜燒之。是時北風正急。賊乃隨風推梯。以薄城下。賊三千餘人。相繼而登。時城上士卒凍餒，又乏甲冑。瑊撫諭。激以忠義。皆鼓譟力戰。瑊中流矢。進戰不輟。初不言痛。會雲梯輾地道。一輪偏陷。不能前卻。火從地中出。風勢亦回。城上人投葦炬。散松脂。沃以膏油。讙呼震地。須臾。雲梯及梯上人皆爲灰燼。臭聞數里。賊乃引退。

擂竿

吳玠守殺金卒。金人以雲梯攻壘壁。楊政以擂竿碎之。

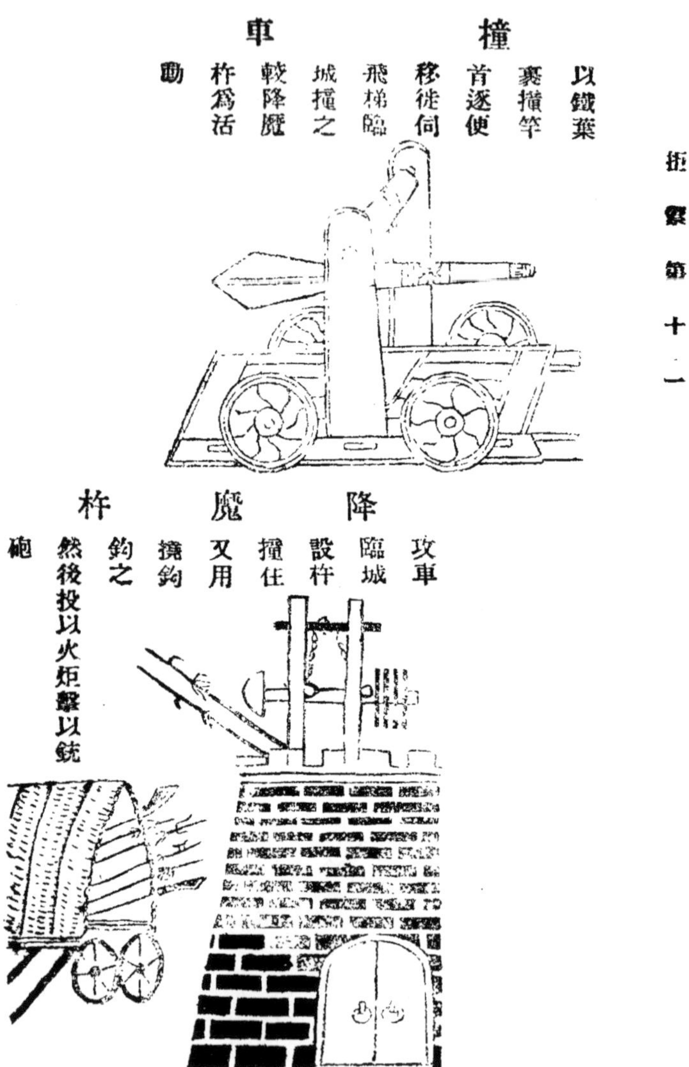

撞車

以鐵葉裹撞竿首逐便移徙伺飛梯臨城撞之輚降魔杵爲活動

降魔杵

攻車臨城設杵撞任叉用撓鉤鉤之然後投以火炬礮以銃砲

吊搗

狀類桔槹用大杉木二條一橫一豎繫以大索前用鐵索貫石或鐵錨兒出城二三丈後用大繩丈餘數人扛拒攻車

拒篙

長堅木爲之可禦雲梯

叉竿

長二丈兩歧用叉以叉飛梯及登城者

跳樓

命粘沒喝攻太原。其鵝車如鵝形。下用車輪。冠以皮鐵。使數十百人推行。欲上城樓。王稟於城中。亦設跳樓。亦如鵝形。使人在內迎敵。鵝車至。令人在下以搭鉤及繩曳之。其車前倒。又不能前。

酒民曰。此外復有行天橋。摺疊橋。翻卒踏雲搭天呂公巢車等車。總之欲自上而攻我者。背雲梯類也。凡讀書用兵。最忌頭緒錯亂。但識得把柄。自可一例制之矣。姑附圖說數則於後。以備觀覽。

雲梯

大木爲床。下施六輪。上立二梯。各長二丈餘。中施轉軸。車四面障以生牛皮。推進及城。則起飛梯於雲梯上。以窺城中。

飛梯

長二三丈。首貫雙輪。欲蟻附。則以輪著城推進。

竹飛梯

用獨竿大竹。兩旁施脚澁以登。

躡頭飛

如飛梯制爲兩層。上層用獨竿竹。中施轉軸。以起梯竿。首貫雙輪。取其附城易起。

行天橋

此翻梯踏雲車未至城者

此翻梯踏雲車已至城者

此呂公車攻城之具

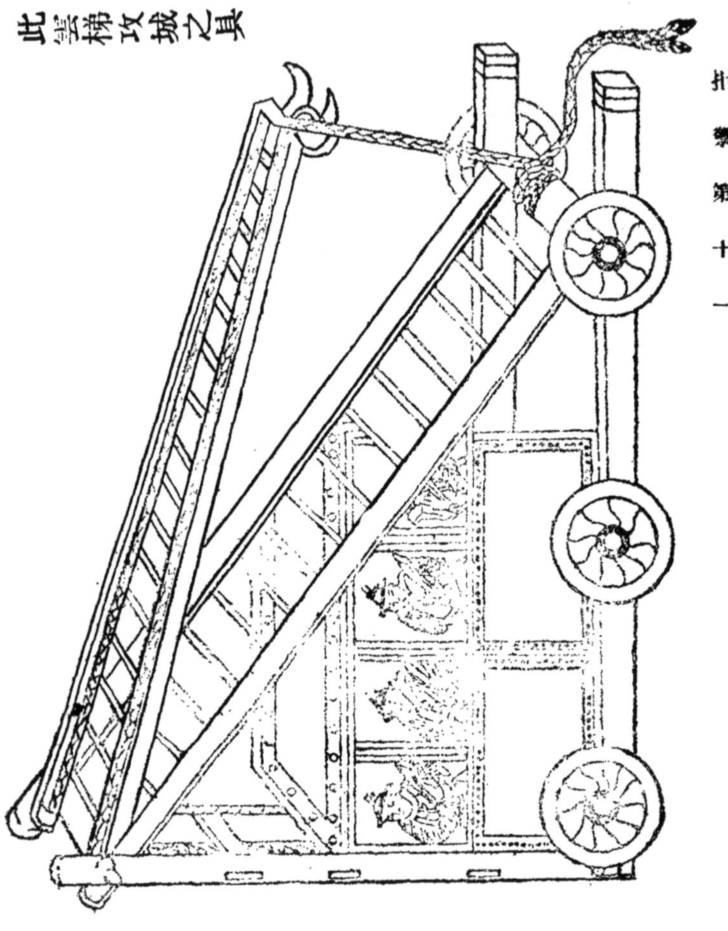

拒禦第十一

飛

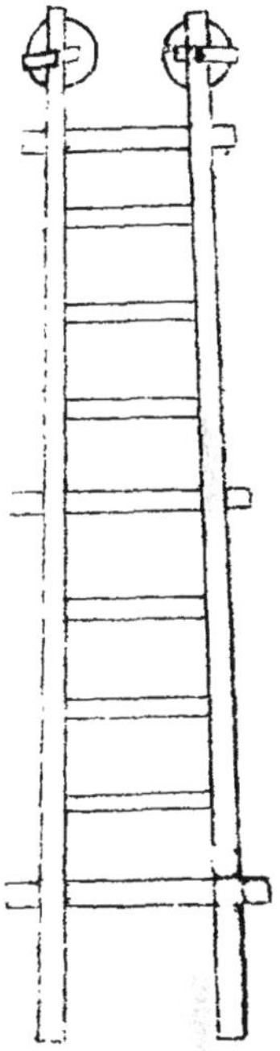

拒衝車

燕尾炬

侯景作木驢數百攻城。城上投石碎之。景更作尖頭木驢。石不能破。羊侃使作燕尾炬。灌以膏臘。叢擲焚之。俄盡。

尖頭木驢式

形如轒轀車惟增二輪上橫大木爲脊長一丈五尺上銳下方高八尺以生牛革裹之內蔽十人推逼城下以攻城作地道

燕尾炬

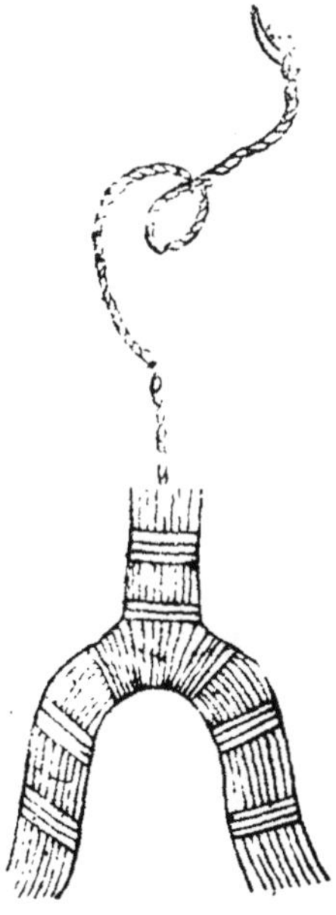

束葦草。下分兩岐。如燕之尾。以脂油灌之。火發。自城上縋下。騎其木驢背屋燒之。

攻車

韋孝寬守玉壁。城外又造攻車。車之所及。莫不摧毀。雖有排楯。莫之能抗。孝寬令縫布為幔。隨其所向。則張設之。布懸空中。車不能壞。

布幔

以布複為幕。度矢石來處。以弱竿張掛。去城七八尺。居女牆之外。以折石勢。一說結粗繩為網。如布幔張掛。亦可護女牆樓櫓。

布幔式

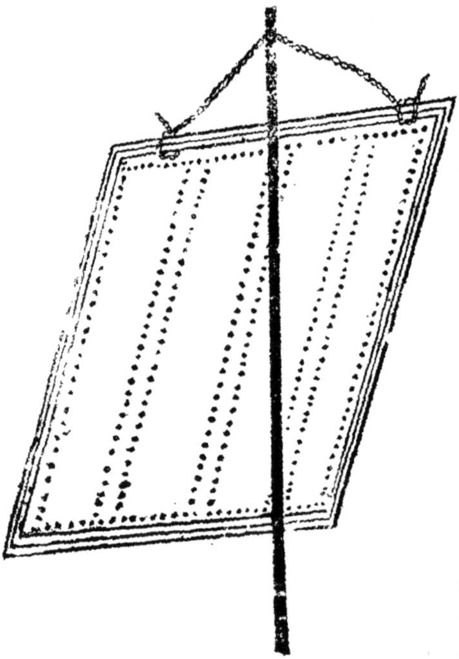

絞車

合大木為床。前二叉手。上為絞車。下施四輪。可挽二千斤。凡飛梯木幔逼城。遂拋鉤索。挽令近前。即以長竿舉大索。鉤及而絞之入城。如絞木驢。待其逼城。且擲木石。使驚懼不敢出。則使二壯士坐皮屋中。縋至驢上。引絞車鉤索。掛搭木驢。復曳上。挽取入城。

絞車式

牛截船攻城之具

此厚竹圈篷攻城之具

此木牛車攻城之具

以堅木厚板爲平屋裹以生牛革下施四輪自內推進以蔽人

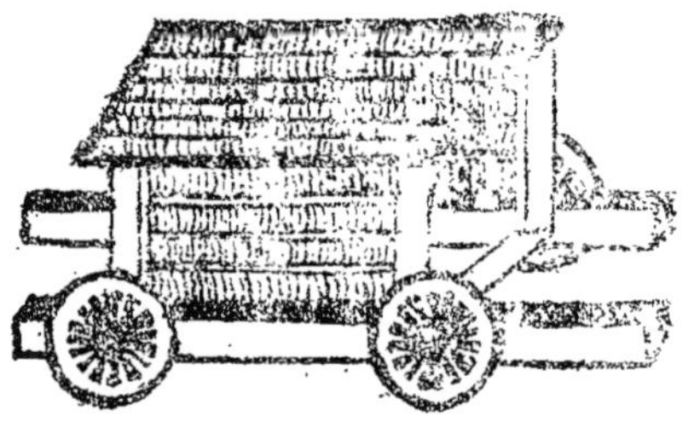

此車攻城之具

下虛上蓋如斧刃其中勿拖梡板可容人着地推車載以四輪其蓋以獨繩爲脊生牛皮蒙之直抵城下

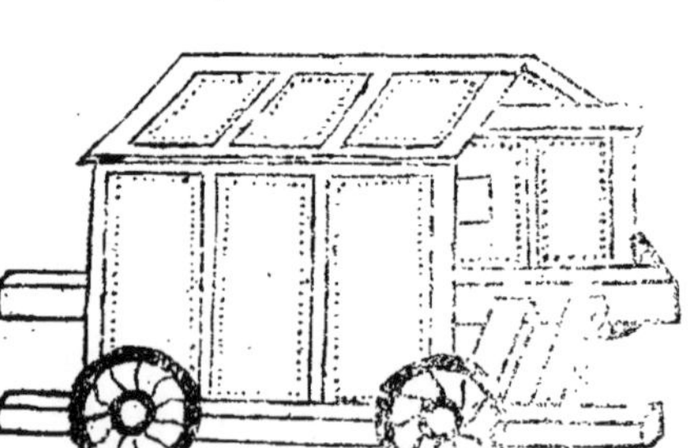

鐵汁

唐楊慶復守成都。蠻寇取民籬重沓。溼而屈之以爲篷。寘人其下。舉以抵城而劚之。矢石不聽入。火不能燃。慶復鎔鐵汁以灌之。攻者死。乃退。

此外有洞屋旱船鉤撞車等器。名色甚多。附數圖於上。總之欲從中而穎城者。皆冲車類也。惟欲自下攻城者。止有地道一法。

諸器攻城。極爲利害。一不能制。城立頹矣。敵臺突門之制。絕妙千古。

鐵汁神車

攻城之具。莫如雲梯。尙可以虎蹲砲單稍砲擊而碎之。至於洞屋木驢。上用鐵葉生牛革幔成。遮蔽身體。上禦矢石。下伏賊兵。推至城下。鑿城穴地。滾木擂石。俱不能傷。法用堅木造車。下設四輪。以便推轉。載以台爐。鎔以鐵汁。夾鐵爲篩汁之槽。槽用夾層。其中貯水。以防鐵汁漫漏。槽上又加竹槽一層。竹槽內塗漿泥。曬至乾極。銅鐵常灸火上。令熱易化。如賊用洞屋木驢。隨推神車。以鐵汁注於城下。萬道火星。四散迸擊。雖厚木層革。遇之立穿。眞無敵利器也。

鐵汁神車式

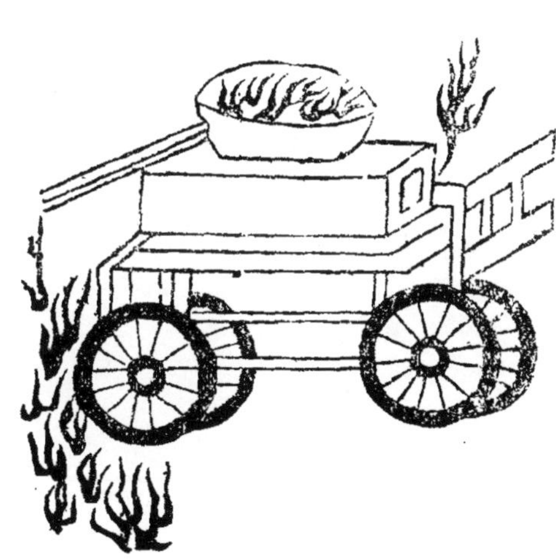

拒地道

穿地橫截

漢諸葛亮攻陳倉。爲地穴。欲踊出於城裏。郝昭於城內穿地橫截之。

掘長塹

東魏高歡攻玉壁。於城南鑿地道。韋孝寬掘長塹邀其地道。簡戰士屯塹。入者輒擒殺之。又於塹外積柴貯火。敵人有在地道者。更下柴火。以皮排吹之。火氣一沖。咸卽灼爛。

深坑

金人攻棗陽。孟宗政掘深坑防地道。

郝廷玉由地道入城

安太清據懷州。李光弼令郝廷玉由地道入。得其軍號。登陴大呼。王師乘城。遂取懷州。擒安太淸送京師。

劉仁恭穴地入城

唐盧龍兵攻易州。劉仁恭穴地入城。遂克之。

甕聽

用大甕繞城多置坑。令人持入坑內。擇耳聰人坐甕中。聽之極遠 以防鑿地道。急用火器。或毒菸熏之

甕聽

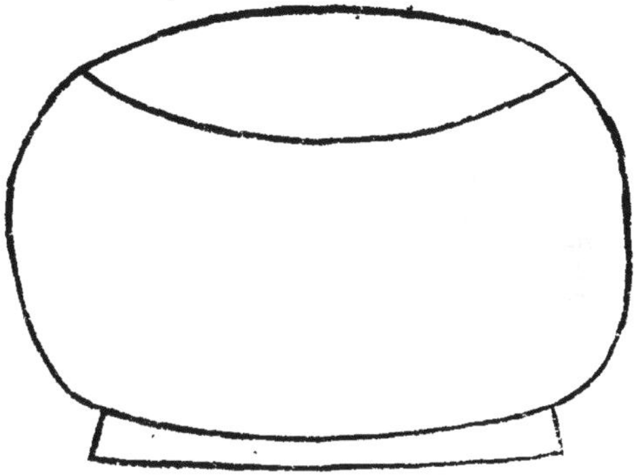

完顏昂實塹

宋岳飛以兵十萬圍邳州甚急。城中兵纔千餘。守將懼。遣人求救。金完顏昂曰。爲我語守將。我嘗至下邳。城中西南隅有塹深丈餘。可速實之。守將如其教塡之。飛果自此穴地以入。知有備。遂退。

風扇車

二柱二桄。高闊約地道能容。上施轉軸。軸四面施方扇。凡地道中遇敵人。用扇颺石灰。篏火球煙以禦之。

風車

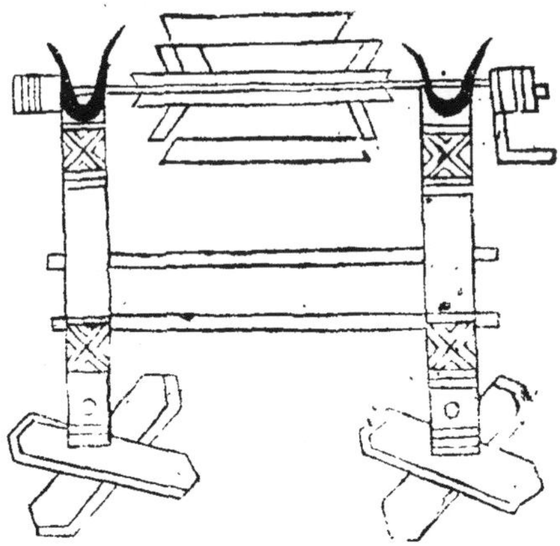

拒禦第十一

拒矢石

木幔

薄扳爲櫃如屏。裹以生牛皮。施桔槔。載以四輪。以繩挽之。凡有攻城蟻附者。則以幔禦矢石

皮簾

以牛皮爲之。闊一丈。長八尺。橫綴皮耳七個。凡城上有闕。則張掛之。皮不繃緊。蓋柔能制剛也。

竹立牌

木幔

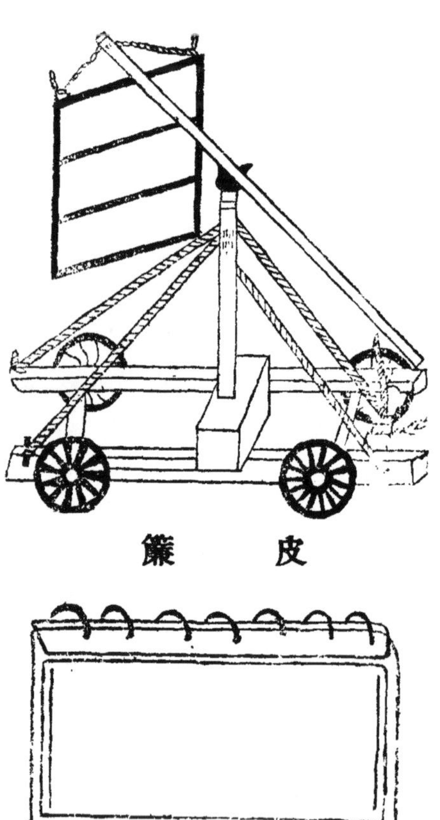

取厚竹條。闊五分。長五尺。用生牛皮條編成。上銳下方。一法。用全生牛皮穿空。以厚竹編之。尤堅。如無竹。以木爲之。高五尺。闊三尺。背施橫楅。連關拐子。長三尺。謂之竹立牌。

竹立牌

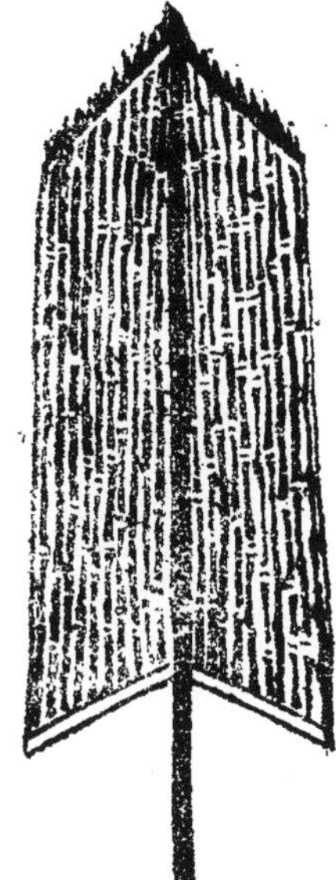

拒炮

虛棚糠布袋

金人每攻城。先列克敵砲三座。凡舉一砲。聽鼓聲齊發。砲石入城者。大於斗。樓櫓中砲。無不壞者。王[illegible]先設虛棚。下又實糠布袋。在樓櫓上。雖爲所壞。即時復成。

攢竹砲

蒙古兵併力進攻。金龍德宮造砲石。取艮嶽太湖靈璧假山爲之。大小各有輕重。其圓如燈毬之狀。蒙古兵用砲則不然。破大磑。或碌碡爲之。攢竹砲。有至十三稍者。餘砲稱是。每城一角。砲百餘枚更迭上下。晝夜不息。數日。石幾與裏城平。而城上樓櫓。皆故宮及芳華玉溪所析大木爲之。合抱之木。隨擊而碎。以馬糞麥秸布其上。網索氈褥固護之。其懸風板之外。皆以牛皮爲障。蒙古兵以火砲擊之。隨即延爇。不可撲救。

襄陽砲

亦思馬因。西域人。善造砲。從攻襄陽，未下。亦思馬因相地勢。寘砲於城東南隅。重一百五十斤。機發。聲震天地。所擊無不摧陷。入地七尺。宋呂文煥遂以城降。元人渡江。宋兵陳于南岸。擁舟師迎戰。元人於北岸陳砲以擊之。舟悉沉沒。後每戰用之。皆有功。

或問如此神器。何以禦之。曰。若明以虛制實。以柔制剛。以屰制壓之法。（如尖頭木驢式）庶幾可矣。

拒火（詳具設防部）

城內凡高埠門樓。火攻可及之處。皆宜預備人夫。幷救火器械。隨時撲滅。免致驚擾居民。以致失事。

拒煙

賊縱放毒煙。則列甕缶之類。以醋漿水。各實五分。人覆其面於上。則毒煙不能犯鼻目。

拒水

決堤

我城若居卑下之地。敵人擁水灌城。速築牆壁。塞諸門。及低陷之處。城中速造船一二十隻。募解舟楫者。載以弓弩鍬钁。每舟三十人。自開暗穴。啣枚而出。決其堤堰。

晉陽

智伯求蔡皋狼之地於趙襄子。襄子弗與。智伯怒。帥韓魏之甲以攻之。乃走晉陽。三家圍而灌之。城不浸者三版。沉灶產蛙。民無叛意。智伯行水。魏桓子御。魏康子驂乘。智伯曰。吾乃今知水可以亡人國也。桓子肘康子。康子履桓手之跗。以汾水可灌安邑。絳水可以灌平陽也。趙襄子張孟談潛出見二子曰。臣聞脣亡則齒寒。趙亡。則韓魏為之次矣。二子乃陰與約。為之日期而遣之。襄子夜使人殺守堤之吏。而決水灌智伯軍。智伯軍亂。韓魏翼而擊之。襄子將卒犯其前。大敗其衆。遂殺智伯。

合淝

梁韋叡進討合淝。案行山川。曰。吾聞汾水可以灌平陽。即此是也。乃堰淝水。堰成水通。而魏援兵大至。初戰不利。諸將議通巢湖又請走保三父。叡怒曰。將軍死綏。有前無却。妄動者斬因令取繖扇麾幢。立之堤下。示無動意。叡素羸。累戰未嘗騎馬。以板輿自載。督勵衆軍。魏兵鑿堤。叡親與爭。魏却。因築壘於堤以自固。起門艦。高與合淝城等。四面臨之。城竟潰。

酒民曰。晉陽獲全。襄子能決堤之效也。合淝竟潰。魏人不能決堤之驗也。

拒蟻附攻城

夜叉擂

一名留客住。用溼榆木長一丈許。徑一尺。周回施逆鬚。出木五寸。兩端安輪脚。輪徑二尺。以鐵索絞車。放下。復收。擊攻城蟻附者。

狼牌拍

合榆木爲箕。長五尺。闊四尺五寸。厚三寸。以狼牙鐵釘二千二百個。皆長五寸。重六兩。布釘於拍上。出木三寸。四面施一刃刀。刀入木寸半。前後各施二鐵環。貫以麻繩。鉤於城上。敵人蟻附。登城則使人掣起。下而拍之。

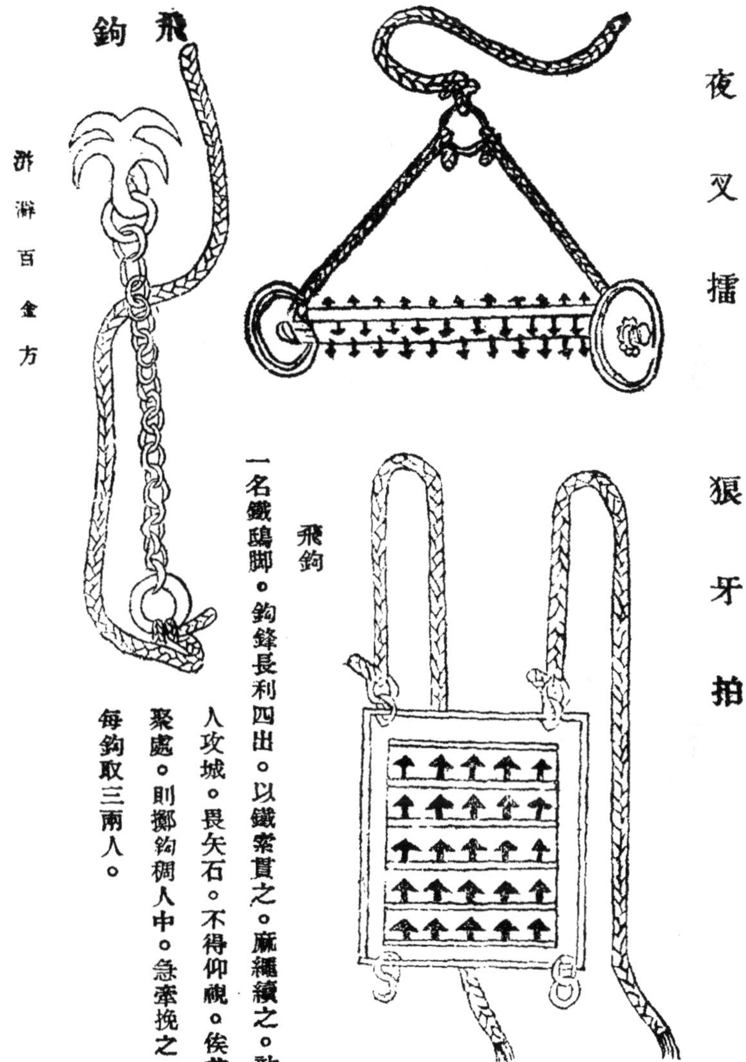

飛鉤

一名鐵鴟脚。鉤鋒長利四出。以鐵索貫之。麻繩續之。敵人攻城。畏矢石。不得仰視。俟其聚處。則擲鉤稠人中。急牽挽之。每鉤取三兩人。

車脚擂
以繩繫獨輪以絞車放下復收

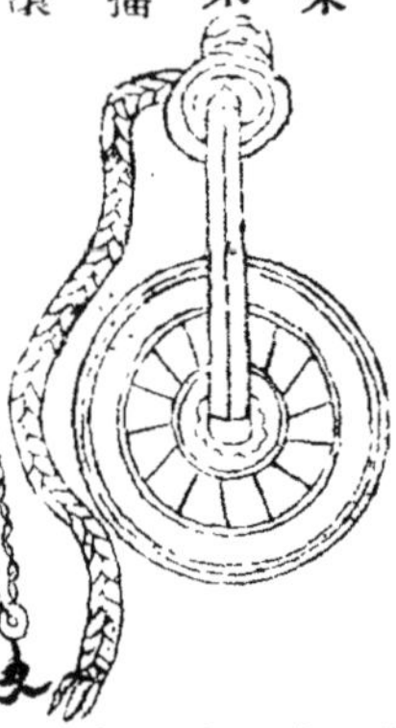

車脚擂

擂石架
賊攻城衆多必作擂石架置滾石於上以繩作活法傾擊之

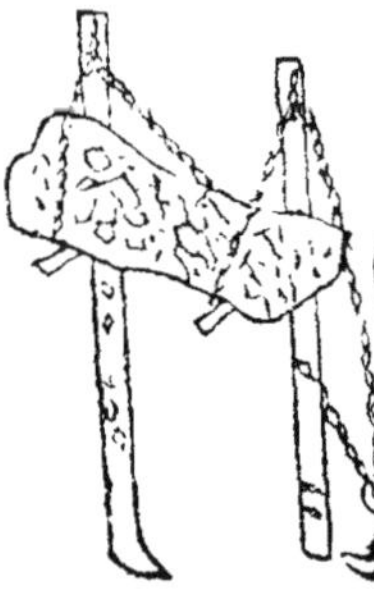

擂木架
賊衆作擂木架寘滾木於上溜擊之

鏵斧

鐵錘

拒攀城

鏵斧
頭重三斤。柄長二尺。每梁一件。賊至梁口。或晉約奸細上城。用斧盡力砍之。後錘亦同。

剉手斧

直柄橫刀。刃長四寸。厚四寸五分。闊七寸。柄長三尺五寸。柄施四刃。長四寸。用於敵樓戰棚。蹈空版下。鉤刺攻城人。及所攀城人手。

剉手斧

拒撞木

鉤鐮

賊用車攻城。車與城齊。用繩拴繫大堅木。五六人懸撞女牆。頃刻牆倒。

乩時須用三四鉤鐮鉤挽。割斷其繩。木自墜下。又名提鉤。昔年倭攻桐鄉。用此破之。但要純鋼鋒利。一鉤卽斷

背

刃

拒鉤竿

推刀

形如新月。長一尺餘。曲刃向外。

於游百金方

須極鋒利。安長木柄。如賊用鉤竿上城。待扒至半城時。順竿從上向下。着實一推。賊手即斷(每五梁寘一件)

刀刃

曲兩尖向上爲仰月鏟

刀刃

鉤竿

如槍。兩旁如曲刃。竿首三尺。裹以鐵葉。施鐵刺如雞趾。

鉤竿式

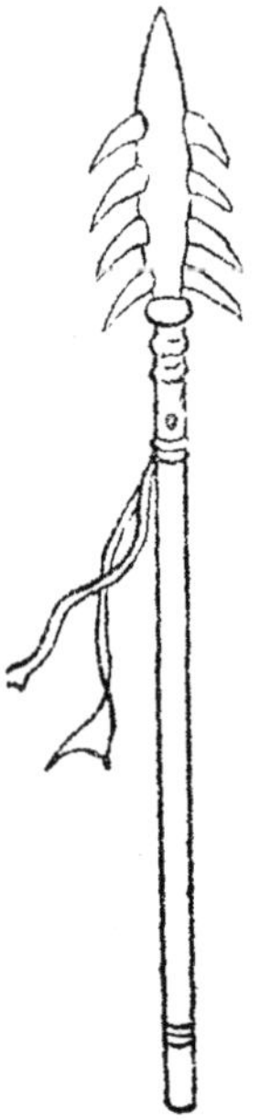

長闊三二尺。

拒馬餘見營陣部

地澀

逆鬚釘布版上。厚三寸。

鹿角木

擇堅木如鹿角形者。斷之長數尺。埋入地深尺餘。以閡馬足。須徧布城外。

鐵蒺藜

寘賊來要路。古所謂渠荅也。

搊蹄

四木門方。徑七寸。横施鐵逆鬚釘攔路。

地澀

鐵蒺藜

鹿角木

搊蹄

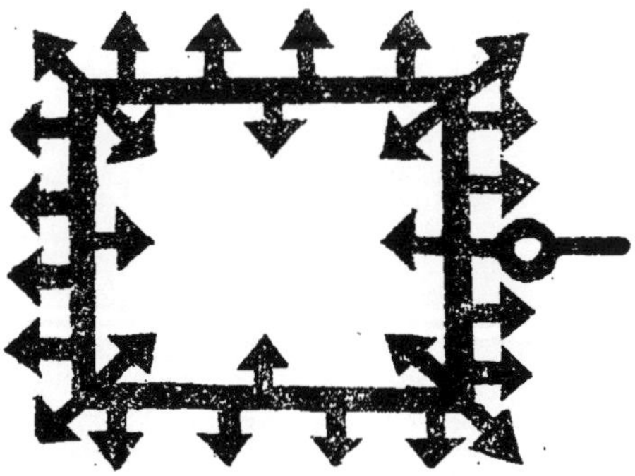

鐵鹿角

用木三條交义撐架。兩頭木尖貫鐵槍。可收可放。

鐵鹿角

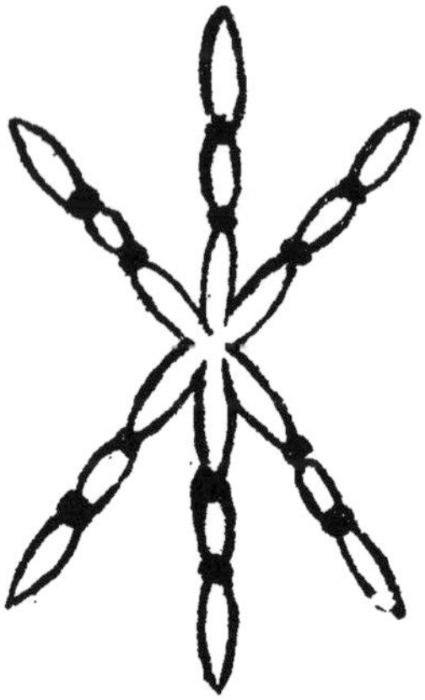

馬拖

用竹削成筋。大長數倍於筋其錐頭銳。用以鑽地。尾用熱湯煮過。搥碎。和麻皮成索。索尾安和頭。扣轉於竹片之上。仍將槍桿曳索於竹片之首。若馬被套而走。則索尾之槍。自戳馬腹。

踢圈

以竹爲圈。插於馬道。以索結繫竹圈。以釘釘草蓋處。或浮土埋之。馬至套圈輒倒。又有用活結繩圈。再加竹圈上。馬至圈套。縱出竹圈。而此活結繩圈。一動輒緊。馬足曳住

攔馬石品字坑（二形俱於空闊無城塹處布寘）

馬筒

或磚砌。或木桶。或無底瓦瓶。或通節毛竹。伏埋隱地內。筒底插鐵錐。鐵刺馬足。且陷且刺。不能前進。穽深一尺。每隔尺許。設一筒。遇曠闊無城塹處。必當布寘。以限賊騎長驅。

種冰

凡賊來遇嚴冬之時。相度坡塘城岸高低處。令軍士灌水。乘寒結冰。使其滑溜。令賊不得趨。馬不得騁。又可灌水凍沙爲營塹。曹操嘗用之。

斷木

度林木賊所必由處。伐斷其木。橫亘塞路。又須留根一半相連。使擡移不便。結合野草。亦可以絆馬足。

青穽

蔴麥草芥生處掘穽。下插凶器。上閣竹竿。鋪以蘆蓆。移一樣蔴麥草芥鋪之。

拒禦第十一

白穽

於泥沙白地處掘穽。照前鋪寘。亦就彼處沙土覆之。

獻白

賊馬入境。必乏水飲。宜於陂池溪澗中。設寘騅刺。使馬奔飲受傷。

獻青

馬見青草。必奔食之。宜於草地中插槍刺。

洒民曰，如餌誘餌誘。不如真毒之妙也。

營陣

管陣第十二

孫子云。我欲戰。敵雖深溝高壘。不得不與我戰。我不欲戰。雖畫地而守之。敵不敢與我戰。惟能如是。然後可以審利而動。不利而止。無紀律者則不然。遇賊即戰。非敢戰也。自守無具。不得不戰也。一戰即敗。非偶敗也。自勝無策。不得不敗也。一敗即走。非樂走也。自固無法。不得不走也。一走則士崩瓦解。兵將相離。而全軍覆沒者。何也。弊在陣法不明。營規不立。陣戰法亡爾。若能明陣法。立營規。用車戰則不動如山。而戰與不戰之權。可以操之自我矣。輯營陣。

陣

陣論

營陣之法。自軒轅黃帝始。神農世衰。諸侯遞相侵伐。黃帝習用干戈。肆征弗率。乃觀星象布陣。厥名握奇。嗣後則太公有五行三才陣。周公有農兵陣。楚武王有荊尸陣。鄭莊公有魚麗陣。齊管子有內政陣。晉荀吳有崇卒陣。吳姬光有雞陣。孫武子有乘之陣。韓淮陰有垓下陣。諸葛公有八陣圖。李藥師有六花陣。下此如太乙。常山。車輪。罘罝。衡方。雁行。天覆。地載。風揚。

雲垂。龍飛。虎翼。鳥翔。蛇蟠。飛翾。長虹。重霞。八卦。去古益遠。愈詭愈支。失其旨矣。是將以將弁眩惑無所適從。非敗於廢法。卽敗於泥法。豈不故哉。易曰。大垂象聖人則之。仰觀積卒。見於天文。則陣法不始於人而始於天。雖神聖如黃帝諸人。無非因此推演。總不出其範圍。何況下焉者乎。按舊說云積卒星在房度西南。其星十有二點。布爲內外二重。外圍以八。八營也。內握以四。中壘也。合內外而爲九。九軍也。各三星品連。以爲前後左右四獸之局。向於前者爲前拒鳥陣也。向於後者爲後拒蛇陣也。向於左者爲左角龍陣也。向於右者爲右角虎陣也。又外體圓。天陣也。內體方。地陣也。外四隅各一。風雲起四維也。東西各二。天冲居左右也。內二縱相對。天衡居前後也。二橫相對。地軸貫中央也。又外四位之相間。各離二星之廣。內四星之相去。各離一星之廣。陣間容陣。隊間容隊也前參連如後參連。左參連如右參連。以前爲後。以後爲前。四面如一。觸處爲首也。合有五營。散有八陣。數起於五而終於八也。由此觀

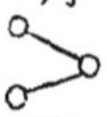

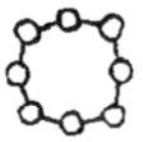

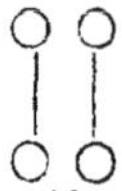

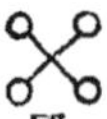

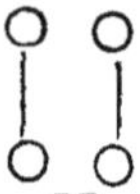

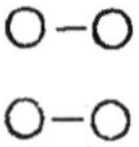

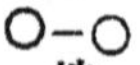

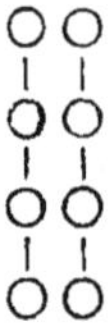

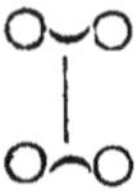

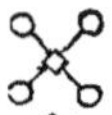

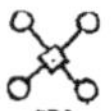

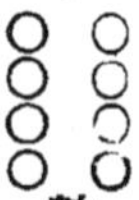

之。則昭昭之上。天之所以顯示於人者。其陣至簡而盡。至整而固。雖有聖智何以加此。無奈後人不知實理。務求奇元。沿至於今。更於五弊。一曰失奇正之宜。蓋制陣之法。有動有靜。體用乃立。有體有用。奇正乃生。正多而無奇。則重而無功。奇多而無正。則輕而不固。故氤氳變化之時。四方交互而出。遊弈更迭而至。而中軍四隅之陣。未嘗敢動也。四隅兵動。則四方轉而爲正。四方之陣。未嘗敢動也。近見諸將新陣法。擧陣皆動。心竊疑之。蓋變多則煩。動則亂。兵之至危。固莫甚有此也。試觀孔明爲一代國師。其名內陣。則曰地曰軸曰衡者。何也。蓋取靜之義也。靜則主守。其兵爲正。其名外陣。則曰天曰冲曰風雲者。何也。蓋取動之義也。動則主戰。其兵爲奇。豈有擧陣盡動之理耶。其將固可襲而虜矣。此一弊也。二曰昧分合之勢。蓋軍有前後左右。古制也。其法不方則圓。大要中軍居中。前後左右四軍。環遶拱衞。意固取於分爲犄角。便乎救援也。今則不然。雖有前後左右中五軍之名。却無前後左右中五軍之實。每一閱視。不論數百數千。皆相與團聚一隙之地。於古門方立表之法。茫然不知。何一乎一遇交鋒。便受賊圍。一處稍却。全陣皆却哉。謂宜各分部曲。各分奇正。形勢相離。聲援相接。一陣有失。諸陣尙全。一營被圍。諸營皆救。指臂一成。攻守皆利。當分不分。謂之縻軍。此二弊也。三曰暗疏密之法。蓋布陣之方。陣間容陣。隊間容隊。人間容人。此定式也。嘗觀宋史。兀朮最號梟勇善戰。然順昌之役。大爲劉錡所敗者。止因戎軍甚衆。推立無縫。一遇交鋒。皆偪仄擊肘。不得運動。而錡軍疏疏落落。欲前則前。欲後則後。欲左則左。欲右則右。長槍大劍。擊刺自如。是以勝爾。今人遇賊。不鳥驚獸散。輒繩聚蜂攢。情形如此。所以不待接戰。便致奔逃。皆由布陣將官。疏密無法故也。可仿古式。每軍前後左右。俾各占地二步。以示人間容人之意。至一陣一隊。又各相容。庶幾往來攻守。道路井然。可免壅塞之患矣。此三弊也。四曰不識行陣合一之機。兵法云。行則成行。止則成陣。非有二理也。唐史思明極善野戰。遊兵及於石橋。李光弼治軍嚴整。當橋而進。賊不敢犯。豈非部勒有方。隱於成行之中。寓成陣之法耶。近日以陣爲陣。以行爲行。軍行就途。或先或後。或行或止。不認隊伍。不分次序。將士相離。遠者數里。若路逢暴寇。風飄雨驟。突來格鬥。不識何以禦之。古人吉行日五十里。師行日三十里。豈其故爲遲鈍哉。由其行必爲戰備。而大牢精神。用之於整飭部伍。今特著爲式。三軍起行自中。軍及四正四隅八陣。各有先後倫次。不許稍紊。卽遇暴來之門。其陣立脚便成。已先爲不可勝而待敵之可勝矣。斯法簡而易操。慎不可忽。倘冥行妄蹈。謂之亂軍引勝。此四弊也。五曰不諳旗鼓關係之重。夫一軍之中。言不相聞。故爲之金鼓。視不相見。故爲之旌旗。則金鼓旌旗者。固一軍之耳目也。今則少有知其旨者矣。嘗見操熟諸軍。竟有不待金鼓而自成行陣者。此不過由於習慣一定陣勢。却非從自己耳聽金鼓。目視旌旗。心知方向而成者。倘遇兩敵交鋒。地方非舊日敎場。敵人非舊日裝樣。此時隨機應變。全由將官旗鼓指使。欲令進則進。令退則退。令西則西。令東則東。方可望勝。若平日止靠成套。搬演故事。不曾敎他專心致志。去看將官旌旗。去聽將官金鼓。一到危急之時。縱是金之鼓之。耳如不聞。旌之旗之。目如不見。豈不殆哉。今特申明此義。專敎旗鼓。凡我三軍。眼不可亂視。惟將官旗幟是瞻。耳不可亂聞。惟將官金鼓是聽。試想一軍之中。斬人者刀。刺人者槍。殪人於百步外者弓弩。摧鋒於數里外者銃砲。豈不利害。然古人只云祭旗。只云釁鼓。可見旗鼓乃三軍耳目。關係固甚重也。昔吳起臨陣。左右進劍。起却之曰。大將專主旗鼓爾。一劍之任。非將事也。可不愼歟。今日操演愈熟。三軍耳目愈昏。今日陣法如此。明日陣法如此。毫不知變。以悚動其耳目心思故爾。此五弊也。夫苟一陣之中。奇正得宜。分合得勢。疏密得法。行卽成行。止卽成陣。所麾從移。所指從死。金之則退。鼓之則進。一人學戰。敎成十人。十人學戰。敎成百人。百人學戰。敎成三軍。以戰則勝。以守則固。生靈幸甚。社稷幸甚。

營陣第十二

積卒五營

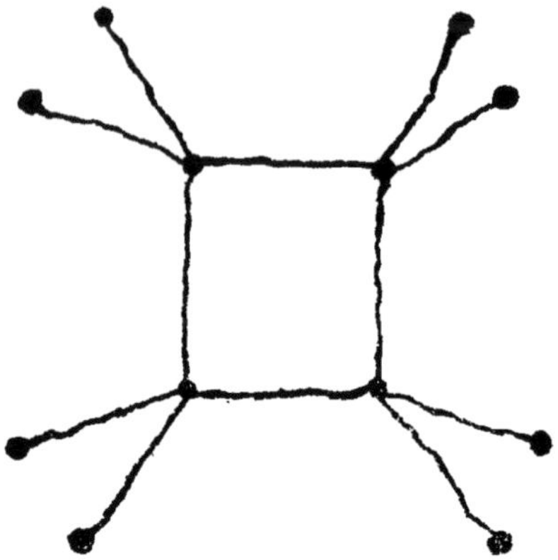

孔明

孔明八陣之變。歷代之說雖不同。然其要機。全在二十四隊遊兵。如歲時之閏。補偏救弊。皆賴於此。故變化不可窮盡。假令至於八八六十四陣。陣亦易窮矣。

李靖六花陣

李靖六花陣等法。以方四直銳之形。爲分合變化之節。在陣法特爲花步耳。至於臨敵。無所用之。臨敵之時。相視地形。或丘陵林壑平陸斥澤之不同。或高下險易廣狹死生支挂之不一。而因以制夫步騎多寡。疎密輕重。分合奇正之所宜而已。非眞有方圓曲直銳之地形。眞有方圓曲直銳之陣勢也。

吳璘疊陣

宋吳璘疊陣法。每戰以長槍居前。坐不得起。次最强弓次强弩。跪膝以俟。次神臂弓。約賊相搏百步內。則神臂先發。七十步。强弓併發。次陣如之。凡陣以拒馬爲限。鐵鉤相連。俟其傷則更代之。遇更代。則以鼓爲節。騎兩翼以蔽於前。陣成而騎退。爲之疊陣。諸將始猶竊議曰。吾軍其殲乎。璘曰。此古束伍令也。得車戰餘意。戰士心定。則能持滿。敵雖銳。不能當也。及與金會不祝胡盞遇。二酋老於兵。胡盞善戰。璘挑與戰。用疊陣法更休迭出。輕裘駐馬而揮。士殊死門。金人大敗。降者萬餘。

張威撒星陣

宋張威自行伍充偏裨。其軍行必若銜枚。寂不聞聲。每戰必克。金人憚之。荆鄂多平野。利騎不利步。威曰。彼鐵騎一衝。則吾技窮矣。乃以意創撒星陣，分合不常。聞鼓則聚。聞金則散。每騎兵至。則聲金。一軍輒分數十簇。金人隨分兵。則又趨而聚之。倏忽間。分合數變。金人失措。然後縱擊之。以此輒勝。

王夔圓陣

宋利州司都統王夔。素殘悍。號王夜叉。四川安撫制置使余玠至嘉定。夔帥所部兵迎謁。才羸弱二百人。玠曰。久聞都統兵精。今疲敝若此。殊不稱所望。夔對曰。夔兵非不精。所以不敢卽見者。恐驚從人爾。頃之。班聲如雷。江水如沸。聲止。圓陣卽合。旗幟精明。器械森然。沙上之人。彌望若林立。無一人敢亂行者。舟中皆戰掉失色。

戚繼光鴛鴦陣

戚繼光每以鴛鴦陣取勝。其法。二牌平列。狼筅各跟一牌。每牌用長槍二枝夾之。短兵居後。遇戰。伍長伍頭執挨牌前進。如已聞鼓聲。而遲留不進。即以軍法斬首。其餘緊隨牌進交鋒。筅以救牌。長槍救筅。短兵救長槍。牌手陣亡。伍下兵通斬。

遼人陣法

遼人兵制。每遇對敵。於陣四面列騎爲隊。每隊五七百人。十隊爲一道。十道當一面。各有主帥。最先一隊。走馬大譟。衝突敵陣。得利則諸隊齊進。若未利引退。第二隊繼之。退者息馬飲水粆。諸道皆然。更退迭進。敵陣不動。亦不力戰。歷二三日。待其困退。然後乘之。此兵之所以强也。

孫武子常山蛇陣辨

新令常山蛇陣圖一首。唐裴緒之所演也。孫子九地篇有云。善用兵者。譬如率然。率然者。常山之蛇也。擊其首則尾至。擊其尾則首至。裴緒演而爲蛇陣。一軍六千人。四千爲步兵。布爲前後左右中。二千爲騎兵。布爲揚奇備伏。形如蛇蟠曲。何辨之。蓋軍有前後左右中。自古之制也。其法不方則圓。中軍居中。前後左右。環而遶之。此奇正之所由出。裴緒以前後左右中布爲直陣。已失其制矣。況孫子所謂率然者。謂士卒深入死地。其情不得不相救。在法而不在形。其形如蛇。一攻可貫。欲首尾相救。其可得乎。魚復江中。孔明以石縱橫。布爲六十四壘。其形正方。桓溫見而嘆曰。此常山蛇勢也。蓋孔明八陣法。以前爲後，以後爲前。四頭八尾。觸處爲首。敵冲其陣。兩頭皆救。桓溫知孔明之法。故云然也。裴緒附會之說。何足以爲法耶。

孔明瞿塘方陣辨

黃帝握奇陣。圓也。圓者分表裏。孔明八陣方也。方者定八向。圓陣以裏爲正。表爲奇。故名內陣曰地。曰軸。曰衡。取靜之義也。名外陣曰天。曰衝。曰風雲。取動之義也。方陣以四隅爲正。四方爲奇名四正爲天地風雲者。乾坤巽艮之位也。名四奇爲龍虎鳥蛇者。震兌離坎之位也。是則孔明之天地風雲。非軒轅之天地風雲。軒轅之衡軸冲。非孔明之龍虎鳥蛇。亦猶伏羲文王之易先天。後天。各隨所取爾。欲論握奇。只求其法於內外。勿雜以龍虎鳥蛇之稱。欲論八陣。只求其法於八向。勿混以衡軸冲之號。斯兩得之。後人不知其說。各以己意。牽合握奇經文。强比而關。其謬甚矣。吁。孔明八陣之義。唐太宗以問李靖。則太宗未之了了可知。靖以旛名隊號爲答。則李靖之粗略可見。況於方士俗儒。而可怪之耶。

孔明八翼陣辨

太乙統宗寶鑑八翼陣圖一首。張燁之所演也。孔明陣無有八翼之名者。燁以步卒一十六陣。爲前後二廂。以騎兵三十二陣。爲左右翼候。正兵之後無奇。奇兵之後無正。何辨之。蓋孔明六十四陣。皆古之車制。無非正兵。別以廿四陣爲遊兵。則孔明參用騎兵之法也。壘塘石陣。八八成列。遊兵環遶於後。非特爲殿後爾。接戰之時。或以居先。或居左右。爲翼。爲候。爲冲。爲突。

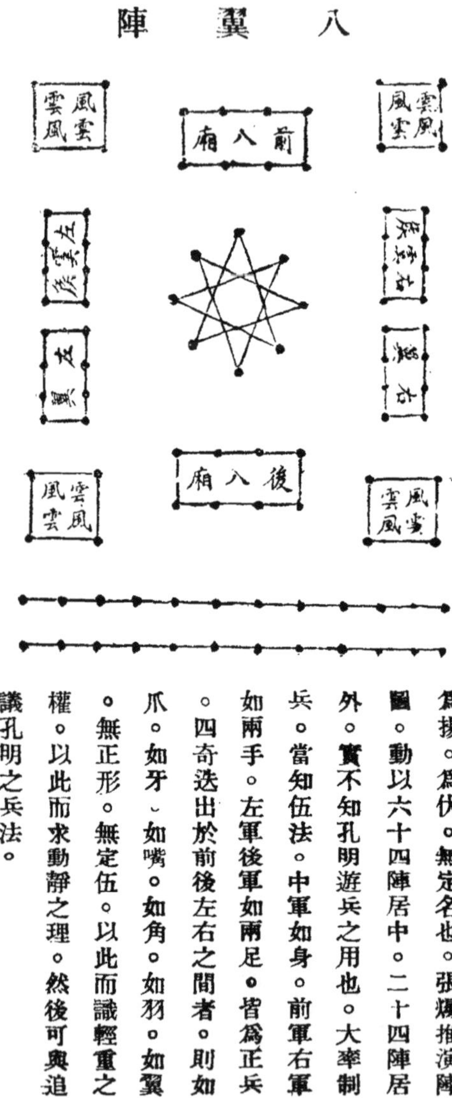

爲揚。爲伏。無定名也。張燏推演陣圖。動以六十四陣居中。二十四陣居外。實不知孔明遊兵之用也。大率制兵。當知伍法。中軍如身。前軍右軍如兩手。左軍後軍如兩足。皆爲正兵。四奇迭出於前後左右之間者。則如爪。如牙、如嘴。如角。如羽。如翼。無正形。無定伍。以此而識輕重之權。以此而求動靜之理。然後可與追議孔明之兵法。

九軍陣法駁（出補筆談）

熙甯中。使六宅使郭固。討論九軍陣法。著之爲書。頒下諸帥府。副藏祕閣。固之法。九軍共爲一營陣。以駐隊繞之。若依古法。人占地二步。馬四步。軍中容軍。隊中容隊。則十萬之陣。占地方十里餘。天下豈有方十里之地。無丘阜溝澗林木之礙者。兼九軍兵以一駐隊爲籬落。則兵不復可分。如九人共一皮。分之則死。此正孫武所謂縻軍也。予再加詳定。謂九軍當使別自爲陣。雖分列左右前後。而各占地利。以駐隊外向自繞。縱越溝澗林薄。不妨各自成營。金鼓一作。則卷舒合散。渾渾淪淪而不可亂。九軍合爲一大陣。則中分四衢。如井田法。九軍背背相承。面面相向。四頭八尾。觸處爲首。上以爲然。親舉手曰。譬如此五指。若共爲一皮包之。則何以施用。遂著爲令。

四方平定陣駁議

今之營陣。名曰四方平定陣。大都以車外環。遇賊衝突。間隊出矢砲。自車隙中射打。賊退。出馬兵追殺。復來。仍收入車陣中。三衝三敵。卽此了局。聞之副將王鳴鶴曰。此卽宋之平戎萬全陣之遺矩也。宋朝兵制之弱。大都由制陣之無法。俟敵來攻。僅爲應兵。絕無先發制人。及設伏出奇之策。自武穆一出。專好野戰。不學古法。妙用在心。故能橫行匈奴中。明朝惟宋制之仍。

而京師又四方觀望。故天下陣法。大致都相彷彿。每當大敵。多怯弱而不前。欲求敵愾。似宜通之。

營

總論

凡兵所以逃陣者。以營寨不固。如行人無家。戰一不利。無所歸命。不逃得乎。故宜先定營。或濕高山大川。或聯戰車火車。或結木柵坑塹以爲營。選用輕騎若干。更番出哨。時伏時見。時近時遠。以爲爪牙。勝則牽然盤踞之勢也。卽不勝而有營可歸。較之亡命野竄者。遇賊殺。遇獲亦殺。雖驅之走必不肯矣。則練營實爲練膽之本也。

凡兵師之營。擬於城郭宮室。古法多依九宮六甲太乙天門地戶之法。徒增疑惑。不便於事。今但取山川地形。便利水草。隨其險易爲之。遇平則方列。圍水則圓闕。山路則盤回。川流則屈曲。務於適時便用爾。

法戒

宋狄青受命討儂智高。野宿皆成營柵。四面陳兵彀弓弩者數重。精銳列布左右。守衞甚具。方靑之未至也。張忠蔣偕先往。一日見賊。則疾馳便戰。又不知爲營衞。敗則皆望風走。蓋今近日敗局。特表出之。以爲法戒。

營地所宜

下營之法。擇地爲先。地之善者。左有草澤。右有流泉。皆山險。向平易。通達樵牧。謂之四備。

營地所忌

一不居天灶。天灶者。大谷之口。兵法曰。川谷之口。乏水無草。謂之天灶。

一不居龍頭。龍頭者。大山之端。

一不居地柱。謂形如覆釜。若安營其上。八面招風。周市受敵。兵法曰。山中之高。謂之天柱。澤之高。謂之地柱。

一不居地獄。謂形如仰盆。若安營其中。被賊四面乘高攻我。必敗其中也。兵法曰。高中之下。謂之天獄。下中之下。謂之地獄。

一不居障塞。謂四通八達。受敵益多。

一不居無出路。謂四面地險。恐被圍難解。及糧運阻絕。

一不居山林草木蒙密之地。春夏枝葉茂盛。恐有潛襲之虞。秋冬草木枯敗。恐遭風火之患。

一不居江河溝澗汙下之地。恐有漲溢。或被決壅。兵法曰。春夏宜居高。以防暴水。

一不居無水及死水之地。恐士卒渴乏。昔張郃拒亮將馬謖於街亭。謖依阻南山。不下據城。郃絕其汲道。大破之。

一不居無草之地。恐馬弱失牧。兵法曰。斥鹵之地。草木不生。謂之飛鋒。

一不居死地。舊云。謂安營不臨塚墓之地。人馬多夜驚。久居。士卒必生疾病。

一不居惡名。如云竇入牛口之類是也。

一不居廢軍故城。久無人居者。兵法曰。故村虛落。荒城古砦。謂之虛耗。

酒民曰。凡過此地。城去無留。常令我遠之。敵近之。我迎之。敵背之。則此利而彼害矣。

營之壘

舊制築城爲營。其城身高五尺。闊八尺。女牆高四尺。闊二尺。愈高愈妙。

木柵附

若因敵所逼。不及築城壘。或因山河勢險。多石少土。不任板築。乃建木爲柵。皆泥塗。以防火攻。

營之溝

凡營盤挑濠兩道。內一道寬一丈五。深亦一丈五。外一道寬一丈。深亦一丈。土散平埋。內高外低。勿礙火砲行路。其守城軍士。日間無有烽信。卽下城挑濠。先將舊濠修濬寬深。而後挑外濠。但使城濠多得幾道。俱極寬深。豈不安穩。進則能奮勇殺賊。退亦不免於死。營盤不豎壕立塹。此棄物也。

濠外掘陷馬坑一重。闊二十五步。

營之門

漢匈奴大入邊。以劉禮爲將軍。軍霸上。徐厲爲將軍。軍棘門。以亞夫爲將軍。軍細柳。上自勞軍。至霸上及棘門。直馳入。將以下騎送迎。已而之細柳軍。軍士吏被甲。銳兵刃。彀弓弩持滿。天子先驅至。不得入。先驅曰。天子且至。軍門都尉曰。將軍令曰。軍中聞將軍令。不聞天子詔。居無何。上至又不得入。於是上乃使使持節詔將軍。吾欲入勞軍。亞夫乃傳言開壁門。壁門士吏謂從屬車騎曰。將軍約。軍中不得驅馳。於是天子乃按轡徐行。至營。將軍亞夫持軍揖曰。介胄之士不拜。請以軍禮見。天子爲動。改容式車。使人稱謝。皇帝敬勞將軍。成禮而去。既出軍門。羣臣皆驚。文帝曰。嗟乎。此眞將軍矣。曩者霸上棘門軍。若兒戲爾。其將固可襲而虜也。

。至於亞夫。可得而犯耶。

營之道

尉繚子曰。中軍左右前後軍。皆有分地。方之以行垣。而無通其交往。將有分地。師有分地。伯有分地。皆營其溝洫而明其塞險。使非百人無得通。非其百人而入者。伯誅之。伯不誅與之同罪。軍縱橫之道。百有二十步。而立一俯柱。量人與地。柱道相望。禁行清道。非將吏之屬。不得通行。采薪芻牧者皆成行伍。不成行伍者。不得通行。吏屬無節。士無伍者。橫門誅之。踰分干地者誅之。故內無干令犯禁。則外無不獲之奸。

營之官

一兵馬每下營訖。營主卽須幹當四司官典兵官及左右。令分頭巡隊。問兵士到否。如有未至。卽差本隊催促。如有逃走。卽牒所在捕捉。一軍下營訖。司騎及佐。分行巡視馬騾。有疾者醫。有瘡者剪剔傳藥　有傷者申送。量事決罰。

一下營訖。司冑及佐。卽巡隊簡較兵甲器仗等。如有破綻損汚。卽須修葺磨礪。如其棄失。申上所由。便爲記案。準法科決。

一在營。司倉及佐。監管兵士糧食。封貯點驗。勿令靡費。

營之算

立營必先計人數。配地多少。當使人浮於地。不可地浮於人。此孫子所謂地生稱。稱生勝之說也。酒民曰。今聚三人於室內。而不先量其臥處。飲食起居之地。則嚚然紛矣。故營不可以無算。算者豫道也。

營之器餘見拒禦部

器用之設。非瞬息可成。制作之艱。非頃刻可辦。乃若倉卒相逢。不期而遇。前不得以攖其鋒。後不得以避其銳。當是之時。不費寸土尺木。而賊馬自抵於損傷。不勞四馬隻輪。而賊騎自至於顛覆。其法亦有六。一曰刺毬。四方有鋒。中間有蒂。以鐵爲之。二曰蒺藜。礪之以鋒。淬之以毒。以鐵爲之。三曰茅針。其形如針而稍大。以鐵爲之。四曰鵝項。其形兩曲。而上下皆銳。以鐵爲之。五曰菱角。以鐵爲菱角。六曰皂角。以鐵爲皂角。以上六法。皆預先打造遇欲用。則令筌插擲撒在地者也。

如用蒺藜等器。試於白日不效。試於黑夜必效。迎賊之來路不效。斷賊之歸路必效。硬地不效。無沙地不效。無草地不效。須寘於沙草相間之地。蒺藜即染土色草色。賊見土見草。不見蒺藜。而後蒺藜得妙其用。徑寸之鋒。躓千里之馬足。未有奇於此者。

刺毬

安營蒺藜

蒺藜繩連。利於收起。每一小尺一箇。每一步五箇。用繩串入蒺藜心中而出。每一小隊。前面開花五層。每隊共計五根。附帶槍牌之上以行。

茅針

鵝項　鐵菱角　木菱角

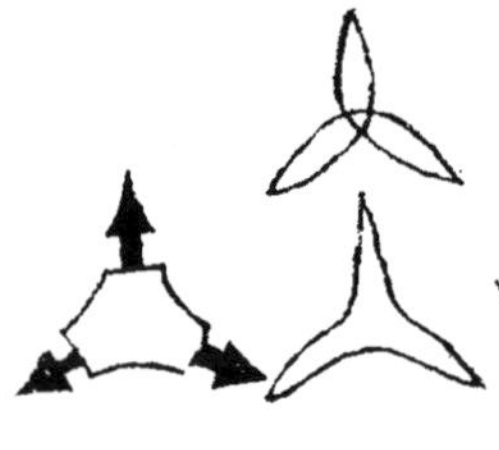

皂角

鬼箭

鐵蒺藜之小者。糞汁毒藥製之。戳脚肉爛。故曰鬼箭。裝竹筒內。筒用茅竹去皮蓋。使不裂也。長一尺上用木蓋。下用原節爲底。用時手提撒之。下地均勻。且速而不結。以爲阻馬守險之用。行則懸之腰間。

筒式

鬼箭撒式

牙版

用版釘狼牙釘於上。行則載於糧車之上。用則埋於砂礫之中。皆能陷賊騎於道狹險要者也。

拒馬

設拒馬以制冲突。敵勢險而節短。五步之內。長兵技竭。後短兵不備。被冲卽窘。拒馬者。攔壘以行。而兼車之用。

軟壁

硬木作架。高七尺。闊六尺。取軍中絲絮被。用水浸透。挂於架上。張之陣前。以堵鉛彈。

剛柔牌

其架用木爲長桄。中用一擋。牌身與木牌等。先用生牛皮二層釘之。皮裏用好綿三斤。用布衲爲一袋。貼牛皮之間。用分水薄緜紙。每二張。鬆緊閒為一毬。挨行排之。又用蠶緜五斤。納布袋一幅蓋之。四邊竹釘釘固。通用灰漆四周。裏面布處。用油厚塗使不入水。重可十五斤。計費五兩。只苦於價重。而官司不能辦爾。此外或用鐵為鋒。或用鵝毛人髮。或用密紙。或用皮漆。或用竹木而尖其脊。其遮禦鉛子。俱未有勝此者也。最忌入水。坐臥結實。

空胡鹿

凡軍中至夜。選聰耳少睡者。令臥枕空胡鹿。其胡鹿必以野猪皮為之。凡人馬行在三十里外。東西南北皆響。聞其中。每營置一二所。

望樓

凡軍營中必為望樓。選明目能視三四十里者。以為望子。

六約。望樓用一柱者。樓防傾

望樓式

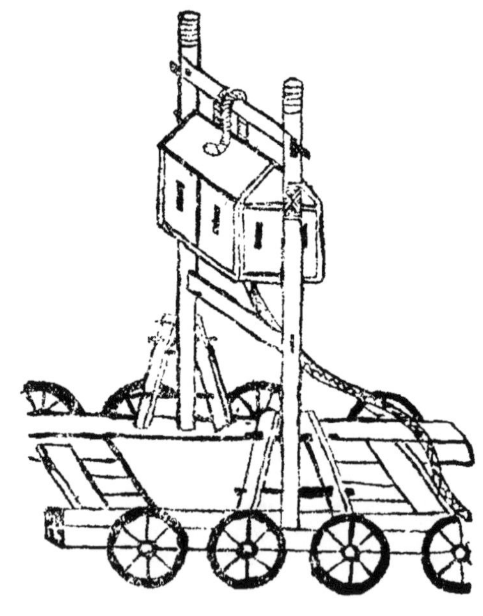

仄顆仆。夾杜者爲佳。三杜者尤佳。其樓須可升可降方妙。

望遠鏡

望遠鏡。出自大西洋國。今中國謂之千里鏡。用筒數節。安玻璃兩端。置架上視遠如近。視小爲大。遠望敵人營帳人馬器械輜重。毫髮不爽。或可預備戰守。安放銃砲。必不可少者。

望遠鏡

營之防

夜則難防矣。其要在於遠探候。明更籌。辨奸僞。略次於左。

兵候

凡軍營警備之外。每軍必別設兵候一軍。量抽戰士三五十人。於當軍四面三五里外。要害之要。夜設外舖。每舖給鼓自隨。如夜中有賊犯大營。即鳴鼓大叫。以擊賊後。乘得機便。必獲克捷。

營陣第十二

外探

凡軍營下定。夜則別置外探。每營令夜不收。迭作番次。於營四面十里外游弈。以備非常。如有緊急。馳報軍中。

拓隊

凡軍營處有突犯。即於營外常置拓隊防護。量抽戰士。充其隊。去幕五十步均布。若賊來。拓隊不敵。然後營中出兵相助。不得令賊輒犯大營。

夜號

大將軍每營印簿一扇。每日一行。題云某營某年某月某日號簿。每日戌時。各營掌夜號官。持簿於大將軍幕前取號。大將軍隨意注兩字。上一字是坐喝。下一字是行答。密封函付領回。各營稗將開拆。即密示坐喝者上一字。巡緊者下一字。使各暗記。不可漏泄。

夜巡

及夜巡時。經遇更舍。坐者喝某字。巡者即答某字。即兩無言放過去。如喝答不相投。即屬別營人。或喝而不答。即是奸細。隨時拏縛。報本營主將。審查虛實。傳大將軍處分。如坐者不喝。巡緊人即喝下字。坐者仍不答即係睡熟。或往他處偷安。巡緊人記其舖分。報主將查究。巡緊人不到者。值更人報主將查究。

營之制

昔司馬懿與孔明對於渭南。孔明病。卒軍退。懿按行其營壘處所。嘆曰。天下奇才也。故服其部分有方敵不得而犯耳。又按晉羅尙。遣人夜襲李特營。特知之戒嚴以待。及至其營。特堅臥不動。伺其衆半入。發伏擊之。大敗。若立營無制。則數賊竊入一軍皆驚矣。爰次其說於左。

備夜戰

按兵法有云。凡夜戰者。多爲敵來襲我軍壘。不得已而與戰。其法在於立營。立營之法。與陣法同。故軍志曰。止則爲營。行則爲陣。蓋大陣之中。必包小陣。大營之內。必包小營。前後左右之軍。各自有營。大將營居中央。諸營環之。隅落鈎連。曲折相對。遠不過百步。近不過五十步。道徑通達。足以出入部隊。壁壘相望。足以弓弩相救。賊夜入營。四顧屹然。皆有小營。各自堅守。未知所攻。我當按兵勿動。縱賊盡入。然後擊鼓。諸營齊應燃火內照。諸營兵士。悉閉門登壘。下瞰敵人。勁弩強弓。四面俱發。若奸人潛入一營。砍營殺士。諸營即舉火出兵。四面繞之。號令營中。不得輒動。須臾之際。善惡自分。若或出走。皆有羅網矣。今之立營。通洞豁達。部分無法。若有賊夜至。軍中無不驚擾。雖多置斥候。嚴爲備守。晦黑之夜。彼我不分。縱有衆力。安能用之哉。

營之禁

一下營訖。軍士欲進城貿易者。每隊着火兵二名。給牌入城。餘有擅離信地者。軍法示衆。

一營壘既定。其自外屠沽販賣人。一切禁斷。營內自交易卽不禁。

割驢耳

司馬楚之別將督軍糧。封查亡降柔然。說柔然令擊楚之。以絕軍食。俄而軍中有告失驢耳者。楚之曰。此必賊遣奸人入營覘伺。割以爲信耳。賊至不久。宜急爲備。乃伐柳爲城，以水灌之。城立而柔然至。冰堅滑不可攻乃散走。

鬻麪者

卬州牙將阡能叛。高仁厚帥兵五百人。往伐討之。未發前一日。有鬻麪者。到營中。邏者疑執而訊之。果阡能之諜也。

行師留營

善行師者。行必結陣。見可而進。知難而止。每行一次。必立一營。貯收糧草。兼作退步。各路兵深入百數十里。必留營數所。撥兵防守。如前路迎敵。猝有不虞。就近憑營。庶幾人心有所繫屬。不至如鳥獸散。徒資寇兵也。

車

總論

李綱請造戰車。曰。虜以鐵騎勝中國。其說有三。而非車不足以制之。步兵不足以當其馳突。一也。用車則馳突可禦。騎兵馬弗如之。二也。用車則騎兵在後。度便乃出。戰卒多怯。見敵輒潰。雖有長技。不得而施。三也。用車則人有所依。可施其力。部伍有束。不得而逃。則車可制勝明矣。靖康間。獻車製者甚衆。獨總制官張行中者。可取其造車之法。用兩竿雙輪推竿則輪轉。兩竿之間。以橫木笐之。設架以載巨弩。其上施皮籬以扞矢石。繪神獸之象。弩矢發於口中。而竅其目以望敵。其下施甲裙。以衞人足。其前施槍刃兩重。重各四枚。上長而下短。長者。以禦人也。短者。以禦馬也。其兩旁以鐵爲鉤索。止則聯屬以爲營。而將佐衞兵及輜重之屬。皆處其中。方圓曲直。隨地之便。行則鱗次以爲陣。止則鉤聯以爲營。不必開溝塹築營壘。最爲簡便而完固。

余子俊曰。大同宣府地方。地多曠衍。車戰爲宜。器械乾糧。不煩馬馱。運有足之城。策不飼之馬。因獻圖本。及兵部造試。所費不貲。而遲重難行。率歸於廢。故有鵰鵠車之號。謂行不得也。夫古人戰皆用車。何便於昔。而不便於今。殆考之未精。制之未善。而當事者　遂以一試棄之爾。且如秦築長城。萬世爲利。而今之築堡築垣者。皆云沙浮易圮。趙充國屯田。亦萬世爲利。而今之開屯者。亦多築舍無成。是皆無實心任事之人。合籌策以求萬全之法也。嗚呼苟無實心任事之人。卽該聖帝明王之法制。皆題之曰鵰鵠可矣。

又論

金人戰法。死兵在前。銳兵在後。死兵披重甲。騎雙馬沖前。前雖死而後仍復。前莫敢退。退卽銳兵後從殺之。待其沖動我陣。而後銳兵始乘其勝。與西北人精卒居前老弱居後者不同。此必非我之弓矢。决驟能抵敵也。惟火器戰車一法可以禦之。請造雙輪戰車。約三四千輛爲率。每車載大砲二位。翼以步軍十人。各持火槍。輪打夾運。行則沖陣。止以立營。方爲穩便。

車營制敵

今人一講車戰。則以笑爲迂。似以遲頓之車。而欲與馬足較。斷無勝理。殊不知車者。原取其整齊部伍。鎮靜人心。進無速命。退無遁走。並非與馬較遲疾也。古稱北邊良將。莫過李牧。夫李牧之用兵。虜人則收保。而無亡失。守邊之策。當於要路之沖。下一車營。一切騎步。皆收入營內。如賊騎來逼。則將車上火器。次第制之。賊遁。則放開馬門。發騎兵以追之。若係誘我。或衆寡不敵。則仍收入營中。賊再至。則車上攻打。復如初。賊自東來。則東路要冲。如此應之。賊自西來。則西起要冲。如此應之。兵法所謂先爲不可勝。以待敵之可勝者此也。

車材以堅爲貴

車戰之法。必不可無。而造車之材。未得其妙。以北方產無良木。彼督造之人。貪婪滅剋。又以朽腐爲之。操練日久。櫛風沐雨。比至乘車而戰。非衡軸折。則輪轂裂。爲誤甚大。平日費財造車。臨時無一車之用。甚可惜也。惟粵東所產紫荆木。質實而性堅。暴露風雨。十年不朽。其價值亦與檀榆相等。請派定一車之式。鋸爲條方。採運前來。不過度嶺一日。略費夫役。此外便可乘舟渡江及河。徑至通州。造爲戰車。則堅固溫厚。保無決裂。以四年一采。五年一修。所節省公費。亦甚不少。眞愈於一年一造。而無實用者也。

車士

古者車戰之法。每車甲士三人。步卒七十二人。二十四人居前。左右各二十四人。居前者戰。左右挾輈。相爲更番。後有二十五人爲一隊。去車二十五步。所謂炊家子守衣裝廝養樵汲者。

車制以輕爲貴

雙輪大車。每輛二十餘人挽之。其行甚遲。少遇溝澗險阻。卽不能越。以是不適於用。惟雙輪小車。每車二人推之。二人挽之。兩車相連。可蔽四十人。戰則隨地形環布爲陣。軍馬居中。敵騎圍繞。則火器弓弩。四面各發。勢如火城。敵不敢逼。所向無前。敵不敢遮。其火器安於車上點放。安穩不搖。審定其苗頭高下。所中非人卽馬。較之手中點放戰搖。百不一中者。大不侔矣。馬步兼用。長短並使。戰守皆宜。止則環列爲營。旁施鹿角。連以鐵繩。再制隨車小帳。以免軍士露宿。雖不能追奔逐北。星馳電掣。然列牆以遇敵人。阨險以斷敵歸。據水頭以困敵馬。誠可化弱爲强。以寡敵衆。或遇屯田。亦可用以防衛。而車制輕便。前有險阻陷沙。可以扛抬而過。視之挑濠掘塹。自保不暇者。萬萬不侔矣。且每輛所費無多。每車千輛。僅當馬軍人千名一月之費也。

小車

今世有獨輪車。民間用以搬運。一人前挽。一人後推。其制輕便。因其制可爲戰車甚便。可以指。可以營。可以載。其費廉。其利廣。

洒民曰。軍無輜重則亡。無糧食則亡。無委積則亡。三者兵之至要也。今日行軍衣甲器械。既各自賫。若復責以裹粟米。挾輜重。力必不勝。若輕身而行。又犯三者之忌。欲不敗得乎。備方地卽阻隘。倘用此車。每伍車一乘。每乘夫二名。如古廝徒坎子之用。公用輜糧。悉在其上。卒然遇敵。立地成營。一便。兵有所依。不思逃竄。二便。施放火器。心定持堅。三便。利則進攻。不利退守。操縱由我。四便。輜重糧食。委積盡在軍中。卽被困圍。足以自全。五便也。

火車

葉公神銃車式

存此一式餘此類推

用車爲陣。以禦敵沖。誠爲有足之城。不秣之馬矣。但所營全在火器。火器若廢。車何能禦。如火箭車大將車之類。不可不預辦也。

歷代車效考

衞青擊匈奴。以武剛車自環爲營。

李陵至浚稽山。卒與虜遇。衆寡不敵。乃以大車爲營。引士出營爲陣。千弩俱發。虜乃引去。

此車之用於西都者也

光武造樓櫓車。置寨上。以拒匈奴。

漢靈帝時。蒼梧桂陽賊攻郡縣。零陵太守楊璇。制馬車數十乘。以排囊盛石灰於車上。繫布索於馬尾。又爲兵車。專彀弓弩及戰。令馬車居前。順風鼓灰。賊不得視。因以火燒布。布燃。馬驚。奔突賊陣。因使後車弓弩亂發。鉦鼓鳴震。郡盜破散。

此車之用於東都者也

魏鄢陵侯彰征代郡。以田豫爲相。軍次易北。虜伏騎擊之。軍人擾亂。莫知所爲。豫因地形。回車結圓。弓弩持滿於內。疑兵塞其隙胡不能進。散去。追擊大破之。

馬隆西渡溫水。虜樹機能等衆萬計。乘險遏隆。或設伏以截隆後。隆依八陣圖。作偏箱車。地廣則爲鹿角車營。路狹則爲木屋。施於車上。且戰且前。弓矢所及。應弦而倒。前後誅殺。及降附者以萬計。涼州遂平。

此車之用於魏晉者也

劉裕伐南燕。以車四千乘爲左右翼。方軌徐進。與燕兵戰於臨朐南。裕因縱兵奮擊。大敗之。

突厥達頭可汗犯塞。諸軍與虜戰。每慮胡騎奔突。皆以戎車步騎相參。轝鹿角爲方陣。兵在內。楊素曰。此外自固之道也。

此車之用於南北朝者也

李靖與太宗論兵法曰。跳盪。兵也。戰鋒隊步騎相半也。駐隊兼車陣而出也。臣討突厥。越險數千里。此制未嘗改易。古人節制信可重也。

突厥阿史德溫傳反。裴行儉詐為糧車三百乘。伏壯士五輩。虜果掠車。車中士突出。殺獲幾盡。

馬燧為戰車。冒以猊象。行則以載。止則為陣。討田悅。燧乃推大車。焚悅將楊朝光柵。破之。

此車之用於唐者也

宋真宗咸平中。吳淑上疏請復古車戰之法。謂夫人平居。猶必謹藩籬。固關鍵。以備不虞。何況當胡虜之戰陣。禦突騎之輕慓。而無蔽護哉。夫人之被甲鎧。所以蔽護其身也。而戰之用車。亦一陣之甲鎧也。夫鱗介之蟲肌肉在內。鱗介在外。所以自蔽。豈可使肌肉居外。而鱗介反在內乎。夫用車以戰。亦一陣之鱗介也。故可以行止為營陣。賊至。則斂兵附車以拒之。賊退則乘勝出兵以擊之。用奇掩襲。可見而進。故出則藉此為所歸之地。入則以此為所居之宅。庶人心有所依據。不懼胡騎之陵突也。

魏勝嘗自創如意戰車數百輛。車上置獸面木牌。垂氈幙軟簾。以禦箭鏃。每車用二人推轂。可蔽五十人。行則載輜重器甲。止則為營。掛搭如城壘。前列大槍數十。人馬不能近。列陣。則如意在外。以旗蔽障。弓車當陣門。上置牀子弩。矢大如鑿。一矢能射數十人。發三矢。可數百步。砲車在陣中。施火石。砲亦二百步。交陣。則出騎兵兩向掩擊。得捷。則拔陣追襲。少却。則入陣間稍憩。士卒不疲。慮有拒遏。預爲解脫計。夜習不使人見。以其制上於朝。詔諸軍遵其式造焉。

此車之用於宋者也。

車之時宜

陰濕則停。陽燥則起

車之地宜

平易則利。險阻則害。

用車說

或曰。平原曠野。利於用車。若連山峻嶺。浮河積石。車不可用。答曰。大車不可用。輕車獨不可用乎。雙輪者不可用。單輪者獨不可用乎。昔馬隆偏箱。未聞其以地險路狹之故。遂廢此長技也。

或曰。敵以萬人之衆。穿地以爲長溝。溝之上。積以起土。則吾之輪有所扼。馬有所制。可奈何。答曰彼之力。能掘地爲溝。我之力。獨不能平溝爲地乎。且用車之力。即當思濟車之窮。奈何爲束手恃器之說也。而又不聞六韜軍用之說耶。渡溝塹飛橋一間。廣一丈五尺。長二丈以上。著轉關轆轤（欲易動也）八具。以環利通索張之。（張以環利通索欲堅固也）渡大水。飛江廣一丈五尺。長二丈以上。八具。以環利通索張之。雖長河大江。可以立濟。咫尺之溝。何足爲疑。

或曰。責軍以運車。是未見敵。而先竭其力於推挽矣。又或軍士不諳推挽。恐有破轅折軸之患。奈何。答曰。約計一軍。當身器甲糧糗。不下四五十觔。負四五十觔而趨。不一舍疲矣。再舍三舍疲極矣。卒然遇敵。豈能戰乎。有車以代爲之載。正息其力也。豈竭其力哉。且古人行軍。自戰士之外。必另設廝徒養負之卒若干人。應於每隊約給火夫二名。行則專主車務。止則專司樵汲。此兵法所謂以治勝者也。

牌制

夫平原廣野。結營禦沖。衛蔽矢石。此車之所宜也。若乃仰坂越險。卑下泥濘。短兵相接。矢石交擊。非牌何以蔽翼。此亦陣中之要具。不可少也。水陸舟車。皆可爲用。即古櫓盾之屬。以其能衛蔽也。明初之制。以木加革。重而不利於步。近福建以藤爲之。雖輕便。而不能避矢石。或以生牛革二層。縫成內實。以木綿桑皮紙。輕便堅利。能禦矢石火彈。可以代甲冑之用。然牌但主於衛。須以長短器械。爲之應援。其法具後。

用牌

用牌之法。須擇胆力輕捷健壯者。授之以法。置於行伍之先。爲衆人之藩衛。次用槍手四人。傍牌後遮身。次用斧手二人。再次用銃手四人。長短相間。迭爲應援。此用牌之大法也。牌兵有失通隊俱斬。

居士曰。用車利於北。而不利於南。利於陸。而不利於水。若用牌。則南北皆宜。水陸俱便。而再能以戚少保鴛鴦陣之法。爲損益之便。所當無敵矣。是在爲將者臨時制宜。不必拘以用車用牌之說可也。

水戰第十三

大江要道

舟製

水戰之器

兵夫列船式

舟戰

水戰之師

水戰附火

水戰第十三

水戰

東南之地。守江重於守城。水戰急於陸戰。謂天塹不足恃歟。則魏武困於居巢。曹丕困於濡須。拓跋困於瓜州。苻堅困於淝水矣。謂徒險果足恃歟。則杜預嘗襲樂鄉。胡奮嘗入夏口。賀若弼嘗涉廣陵。曹彬嘗渡采石矣。信乎扼險者勝。恃險者亡也。故當以防江爲戰守之要策。

大江要道

竊見大江之南。上自荆岳。下至常潤。不過十郡。十郡之間。其要不過十渡。上流最緊者三。荆南之公安石首。岳之北津。中流最緊者二。鄂之武昌。太平之采石。下流之最緊者二。建康之浦口。鎮江之瓜州是也。若江上無虞。則城內居民。皆可安堵如故。倘輕棄天險。聽其投鞭。坐守孤城。譬如鼠入穴中。立受偪仄。而東南數郡。皆有燎原漂木之變矣。嘗以歷代史書考之。舟師可以進戰之處。東南之師。趨三齊者。自淮入泗而止。劉裕代南燕。舟至下邳是也。趨河北者。自汴入河而止。桓溫伐燕。至枋頭是也。舍舟登陸。尚得半利。趨關中者。自河而入徑至長安。王鎮惡以蒙衝小艦。至渭橋是也。水陸並進。可得全利。此皆以舟師進者也。若夫舟師可以守之處。塞建平之口。使自三峽者不得下。此王濬伐吳。楊素伐陳之路也。據武昌之要。使自漢水者不得進。此何尙之所謂津要根本之地也。守采石之險。使自合肥者不得渡。蓋韓擒虎嘗因以滅陳也。防瓜步之津。使自盱眙者不得至。蓋魏大武欲道此以寇宋也。扼其要害。使不得進。此皆以舟師守者也。

舟戰

大勝小

戚繼光云。福船廣大如城。非人力可驅。全仗風勢。倭船自來矮小。如我之小艙船。故福船乘風下壓。如車碾螳螂。鬥船力而不鬥人力。是以每每取勝。

金兀朮入寇。韓世忠與相持於黃天蕩。世忠以海艦進泊金山下。將戰。海舟乘風使篷。往來如飛。兀朮大敗。

宋虞允文及金主亮戰於江中。部分甫畢。敵已大呼。亮操小紅旗。麾數百艘。截江而來。瞬息抵南岸者七十艘。直薄我軍。士殊死戰。官軍以海鰌船衝敵舟。皆平沉。敵半死半戰。日暮大敗。

明陳友諒圍南昌。太祖親督舟師三十萬往援之。友諒解圍。東出鄱陽湖逆戰。友諒悉以巨舟連鎖為陣。旌旗樓櫓。望之如山。我軍舟小。怯於仰攻。往往退縮。太祖不懌。親執旗麾。右師小郤。太祖命斬隊長而下十餘人。猶不能止。郭興趨進曰。彼舟如此。大小不敵。非人不用命也。臣愚以爲非火攻不可。上然之。即令常遇春諸將。分調網船。載草荻。寘火藥其中。至晡時東北風起。乘風縱火。焚其戰艦數百艘。烟焰漲天。十里之間。湖水盡赤。友諒弟僞王陳友仁。陳友貴。及平章陳普略等皆焚死。

堅勝脆

廣船視福船尤大。其堅緻亦遠過之。蓋廣船乃鐵力木所造。福船不過松杉之類而已。二船在海若相冲擊。福船即碎。不能當鐵力之堅也。倭夸造船。亦用松杉之類。不敢與廣船相冲。

順風勝逆風

吳越王鏐。遣其子傳鑵擊吳。吳遣彭彥章拒之。戰於狼山。吳船乘風而進。傳鑵引兵避之。既過。自後隨之。吳回船與戰。傳鑵使順風揚灰。吳人不能開目。及船舷相接。傳鑵使散沙於己船。而散豆於吳船。豆爲戰血所漬。吳人踐之皆僵仆。因縱火焚吳船。吳兵大敗。

金亮遣蘇保衡。統水兵由海道將趨二浙。李寶舟師至東海縣。時虜圍海州。寶麾兵登岸。虜驚引去。寶引子公佐。引舟師至密之膠西石臼島。而虜舟已出海口。泊唐島。相距止一山。候風即南。不知王師猝至。寶禱於石臼。祈風助順。丙寅。風雨南來。衆喜爭奮。引帆。俄頃過山薄虜。虜驚失措。虜帆皆以錦纈爲之。彌亘數里。忽爲波濤捲聚一隅。窮促搖兀。無復行次。寶以火箭射之。烟焰隨發。延燒數百艘。火不及者。猶欲前拒。寶命健士登其舟。以短兵擊刺殪之。降者三千人。獲完顏鄭家奴六人。斬之。

順流勝逆流

吳李神福。自鄂州東下。田頵遣其將王壇汪建將水軍逆戰。神福謂諸將曰。彼衆我寡。當以奇取勝。及暮。合戰。神福佯敗。引舟泝流而上。壇建追之。神福復還。順流擊之。因風縱火。焚其艦。壇建大敗。士卒焚溺死者甚衆。

防淺

吳權舉兵。攻皎公羨於交州。漢主命其子宏操。將兵救公羨。權引兵逆戰。先於海口多植大杙。銳其首。冒之以鐵。遣輕舟乘潮挑戰而僞遁。須臾潮落。漢艦皆礙鐵杙。不得返。漢兵大敗。士卒覆溺者大半。宏操死。漢主慟哭。收餘衆而還。

明太祖討陳友諒。戰於鄱陽湖。屢瀕於危。所乘舟偶膠淺沙。賊乘勢攻之急。欲犯太祖舟。一時諸將計無所出。帳前親兵將韓成進曰。古人有殺身以成仁者。臣不敢愛其死。遂服上袍冕。對賊衆投水中。賊信之。攻稍弛。會諸將兵至救之。賊始退。

太祖敗陳友諒於鄱陽湖。友諒欲退保鞋山。明師先至罌子口。橫截湖面。邀其歸路。友諒不得出。是夕。明舟渡淺於左蠡。與友諒相持者三日。俞通海與衆議曰。湖水有淺處。舟難迴旋。不利於戰。莫若入江。據敵上流。彼舟若入。卽成擒矣。劉基亦密言於太祖。移軍湖口。期以金木相犯日決勝。太祖從之。敵見明水陸結寨。不敢出。糧盡。勢窘。繞下流欲遁。通海追敗之。

防砲

鄱陽之戰。太祖亦屢瀕於危而後安。一日。與友諒鏖戰。劉基在御舟。忽躍起大呼。太祖亦驚起回顧。但見基雙手揮之。連聲呼曰。難星過。可更舟。太祖悟。如其言更之。坐未半嚮。舊舟已爲敵砲擊碎矣。

防火

元張宏範襲崖山。張世傑結大舶千餘。作一字陣。碇海中。中艫外面。貫以大索。四周起樓棚如城。奉帝居其間。爲死守計。宏範薄之。世傑舟堅不能動。宏範乃舟載茅茨。沃以膏脂。乘風縱火焚之。世傑戰艦。皆塗泥縛長木以拒火。舟不熱。宏範無如之何。

防風

張世傑與張宏範戰於崖山。世傑兵潰。陸秀夫負帝赴海。死之。世傑復收兵。至海陵山。散潰稍集。謀入廣。颶風大作。將士勸世傑登岸。世傑曰。無以爲也。登柁樓。露香祝曰。我爲趙氏。亦已至矣。一君亡。復立一君。今又亡。我未死者。庶幾敵兵退。別立趙氏以存祀耳。今若此。豈天意耶。風濤愈甚。世傑墮水死。諸將函其骨葬潮居里。

酒民曰。兵法云。凡戰背風軍勢。就順風之於戰。乃極明淺極切要者也。今之借口習天官者多矣。及問以某日有風。某日無風。某日風起何角。皆懵莫辨。嗟乎。以區區有聲有氣之物。尚不能知。反欲妄言禍福。孰令聽之哉。

按大學衍義補。有兩頭船之說。蓋以海運爲船巨。遇風懼難旋轉。兩頭製舵。遇東風則西馳。遇南風則北馳。海道諸船。無逾其利。蓋武備不嫌於多。慮患不妨於遠。莫爲之前。猶將求之。而況設之前者。有未泯乎。以此冲敵。則賊舟雖整。可亂也。

防覆

海鶻者。船形頭低尾高。前大後小如鶻之形。舷上左右置浮板。形如鶻翅。助其船。雖風濤怒漲而無側傾。覆背左右。以生牛皮爲城。牙旗金鼓如常法。

防鑿

舟用尖底。庶可無虞。舟底有用密釘者。則奸細從水底鑿船。可無慮矣。

舟製

八卦六花船

此船。江海中攻守皆用。不懼風濤。攻則敵不能當。守則敵不能近。故水戰首此。以保全勝。用厚楠木板。作五槽底。槽前平頭。槽後爲尾。有八卦六花之義。故名焉。上有三桅。中有八輪。後有柁樓。順風用篷。逆風轉輪。其快如風。底中一槽。高七尺。闊六尺。旁二槽。高六尺。闊五尺。儘邊二槽。高五尺。闊四尺。每槽相離。寘輪一尺五寸。其闊三丈六尺。兩頭接鋪平。中間上作艙。長三丈六尺。槽前平頭三丈六尺。槽亦三丈六尺。尾起柁樓。底空內定八輪。居中作官艙。長三丈六尺。闊一丈八尺。兩舷各闊九尺。前後中共三桅。篷索用藥水刷過。遇雨不濕。火到篷卽滅。周圍立挨牌。艙上用生牛皮包裹。底用狼牙釘品字密釘。以防奸細水椎。此統軍大將取勝也。

鬥艦

船舷上設女牆。可蔽半身。牆下開掣掉空。船內五尺。又建棚。與女牆齊。棚上又建女牆。重列戰士。上無覆蔽。前後左右。豎牙旗金鼓。晉謀伐吳。詔王濬修舟艦。乃作大舟。連舫一百二十步受二千人。以木爲城。起樓櫓。開四門。其上皆得馳馬。畫恠獸於鷁首以懼江神水恠。

門艦

樓船

案漢有樓船將軍。其法。船上建樓三重。列女牆戰格。樹幡幟。開弩牕矛穴。外施毡草禦火。寘砲車擂石鐵汁。狀如小壘。其長者。可以奔車馳馬。若遇暴風。則人力不能制。似不便於用。

以上諸船。皆用以壯威者也。

樓船

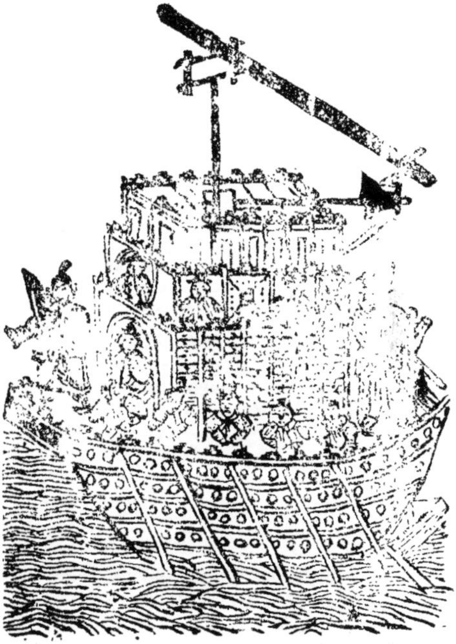

輪舟

岳飛破楊么於洞庭。么時與劉豫通。負固不服。方浮舟潮中。以輪激水。其行如飛。旁寘撞竿。官舟迎之輒碎，

金主亮既至江北。掠民船。指麾欲濟。虞允文伏舟於七寶山後。令曰。旗舉則出。伺其半渡。卓旗於山。人在舟中。踏車以行船。但見船行。而不見人。遂壓虜舟。人馬皆溺。此亦致勝之由也。

酒民曰。邱瓊山有曰。舟之大者。非風不行。而行風必以帆。若火箭射之。無不焚者。然則如之何而可。曰。楊么之舟。以輪激水。雖無風亦可行也。巧思者。能師其意仿而製之。亦一法也。

輪舟

神飛火輪舟

陸戰用車騎。水戰用舟船。一定之制也。此船之式。狀類海船。周圍以生牛革爲障。或剖竹爲笆。以擋矢石。上留銃眼箭眼。看以擊賊。上中下分爲三層。首尾設暗倉。以通上下。中層鋪用刀板釘板。兩旁設飛槳。或輪。乘浪排風。往來如飛。遇賊詐敗。槳而輿之。精兵暗伏艙下。待賊登船。機關一轉。賊皆翻。入中層刀板釘上。可以就而戮之矣。若冲入賊船隊內。兩旁暗伏火器。左冲右突。勢不可當。用此船一號。足抵常用戰船十號。顧用之者。在得其人耳。

神飛火輪船

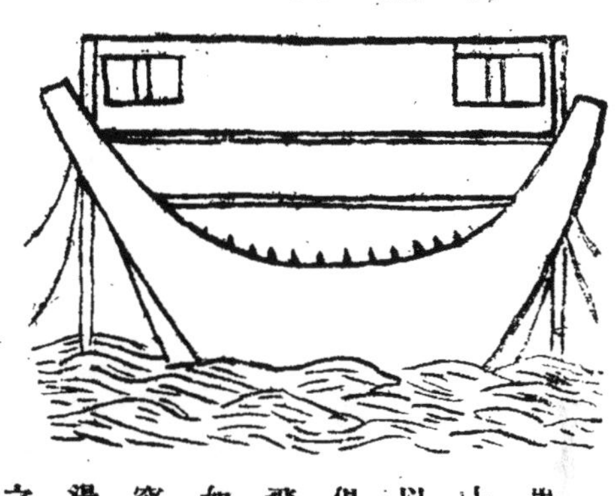

鷹船

崇明沙船。可以接戰。但上無壅蔽。火器矢石。可以禦之。不如鷹船。兩頭俱尖。不辨首尾。進退如飛。其旁皆矛竹板密釘。如福船旁板之狀。竹間設窗。可出銃箭。窗內隱人盪槳。鷹船沙船。乃相須之器也。

鷹船

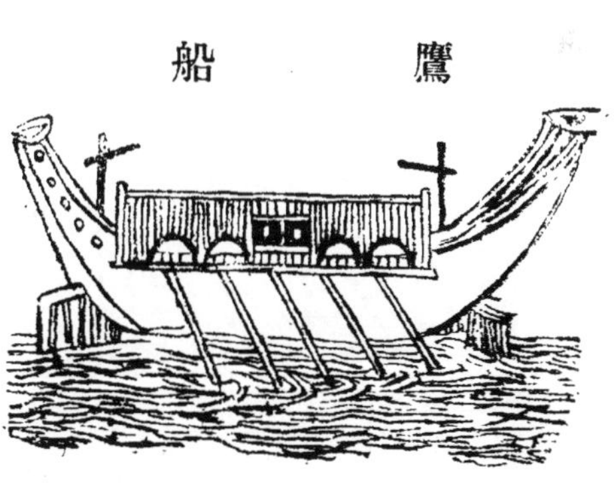

沙船

沙船能調創使門風。明舊制。深嚴雙桅船隻私自下海之禁。承平既久。法度寖弛。不但雙桅習以為常。甚有五桅者。長江大帆。一日千里。若從權取而用之。但於兩舷增設戰棚。以為蔽衛。亦利水戰。

以上諸船。皆用以戰敵者也。

喇叭唬船

喇叭唬船。浙中多用之。福建之烽火門。亦有其製。底尖面闊。首尾一樣。底用龍骨。直透前後。約一丈。長約四丈。末有小官艙。艙面兩旁。各用長板一條。其兵夫坐向後。而棹槳每邊用槳十枝。或八枝。其疾如飛。有風豎桅。用布帆。亦能破浪。甚便追逐哨探。倭奴號曰軟帆。賊亦畏憚。

酒民曰。按福建船有六號。一號二號俱名福船。三號哨船。四號冬船。五號鳥船。六號快船。福船勢力雄大。便於冲犂。哨船冬船。便於攻戰追擊。鳥船快船能狎風濤。便於哨探。或撈首級。大小兼用。俱不可廢。船制至福建備矣。

喇叭唬船

開浪船

以其頭尖。故名。喫水三四尺。四槳一櫓。其行如飛。內可容三五十人。不拘風潮順逆。皆可用也。

八槳船

此船不能禦賊。但可供哨探之用。今閩廣浙直皆有之。

宋趙善湘知鎭江。製多槳船五百艘。無論風勢逆順。捷疾如飛。

遊艇

無女牆。舷上槳牀左右。隨艇子大小長短。四尺一牀。計會進止。回軍轉陣。其疾如風。

漁船

漁船於諸船中。制至小。材至簡。工至約。而其用爲至重。何也。以之出海。每載三人。一人執布帆。一人執槳。一人執鳥嘴銃。布帆輕捷。無墊沒之虞。易進易退。隨波上下。敵舟瞭望所不及。是以海上賴之。取勝擒賊者。多其力焉。

以上諸船。皆用以哨探者也。

走舸

走舸者。用十四槳。船舸上立女牆。棹夫及戰卒。皆選勇力精銳者充。往返如飛鷗。乘人之所不及。

蒙衝

蒙衝者。以生牛革蒙戰船背。左右開掣棹空。矢石不能敗。前後左右。有弩窗矛穴。敵近則施放。此不用大船。務在捷速。乘人之不備。宋武帝北伐。王鎮惡請率水軍。自河入渭。直至渭橋。鎮惡所乘。皆蒙衝小艦。行船者悉在艦內。沂渭而進。艦外不見有行船人。北土素無舟楫。莫不驚以爲神。

蒙衝

無底船

襄城之圍。張貴爲無底船百餘艘。中豎旗幟。各立軍士於兩船以誘之。敵皆競躍以入。溺死者萬餘。亦昔人未有之奇也。夜戰誤敵。未有過於此者。

酒民曰。又法以三舟聯爲一艕。中一舟裝載。左右舟則虛其底而掩覆之。

鴛鴦槳

二舟幷一處。不用蓬桅。各長三丈五尺。闊九尺。生牛皮張裹。棹槳人並槳靶。俱在艙內。槳尾自內入水。每邊八把。艙上留箭眼。赴敵。則兩邊飛棹相迎。近則放神器。分兩邊夾攻。令彼左右難救。以上諸船。皆用以掩襲者也。

子母舟

子母舟長三丈五尺。前二丈。如艦船樣。後一丈五尺。只有兩邊幫板。腹內空虛。後藏一小舟。通連一處。亦有蓋板掩人。兩邊四棹。前母船使風棹槳。艙內裝芽薪。實火藥。船頭兩膀。俱用狼牙釘錠。鋼尖快利。一抵彼船。即將母船發火。與彼並焚。我軍後開子船而歸。

子母舟

聯環舟

其舟約四丈許。外視之若一舟。分則爲二舟。中聯以環。前截載大砲神煙神沙毒火等器。舟首錠大倒鬚釘數枚。後截兩旁拖數槳。載兵士。遇賊或乘順風。或自上流。相機徑趨賊營。以舟首釘撞於賊舟之上。前環自解。後截則回。乘賊心驚惶。用器擊之。乃水戰之奇策也。環者。大鐵圈兩個。錠前截後截。用鐵鉤兩個鉤住。撞於賊船。則放其鉤。而後截卽回本寨。

以上諸船。皆用以焚燒者也。

聯環舟

木筏

焚敵之船莫如火。碎敵之船莫如砲。但大砲用於船上。恐未損人。反先損己。自碗口大之上。不敢放也。今宜造木筏。不拘若干座。式用整木縱橫平底。風不可翻。水不可沉。上安木架。極其堅固。量其高過於敵船。於扼險之處。平排如堵。下安樁木以識之。用神器照賊來路打去。計步數若干遠。將打到之地。亦用樁木識之。其戰船居於木筏之後。五十步之外。以防其坐。筏上以絮被遮蔽於前。將二三十具。一字排列。賊船遠望。不啻城牆。莫測其中之虛實。伺看賊船。將入吾原識樁木浮板步數之內。將絮被用活機疾速放落而走舸之人將筏扶正。用諸火器。照賊打去。次第制之。以二三十座之筏。一齊擊發。賊船未有不損者。可以禦。可以守。乃水戰之必須者也。

破船舸

用大木五根。各長三丈餘。將木居中鑿空。仍鋪平厚以麻粘之。前後橫拴。串釘一處如筏。兩邊六輪上作船艙。輪軸在內。前平頭長一丈。艙長一丈五尺。尾長七尺。安舵樓。前平頭上。安破舟銃。其銃如神槍樣。槍頭如喬麥樣。用鈍鋼極快利。頭長三寸。後桿長四寸。如槍。安寘銃內。凡一舟用三具。約木頭與水頭簾平。約船相近。艙內點放火線。槍徑打入船內。

此用以守者也。

酒民曰。一水汪洋。了無邊岸。以此爲守。宛如限帶封域矣。兵法所云。先爲不可勝。以待敵之可勝者。此也。

水戰之師

束伍

船號最忌名色雜沓不一。不一則號令繁。雜沓則士難辨。混淆無有綱領。倘以坐籌制勝。只一至六號而止。每一寨係一將領。不拘船之大小多寡。均勻分派。不拘參遊都守把總。一例曰主將。親船爲中中司。擇第一堅大者。中軍領之。餘分爲中司左司右司。每司分二哨。前司後司。又各分二哨。共十哨。大約十船以下。五船以上。爲一哨官領之。兩哨爲一司。分總領之。三司二司爲一部。主將領之。

旗色

每船大旗。俱用黑布。一則便於遠瞭。一則合於水性也。仍用白布取寨名一字。大書加於旗心。各照方色。製以號帶。每隊長小旗一面。各照本船號帶方色。

每船大旗一面

前司紅帶　左司藍帶

右司白帶　後司黑帶

中司黃帶

中中司雙黃帶

每船小旗五面

前司紅邊

右司白邊

中司黃邊

中中司加黃邊

責成

捕盜專管一船之務。凡入船客兵。俱聽管束。第一當重其事權。俾有專力。無掣肘可也。舵工專管舵兼防舵門下攻守。椗手專管椗正頭前攻守。繚手專管帆檣繩索。主持調戧。斗手遇賊即上斗。用犂頭鏢下射賊舟。神器手專管定發無敵神飛砲。掌號手專管應司哨號令。及對敵進止號令。守艙門者臨敵牢守艙門。平時管一應家火槓具支銷。晝夜出入關防。隊長司一隊內攻守。督兵用命。賊近專發火筒。平時督兵習藝。修治軍火器。

舵工

一船之命。盡係舵工一人。必擇練達長年。善知風頭。熟識水勢者充之。再寘副貳以防疏虞。糧賜俱宜從優。有功先賞。

酒民曰。昔有善捕盜者。嘗言每遇寇。必親以手拊舵工兩髀。若其股戰髀慄。必別擇有胆氣者代之。蓋以懼奪其神。則東西易向。必至誤事。眞歷練後之語也。

水戰第十三

水兵

沿海鹽徒。儘可選用以充水兵。其次如浙之七里瀧。又金山寺下漁人。俱能朝入水。暮方出。白晝水底鑽船。致敵舟之沉溺。黑夜抽幫起椗。致賊師之失隊。其次則淮南北販賣私鹽者。人船輕便。且習風濤。黑夜潛行。駕棹如飛。用以出奇。偷營偵探。俱可用也。

泗人言文達

魏中山王英。與楊大眼等衆數十萬攻鍾離。梁主敕曹景宗救之。景宗慮城中危懼。募軍士言文達等。潛行水底。齎敕入城。城中始知有外援。勇氣百倍。

泗人司馬福

淮南兵圍蘇州。吳越王鏐遣錢鏢等救之。蘇州有水通城中。淮南軍張網綴鈴懸水中。魚鼈過皆知之。吳越司馬福因潛行入城。故以竿觸網。敵聞鈴聲。舉網。福因得過入城。由是城中號令。與鈔兵相應。敵以為神。

張永德用泗人繫舟

周師攻吳壽州。吳人大發樓船。蔽川而下。泊於濠泗。周師頗不利。永德使習水者沒其船。下繫以鐵鎖。急引輕舸擊之。吳人船不得進退。溺者甚衆。奪巨艦數十。永德解金帶賞習水者。

劉錡用泗人鑿舟

宋劉錡以兵駐淸河口，扼金師。金人以毡裹船載糧而來。錡使善沒者鑿沉其舟

張貴用泗人赴郢

宋張貴入襄陽。呂文煥固留共守。貴恃其驍勇。欲還郢。乃募二士。能伏水中數日不食。使持蠟書。赴郢求援。元兵增守益密。水路連鎖數十里。列撒星樁。雖魚蝦不得度。二人遇樁。卽鋸斷之。竟達郢還報。

浮水軍

宋趙善湘知鎭江。敎浮水軍五百人。常以黃金沉之江。使探得者輒予之。於是水藝極精練。能潛行水底數里。又製多槳船五百艘。無問風勢逆順。捷疾如飛。赤烏白鷂二大舟。每舟可載二千人。依八陣爲法。每一蒐閱。舟艦參錯。雜以浮水諸軍。履波濤爲部伍。角伎奏樂。如涉康莊。

水戰之法。與其死戰賊於舟上。不如陰制賊於舟下。蓋以角力尙互有勝負。運奇則操術萬全也。與其破賊之卒，不如破賊之舟。蓋以破卒尙斬獲有限。破舟則死亡無算也。然收功全在沒人。爲將者宜預爲簡別。厚加撫養。勤爲練試。以備不時之用。中流一壺。千金市之矣。

水戰之器

攔火飛蓬

水戰之制。莫要於蓬帆。何也。陸戰皆實地。設有不虞。再謀生路。江河湖海之間。四面波濤。蓬帆一沾火藥。則三軍之命休矣。必用晉石蜂脂。熬潰爲水。將竹篾。箬葉。痲索籐繩。或布浸之。晒乾再浸。務令極透。編造蓬帆。大書飛龍天兵爲號。則火箭。火毬。火牡丹等件沾染不着。吾兵可保無虞。而進可克敵矣。此水戰之要具也。

應用法藥

晉石（出山西透明者佳） 脂蜜（出閩地者佳）

製法

卽石十斤。蜂脂三斤。水五斤。再浸再晒。以不染火爲度。

又製蓬索藥方

每白礬十斤。皮哨五斤。梔子四斤。爲末。入水五斗。熬三五沸刷在蓬索上。以防雨火也。

攔火飛篷式

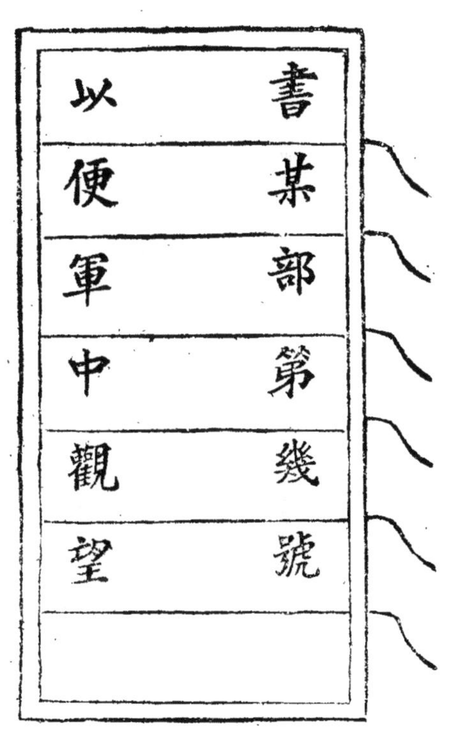

飛波甲

水戰之具固多。而甲冑之制爲要。用紬絹爲裏。瓠板爲甲。砌如魚鱗。先用礬水浸透。晒乾用。或以鵝雁翎編疊爲甲。浮行水面。駕浪乘風。頃刻數十里。水不沉溺。而長江大河之險。不足慮也。武經有羊皮。水袋。浮罌等製。不如此妙。

飛波甲

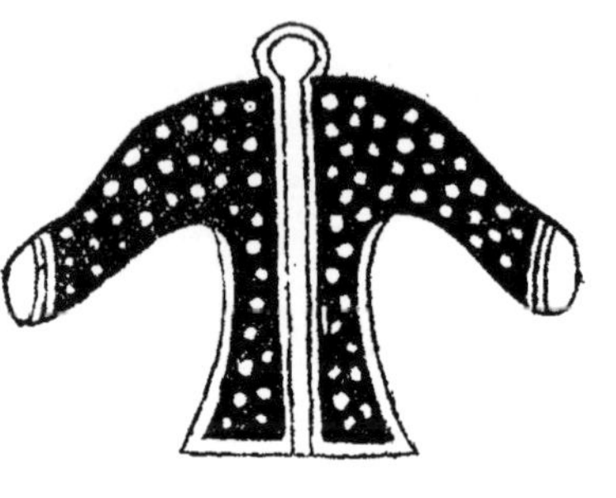

用椰瓢漆黑。以護腎囊。用帛帶繫於腰內。漆絹裹脚底。蓋腎囊與脚底。湧泉穴入水。其紅如火。惡魚水獸。望光而來。斯傷其命。護之則光不現而害可免。亦水戰之必備者。

器式

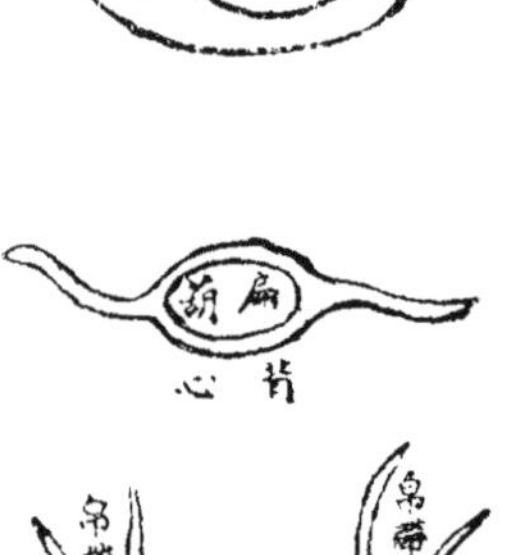

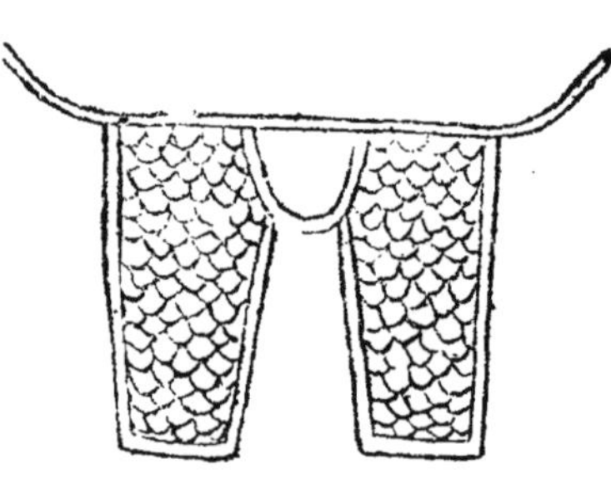

護腎護脚

橐籥

潛伏水底。用銀打造法物。約長一尺。上分兩竅管塞於鼻。下合一管。噙於口中。蓋人之被溺。以水隨呼吸而入故也。能使口鼻之氣。上下往來。可保無虞。

水馬

水馬之法。用黃籐造一水馬。腰似斗粗。下用四足橫出水上。其馬頭高一尺。遮前浪。馬尾高一尺。遮後浪。各虛其中。外用布裹堅漆。拴一轡鞍。人騎其中。以便攀扯馬頭。另外安插中空一段。可藏乾糧。足備三日之用。有此一物。則人人胆壯。其體不重。船中易載。再用綿裹上用匏片為甲。葉匏取其浮。綿取其水濕。可禦矢石。旁跨堅木短橈一件。橈首用鐵為刃。可為戰具。而橈桿之中。可藏小刀一口。以備急用。雖船損落水。猶可以戰。每見江海舟人。有嬰兒各繫一整匏於其背。以防一時之溺。今將水帶亦用黃籐編輯。至於兩掖。惟一扁層。或以皮聯之。取其不礙戰鬥。至於負之背上者。少加大焉。而胸前次之。各用布漆。不惟便於水。且利於戰。若腰繫此帶。而更騎水馬則沉溺之患。可保無虞矣。

火箭

火箭之用。其勢猛。其力大。敵見生畏。過於弓弩。善造者。可得六七百步之遠。然造之不易。一枝約打二萬鎚。方能濟。頭上須用回火。約十分之二。因火箭力大。而帆蓆之薄。一射徑過。無益於焚故耳。如倘蘆透過。當離火門之下。一二寸遠。用竹扎十字交叉。以阻留之。水戰焚帆。陸戰焚寨。其竹鐵交接處。須用觔纏堅固。用漆漆過。其翎花亦用漆下。方耐風雨濕氣。此火箭之制也。但恐用之無法。見敵惟圖高遠放去。敵望而避之甚易。是以有用之物。而施於無用之地。甚可惜也。南方之製。多聚百枝。或三五十枝。裝入一籠內。名曰一窩蜂。又曰火籠。少者九枝曰九龍箭。或其狀差小者。名曰涌箭。馬上亦可施放。各立名色甚多。其實一而已矣。

火飛抓

賊船若在百步外。用火箭射之矣。如近數十步之內。或焚其帆。或焚其灶棚。非火飛抓不可。其制。用可車之木。車作棒槌形。自頂上八刀。將內中車空。入明火藥裝滿。周圍共掏七八孔以出火。又周圍用倒鬚釘釘之。外以油紙糊之。以避雨濕。臨敵用手擲去。或高釘帆上。可以焚帆。或釘入人身。可焚而走。釘入灶棚。可以延燒。此外似無奇策矣。然火飛抓之妙。不獨水路可用。如陸戰。令持諸器者各帶一具。臨戰之時。前面用長兵相抵。後面短器手點火。擲中敵人。無不奪氣而走者。惟知機之將。臨時變通之而已。此亦亂而取之之意也。

火飛抓

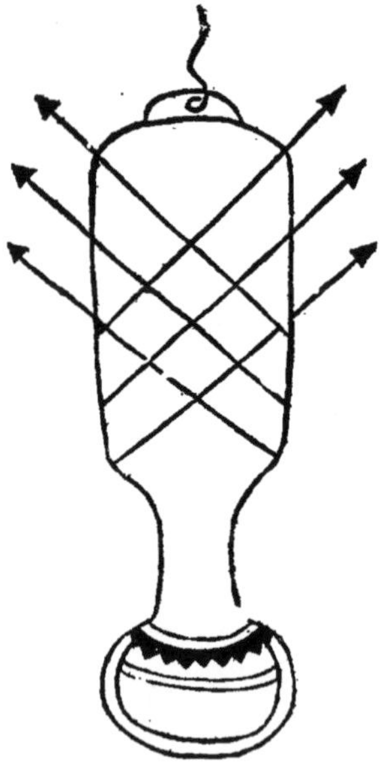

三飛

三飛不過一法。卽一大火箭也。造法。用徑六七分荊木爲柄。長可六七尺。後杪用大翎三稜。與柄相稱。藥頭用紙筒。實以火藥。如火箭頭同。長可七寸。粗可二寸。再大再加。鏃長五寸。橫闊八分。或如劍形。或如刀形。或三稜如火箭頭。光瑩芒利。通計連身重二斤有餘。然火發之。可去三百步。但命中不能。惟擊聚隊。擊大舟燒棚帆。極妙。

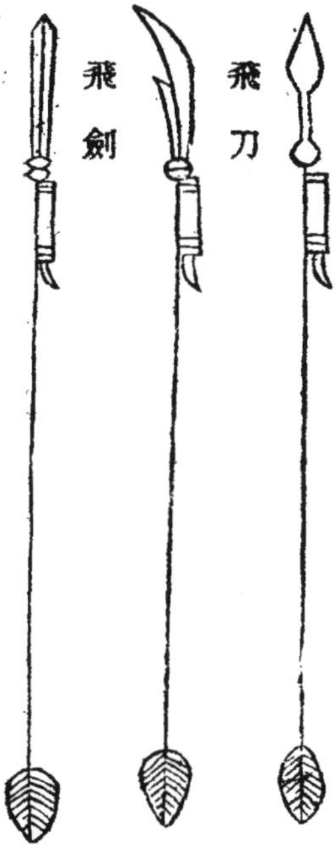

飛槍

飛刀

飛劍

火桶

用木桶可容一斗者。每桶先入藥五斤。平平鋪定。上用薄沙土一層履之。將粗碗一隻。內用灰埋火二三塊。平平擱在桶內沙上。裝完。雙手平舉。輕輕落下彼舟。火激藥發。全舟盡焚。此器無藥線長短之失。遇激便燃。不及返擲我舟。必臨用時。方裝火碗。裝入火碗。就要擲去。不可留在我舟。恐碗熱藥燃。又恐忙中忘之。或爲物件手足所觸動。反害本船。用時必付平日習熟試過者。臨陣方得從容。不致錯亂。誤事

火桶

噴筒

用圓細貓竹。徑粗二寸。深長二尺餘。以麻繩纏密。下用竹木柄。長五尺。先下慢藥一層。次下送藥一層。次下餅一枚。餅熖原製。務要合口。用力築之。築過力。餅碎無用也。此處要妙。如此五次完。送藥多。則爆其腹。送藥少。則出餅子不遠。此有定法。以竹筒粗細，餅子大小。爲送藥加減爾。餅發去可數十丈遠。徑粘帆上。其帆立燃。藥方詳制器部內。

噴筒

噴筒製

噴餅送噴餅送噴餅送噴餅送噴餅送

藥子送噴餅送噴餅送噴餅送噴餅送

合餅子方

硝磺。樟腦。松脂。雄黃。砒霜。種匀分兩。法製打成餅。修合筒口。餅兩邊取渠一道。用藥線拴之。

餅式

此渠深一分

朝腦水秀才

隔河放砲擊賊。藥內須加朝腦水秀才。無此二樣。鉛子不能過水。船上用砲。亦必當用此二樣。以防水氣。

石油

四川有石油者。和藥。可入水不滅。若以石油造成藥團。藏火器中。借火器一發之力。而石油之火。崩散於船蓬船艙之中。掩敵不備。駭目驚心。縱以水救之。而石油不畏水。愈救愈熾。其焚必矣。若以兵襲之。無不勝者。

江豚油

江豚在水中。能逆風逆浪而上。其油當風不滅。可合石油共爲藥。

逆風火藥

風逆愈勁。煙焰蔽天。歌曰。狠糞多收幷艾葯。須教加入江豚骨。骨煅爲灰肉煉油。油拌硝硫灰性烈。晒焙須當用極乾。逆風愈勁眞絕。還當二八配分明。火攻陣裏神仙訣。

狼糞　艾肭　江豚骨　江豚油　硝火

硫火　箸灰　樺灰　衫灰　斑猫

火種方

不灰木一斤　鐵衣三兩　炭末三兩　麩皮三兩

紅棗肉六兩　略拌米泔爲餅每兩管一月

水老鴉

流賊劉七等舟泊狼山下。蘇人有應募獻計。用火攻。其名水老鴉。藏藥及火於砲。水中發之。又爲製。形如鳥啄。持之入水。以啄鑽船。而機發之以自運轉。轉透船可沉。試用之。已破一船。賊駭。謂江南兵能水中破船。是神兵也。乃舍舟登山。遂爲守兵所殲。

鉤鐮

舟中或割其繚。或勾其船。或割其棚間繩索。必不可少。須竹長而輕。刃彎而利。乃得實用。

鉤鐮

撩鈎

兩船犂沉賊舟。用此撩級，或勾搭賊船使不得去。或勾繚索以牽其棚，舟中必不可少者。但須勾粗稍固。十數人扯拽。勾萬鈞而不曲。乃可勾柄長。手執難以着准。須用三勾。一搭卽得粘掛也。

撩鈎

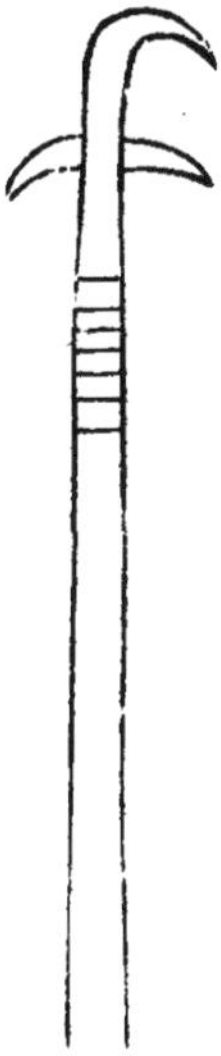

拍竿

拍竿者。施於大艦之上。每艦作五層樓。高百尺。寘六拍竿。並高五十尺，戰士八百人。旗幟加於上。每迎戰。敵船若逼。則發拍竿。當者船舫皆碎。

隋高祖命楊素伐陳。自信州下峽。造大艦名五牙艦。上起樓五層。高百餘尺。左右前後。寘六拍竿。並高五十尺。容戰士八百人。旗幟加於上次曰黃龍。置兵五百人。又乘舴艋等各有差。軍下至荊門。陳將以艦拒素。素令乘五牙四艘逆戰。船近以拍竿碎陳十餘艦。遂奪江路。

楊么與劉豫通。負固不服。方浮舟湖中。以輪激水。其行如飛。旁寘攂竿。官舟迎之輙碎。

鐵綆

兀朮欲北渡。韓世忠與之相持於黃一蕩。世忠豫以鐵綆貫大鈎。授健者。明旦。敵舟譟而前。世忠分海舟爲兩道。出其背。每縋一綆。則曳一舟沉之，兀朮窮蹙。

鈎距

楊銳守備九江安慶諸郡。聞甯濠變作。先引軍設鈎距於江側。禁勿泄。比寇至。船二百餘艘抵岸。爲鈎距所破。

犂頭鏢

此器。船斗船尾皆可用。下擲賊舟。中舟必洞。中人必碎。斗上止容一二人。多亦難擲。發不過三五次。全在鐵重柄粗尾細。太長則擲上難。太短則不直下。鋒但利即可。不必加工。翔其體重利下之勢而已。平時要習熟。先擇能上桅斗人。於高山峭壁。比桅斗尤高處。山下立小圓牌把。擲如一人粗。自山上擲鏢。每發必中把。方爲精熟。

重二斤　首徑一寸　長七尺　尾徑二分

犂頭鏢

小鏢

舟相近一二十丈內。若賊舟低小。我舟高大。用此最利。擲之如雨。無不中賊。但習之不熟。或翻筋斗。或中而無力。皆爲徒費。鋒須有鋼。頭重尾輕。用竹尤妙。竹體和軟。頭粗尾細相宜也。無竹處用木桿。須使頭粗尾細。取其發之有力而准也。用銀錢懸十步習之。能矢命中。又遠五步習之。至二三十步止。則力盡矣。

重四兩　首徑六分　長七尺　尾徑二三分

小鏢

頭粗長三寸

罟網（即壞魚網也以絕粗者爲貴）

此器。凡樓船無女牆板木者用之。懸於船外左右。防賊跳入。十數層厚。方可備槍箭。惟不能避銃子耳。先將網張無女牆船上。用矢射之。或槍戳銃擊。加一層不效。再加至十。以不穿爲准。

以上皆水戰利器也。然勝在於敵人之不及知。事敗於吾軍之不能秘。事機之無窮。一或不密。則我之所以制敵者。敵反得以制我矣。公孫述拒岑彭。述爲浮橋攢鉤以拒彭之船纜。其術似矣。未幾。彭乃預知。縱火焚橋鉤。而述兵以敗。韋昭達征嶺南。賊爲竹籠盛沙石。以擋昭達之舟楫。其智非不巧也。不知昭達得以預知。使士卒持刀砍籠。而賊兵以潰。吳人之禦晉。可謂得策。然鐵鎖截船之術。一泄而不能免王濬捲大筏火炬之燒。是皆敗於輕泄。而貴於善祕也。

水戰附火

周瑜焚曹操

曹操伐吳。周瑜與劉備攻曹操。遇於赤壁。瑜部將黃蓋。取蒙衝鬥艦十艘。載燥荻枯柴。灌油其中。裹以帷幙。上建旌旗。豫備走舸。繫於其尾。時東南風急。蓋以十艦最著前。中江舉帆。餘船以次俱進。去北軍二里餘。同時發火。火烈風猛。船往如箭。燒盡北船。延及岸上營落。烟焰漲天。瑜等率輕銳繼其後。擂鼓大進。操軍敗退。

俞通海焚陳友諒

陳友諒圍南昌。明太祖率通海等西援。友諒解圍。東出鄱陽湖逆戰。通海乘風。棹七舟。載葦置火藥入敵水寨。焚其戰艦數百。獲友仁友貴。賊稍退。時通海舟。深入敵寨鏖戰。久之不復見。意通海戰沒。少頃飄颻遶出舟傍。明師見之大喜。躍呼奮前。大敗友諒。

兀朮火箭焚海舟

金兀朮入寇。韓世忠與相持於黃天蕩。世忠以海艦進泊金山下。將戰。世忠預命工鍛鐵。相連爲長綆。貫一大鉤。以授士之驍捷者。平旦。虜以舟譟而前。世忠分海舟為兩道。出其背。每縋綆則曳一舟而入。虜竟不得濟。兀朮見海舟乘風使篷。往來如飛。謂其下曰。南軍使船如使馬。奈何。乃募人獻破海舟之策。於是閩人王姓者。教其舟中載土。以平板鋪之。穴船板以櫂槳。俟風息則出。海舟無風。不可動也。且以火箭射其箬篷。則不攻自破矣。兀朮然之。刑白馬以祭天。及天霽風止。兀朮以小舟出江。世忠絕流擊之。海舟無風不能動。兀朮令善射者乘輕舟。以火箭射之。煙焰蔽天。師遂大潰。焚溺死者不可勝數。世忠僅以身免。奔還鎮江。兀朮遂濟江。屯於六合。

以上水戰而專用火攻者也。

劉裕分步騎於西岸破盧循。

晉盧循徐道覆率衆數萬。方艦而下。莫見舳艫之際。裕悉出輕利鬥艦。親提幡鼓。命衆軍齊力擊之。又分步騎於西岸。右軍參軍庾樂生乘艦不進。斬而狥之。於是衆軍並踴躍爭先。軍中多萬鈞神弩。所至莫不摧陷。裕自於中流蹙之。因風水之勢。賊艦悉泊西岸。西岸上軍先備火具。乃投火焚之。煙焰翳天。賊衆大敗。初分遣步兵。莫不疑怪。及燒賊艦。衆乃悅服。

杜惠度步兵夾岸破盧循

循既敗。遂收餘衆南走交州。刺史杜惠慶悉散家財。以賞軍士。與循合戰。擲雉尾炬焚其艦。以步兵夾岸射之。循衆艦俱燃。兵衆大潰。循知不免。先鴆妻子。自投於水。惠慶取其尸斬之。並其父子。函七首送都下。盧循滅而廣州平。

以上水戰而兼用陸兵者也

侯瑱就順風

後梁王琳攻陳。文帝命侯瑱督諸軍。出屯蕪湖。琳帥舟師東下。去蕪湖十里而泊。擊拆聞於陳軍。侯瑱令軍中晨炊蓐食以待之。時西南風起。琳自謂得天助。引兵直趨建康。瑱等徐出蕪湖躡其後。西南風反爲瑱用。琳擲火炬以燒陳船。皆反燒其船。瑱發拍以擊琳艦。又以牛皮冒蒙衝小船以觸其艦。並鎔鐵洒之。琳軍大敗。軍士溺死者什二三。餘皆棄船登岸走。爲陳軍所殺殆盡。

章昭達據上流

陳閩中守陳寶應舉兵反。據建安晉安二郡。界水陸爲柵。陳將章昭達討之。據其上流。命軍士伐木。帶枝葉爲筏。施拍其上。綴以大索。相次列營。夾兩岸。寶應挑戰。昭達乃按甲不動。俄而暴雨。江水大漲。昭達放筏衝突。水柵盡破。又出兵攻其步軍。寶應大潰。遂克定閩中。

居士曰。大凡水戰。以上流爲勢。順風爲勢。然順風抄轉。可爲逆風。逆風抄轉。可爲順風。

上流下流亦如之。總在主將隨機應變。看風駛船可耳。

吳爲鐵鎖截江王濬破之

晉武帝謀伐吳。詔王濬修舟艦。乃作大船連舫。百二十步。受二十餘人。以木爲城。起樓櫓開四出門。上得馳馬往來。又畫鷁首怪獸於船首。以懼江神。舟楫之盛。自古無有。吳爲鐵鎖橫截江險。又作鐵椎暗置江中。濬知狀。乃作大筏數十。亦方百餘步。縛艸爲人。令善水者以筏先行。遇鐵椎。輒著筏而去。又作大炬。長十餘丈。大數十圍。灌以麻油。在船前。遇鎖然炬燒斷。於是順風鼓棹。逕造三山。

洒民曰。按王濬造巨舟。泛長江面下。其大至方百二十步。受二千餘人。今長江故在。舟行往來者。雖百斛之舟。倘有膠於淺者。晉舟如許之大。轉動爲難。要非良法也。

魏爲橋柵跨淮。馮道根破之

魏中山王英。與將軍楊大眼等衆數十萬。攻梁鍾離城於邵陽洲。南岸爲橋柵數百步。跨淮通道。英據南岸攻城。大眼據北岸。立城以通糧運。梁高祖令曹景宗韋叡將兵救鍾離。命豫裝高艦。使與魏橋等。爲火攻之計。令景宗與叡攻二橋。叡攻其南。景宗攻其北。會淮水暴漲六七尺。叡使馮道根乘鬥艦。競發擊魏洲上軍。盡殪。別以小船載艸。灌之以膏。從而焚其橋。風怒火盛。烟塵晦冥。敢死之士。拔柵斫橋。水又漂疾。倏忽之間。橋柵俱盡。道根等皆身自搏戰。軍人奮勇。呼聲動天地。無不一當百。魏軍大敗。英見橋絕。脫身棄城走。大眼亦燒營去。諸壘相次土崩。悉棄器甲。爭投水死者十餘萬。斬首亦如之。

梁以竹笮聯艨艟斷河。李建及破之

梁賀瓌攻晉德勝南城。百道俱進。以竹笮聯艨艟十餘艘。蒙以牛革。設睥睨戰格如城狀。橫如河流。以斷晉之救兵。使不得渡。晉王自引兵馳往救之。陳於北岸。不能進。遣善游者入南城。見守將氏延賞。延賞言矢石將盡。陷在頃刻。晉王積金帛於軍門。募能破艨艟者。衆莫知為計。親將李建及曰。賀瓌悉衆而來。冀此一舉。若我軍不渡。則彼為得計。今日之事。建及請以死決之。乃選効節敢死之士三百餘人。被鎧操斧。乘舟而進。將至艨艟。流矢雨集。建及使操斧者入艨艟間。斧其竹笮。又以木甖載薪。沃油燃火。於上流縱之。隨以巨艦實甲士鼓譟攻之。艨艟既斷。隨流而下。梁兵焚溺殆半。晉兵乃得渡。瓌解圍走。

歐陽紇以竹籠盛沙石置水遏船昭達放之

歐陽紇據嶺南反。陳將章昭達督衆軍討之。紇聞昭達奄至。出頓淮口。多聚沙石。盛以竹籠。置水柵之外。用遏船艦。昭達令軍人啣刀。潛行水中。以斫竹籠。籠篾皆解。因縱大艦。隨流突之。賊衆大敗。因而禽紇。

魏以鐵鎖斷河

宋垣護之爲鍾離太守。隨王玄謨攻滑臺。護之以百舸爲前鋒。進據石濟。及魏救將至。馳書勸玄謨急攻之。不見從。玄謨敗退。不暇報護之。魏軍以鐵鎖三重斷河。以絕護之還路。河水迅急。護之中流而下。每至鐵鎖。以長柯斧斷之。魏人不能近。唯失一舸。餘舸並在。

崔延伯以車輪斷淮

梁趙祖悅。率水軍偷據峽石後。魏崔延伯率兵討之。延伯夾淮爲營。遂取車輪。去輞削銳其輻。輛輛接對揉竹絙。連貫相屬。並十餘道。橫水爲橋。兩頭施大轆轤。出沒任情。不可燒斷。既以斷祖悅走路。又令舟舸不通。梁武援兵不能赴救。祖悅被虜。軍大潰。

王僧辯以大艦斷江

湘東王命王僧辯等東擊侯景。侯子鑒屯姑熟。以拒西師。景遣兵助之。及戰。僧辯麾細船。皆令退縮。留大艦夾泊兩岸。子鑒之衆謂水軍欲退。爭出趨之。大艦斷其歸路。鼓譟大呼。合戰中江。子鑒大敗。

王軌以鐵鎖貫車輪斷淸水

陳將吳明徹軍至呂梁。周徐州總管梁士彥頻戰不利。嬰城自守。明徹遂堰清水以灌之。列船艦於城下。以圖攻取。詔以王軌爲行軍總管。率諸軍赴救。軌引兵輕行據淮口。令達奚長儒多豎大木。以鐵鎖貫車輪。繫以大石。沉之清水。橫斷陳船歸路。明徹乃破堰遽退。冀乘大水。以得入淮。比至清口。川流已闊。水勢亦衰。船並礙於車輪。不得復過。軌因率奇兵水陸並發。圍而蹙之。唯有騎將蕭摩訶。以二十騎先走得免。明徹及將士二萬餘人。並器械輜重。並就俘獲。

以上皆謀斷水者也

浮梁渡江

初唐池州人樊若永累舉進士不第。遂謀歸宋。乃漁釣采石江上。月夜乘小舟。載絲繩維南岸。疾棹抵北岸。以度江之廣狹。尋詣汴上書。言江南可取狀。請造浮梁以濟師。宋主然之。遣內侍往荊湖。造黃黑龍船數千艘。以大艦載大竹絚。自荊渚而下。命丁匠營之。三日橋成。議者以爲自古未有作浮梁渡江者。宋主不聽。師南下。以若永爲嚮導。既克池州。即用爲知州。若永請試舟於石牌口。移置采石。梁成。不差尺寸。宋師因以渡江。若履平地。

以上則謀濟水者也

兵夫列船式

平時在船四面。各兵各器長短相間。外向而立。如遇賊。卽隨賊所在之面併力動手。

每船器械

大佛郎機六座　噴筒六十個

鳥嘴銃一十門　鳥銃火藥一百斤

粗火藥四百斤　火磚一百塊

大小鉛彈三百斤　火箭三百枝

藥弩一十張　弩箭五百枝

甯波弓鎭江弓　點鋼箭（弓箭各兵皆宜自帶不開數目）

鉤鐮一百把　標槍一百枝

絮被二十床　籐牌二十面

五方旗五面

銅鑼一面

平時立船閱視圖

大旗一面並號帶

大鼓一面

火繩六十根　喇叭二枚

燈籠十盞（每燈備燭十夜每夜備燭十枝每枝一兩）椗十枝

邊椗二門　大篷一扇

小篷一扇　大櫓二張

舵二門　水匱二個

大綆五條　頭綆四條

大小繚手二條　大小繚絲二副

大小裡搭二副　通關前秤札尾四條

減篷索二條　大小橋綏二條

順舵索一條　絞椗索一條

椗牙索一條　纜八條

艇拖索一條　艇櫓六枝

水桶二個　車水索一條

大小望斗二個　斗心索二條

斗衣二副　鍋三口

指南針一盤　鐵鍬四把

鐵鋸四把　鐵鑽五把

鐵鑿十把

捕盜自備

釘四十斤　油五十斤

麻六十斤　灰三担

黃藤一百斤　桐油一百斤

各兵自備

盔一頂　甲一領

腰斧二口　簑衣箬笠一副

右每船兵夫器械等件。俱如前式。隨船大小增減。

水戰第十三

制勝第十四

固結民心　激揚士氣
誅除反仄　鎮定危疑
逆折盛勢　邀截歸路
誘攻城　誘入城
誘戰　佚能勞之
飽能飢之　安能動之
敵則能戰之　少則能守之
內外夾攻　不意奮擊
伐交　分勢
形　乘
認賊首　取賊箭
焚賊攻具　焚賊糧艸

制勝第十四

靜　暇

佚　飽

治　密

選將安邊　用財欲泰

制勝

以主客言之。則攻者爲客。守者爲主。則勝在守。以生死言之。則攻者居生路。守者陷死地。則勝又在攻。全視制勝之著何如爾。輯制勝。

固結民心

總論

黃石公曰。蓄恩不倦。以一取萬。又曰。接以禮勵以義。則士死之。孫子曰。道者。令民與上同意。可與之死。與之生。而不畏危也。吳子曰。民安其田宅。親其有司。則守已固矣。許洞曰。夫被圍者當先安其內。而後及其外可也。此皆固結民心之說也。晁錯曰。人情莫不欲壽。三王生之而不傷。人情莫不欲富。三王厚之而不困。人情莫不欲安。三王扶之而不危。人情莫不欲逸。三王節其力而不盡。此皆固結民心之政也。孟子曰。城非不高也。池非不深也。兵革非不堅利也。米粟非不多也。委而去之。是地利不如人和也。故制服之策。以固結民心爲首。

沉灶產蛙

趙簡子使尹鐸爲晉陽。請曰。以爲繭絲乎。抑爲保障乎。簡子曰。保障哉。尹鐸損其戶數。（減損戶數則賦稅輕民力舒也）。簡子謂無恤曰。晉國有難。而無以尹鐸爲少。無以晉陽爲遠。必以爲歸。及智伯求蔡皋狼之地於趙襄子而弗與。智伯帥韓魏之甲以攻之。襄子將出。曰。吾何走乎。從者曰。長子近。且城厚完。襄子曰。民罷力以完之。又斃死以守之。其誰與我。從者曰。邯鄲之倉庫實。襄子曰。浚民之膏澤以實之。又因而殺之。其誰與我。其晉陽乎。先王之所屬也。尹鐸之所寬也。民必和矣。乃走晉陽。三家圍而灌之。城不浸者三版。沉灶產蛙。民無叛意。

李光弼撫常山

李光弼以朔方兵五千。東救常山。常山團結子弟。執賊將安思義降。常山自顏杲卿死後。郡爲戰區。露胔藏埜。光弼酹而哭之。爲賊幽閉者出之。而厚恤其家。民大悅。

睢陽甯死不叛

尹子奇久圍睢陽。城中食盡。將士人糜米日一合。雜以茶紙樹皮爲食。茶紙既盡。遂食馬。馬盡。羅雀掘鼠。雀鼠又盡。巡出愛妾。殺以食士。許遠亦殺其奴。然後括城中婦人食之。繼以男子老弱。人知必死。莫有叛者。

王噲

燕子之爲王三年。國內大亂。齊王使章子伐燕。燕士卒不戰。城門不閉。齊人取子之醢之。遂殺

激揚士氣

劉錡積薪焚家

劉錡充東京副留守。金人敗盟南侵。已陷東京。錡與將佐舍舟陸行。先趨至順昌。知府事陳規。見錡問計。錡曰。城中有糧。則能與君共守。規曰。有米數萬斛。錡曰。可矣。諸將皆曰金兵不可敵也。請以精銳爲殿。步騎遮老小。順流還江南。錡曰。吾本赴官留守。今東京雖失。幸全軍至此。有城可守。奈何棄之。吾意已決。敢亂言去者斬。鑿舟沈之。示無去意。置家寺中。積薪於門。戒守者曰。脫有不利。卽焚吾家。毋辱敵手也。分命諸將守諸門。明斥堠。募土人爲間探。于是軍士皆奮。男子備守戰。婦人礪刀劍。爭呼躍曰。平時人欺我八字軍。今日當爲國家破賊立功矣。及戰。大破金人。

吳玠忠義勉士

始金人之入也。玠與璘以散卒數千。駐原上。朝問隔絕。人無固志。有謀刼玠兄弟北去者。玠知之。召諸將歃血盟誓。勉以忠義。將士皆感泣。願盡死力。大破金人。兀朮中流矢。僅以身免。

急剃其鬚髯而遁、

張巡誓死

慶緒遣其將。尹子奇趣睢陽。巡與許遠拒卻之。賊復來攻。巡謂將士曰。吾受國恩。賊若復來。止有死爾。但念諸君捐軀力戰。而賞不直勳。以此痛心爾。將士皆激勵請奮。巡乃椎牛饗士。盡軍出戰。巡執旗幟。諸將直冲賊陣。賊乃大潰。

李光弼內刀於鞾

史思明復攻河陽。李光弼將戰。內刀於鞾曰。戰危事。吾位三公。不可辱於賊。萬一不捷。當自刎以謝天子。及是西向拜舞。三軍感動。

德宗引咎

朱泚攻奉天。上召公卿將吏謂曰。朕以不德自陷危亡。固其宜也。公輩無罪。宜早降以救室家。羣臣皆頓首流涕。期盡死力。故將士雖困急。而銳氣不衰。

張伾鬻愛女

田悅攻臨洺。累月不拔。城中食且盡。府庫竭。士卒多死傷。張伾飾其愛女。使出拜將士曰。諸軍守戰甚苦。伾家無他物。請鬻此女。為將士一日之費。衆皆哭曰。願盡死力。不敢言賞。

楊慶復厚給糧賜

西川之民。聞蠻寇將至。爭走入成都。楊慶復募士厚給糧賜。乃諭之曰。汝曹皆軍中子弟。年少材勇。平居無自進。今蠻寇憑陵。乃汝曹取富貴之秋也。可不勉乎。皆歡呼踴躍。得選兵二千人。號曰突將。蠻合梯冲四面攻成都。慶復帥突將出戰。殺傷蠻二千餘人。蜀人素怯。其突將新爲慶復所獎拔。且利於厚賞。勇氣百倍。其不得出者。皆憤鬱求奮。慶復與蠻戰。蜀民數千人。爭操芟刀白刃。以助官軍。呼聲震野。蠻軍大敗。死者五千餘人。

楊烈婦重賞

楊烈婦者。李侃妻也。李希烈陷汴。謀襲陳州。侃爲項城令。希烈分兵數千。略定諸縣。侃以城小賊銳。欲逃去。婦曰。寇至當守。力不足。則死焉。君而逃。尚誰守。侃曰。兵少財乏若何。婦曰縣不守。則城池皆其地也。倉廩府庫皆其積也。百姓皆其戰士也。於國家何有。請重賞。募死士。尚可濟。侃乃召吏民入廷中曰。令誠若主。然滿歲則去。非如吏民生此土也。墳墓存焉。宜相爲死守。忍失身北面奉賊乎。衆泣許諾。乃狥曰。以瓦石擊賊者賞千錢。以刀矢殺賊者萬錢。得數百人。侃率以乘城。婦身自爨以享衆。報賊曰。項城父老。義不下賊。得吾城。不足爲威。宜亟去。徒失利。無益也。賊大笑。侃中流矢還家。婦責曰。君不在。人誰肯固守。死於外。

猶愈於牀也。侃遽登城。會賊將中矢死。遂引去。

李政財散

宋冀州將官李政。備守有方。紀律嚴明。金屢攻城。皆擊退之。嘗夜刼金寨。所得盡散士卒。不以自私。一日。金人已登城火其門樓。政以重賞。募死士撲之。俄有數千人。皆以濕毡裹身躍火而進。大呼力戰。金人驚駭。有失仗者。遂敗走。城賴以全。後政死而城失守。

誅除反仄

張巡誅六將

令狐潮圍張巡於雍邱。相守四十餘日。朝廷聲問不通。潮聞上皇已幸蜀。復以書招巡。有大將六人。官皆開府特進。白巡以兵勢不敵。且上存亡不可知。不如降賊。巡陽許諾。明日。堂上設天子畫像。帥將士朝之。人人皆泣。引六將於前。責以大義。斬之。士心益。

邊居誼

元兵薄新城。總制黃順。副將任甯。俱出降。其部曲多欲縋城出者。邊居誼悉驅入。當門斬之。遂堅守不下。

酒民曰。旣有貳心矣。則後日開門延賊。賣主求榮者必此輩也。豈可留以自禍乎。斬之可也。

鎭定危疑

朱桓喩士

朱桓爲濡須督。魏曹仁以步騎數萬奄至。時桓手下及所部兵在者五千人。諸將業業。各有懼心。桓喩之曰。兵法所以稱客倍而主人半者。謂俱在平原無城池之守爾。今仁千里步涉。人馬罷困。桓與諸君。共據高城。南臨大江。北背山陵。以逸待勞。爲主制客。此百戰百勝之勢也。雖曹丕自來。尙不足憂。况仁等耶。乃偃旗鼓。示弱以誘之。魏師不克還。

酒民曰。夫攻之與守。彼下而我上。彼仰而我俯。彼勞而我逸。彼動而我靜。彼客而我主。不待卜筮。而數者之勝。已操之自我矣。但承平日久。人不知兵。正宜有以曉之。

羊侃安衆

侯景軍乘勝至闕下。城中洶懼。羊侃詐稱得射書。云邵陵王西昌侯援兵已至近路。衆乃少安。

庾域題空倉

魏圍南鄭數十日。城中洶懼。庾域封題空倉數十。指示將士曰。此中粟皆滿。足支二年。但努力固守。衆心乃安。

晉侯圍曹。曹人洶懼。因其洶也而攻之。遂入曹。張魯旣降操。蜀中一日數十驚。雖斬之。不能禁也。故兵法曰。心怖可擊。人心懼。則掩氣。最爲誤事。然軍勢曰。將無勇則士卒恐。第視專城者爲何如人爾。

王羆開誠示衆

王羆守華州。時西魏師與東魏師戰於河橋。不利。前後所虜魏士卒。散在民間。聞魏兵敗。謀作亂。於是趙青雀等遂反。據長安子城。羆聞之。大開州門。召軍人謂之曰。頃聞大軍失利。青雀作亂。諸人相驚。咸有異志。王羆受委於此。以死報恩。諸人若有異圖。可來見殺。必恐城陷沒者亦任出城。如有忠誠能與王羆同心者。可共固守。軍人見其誠信。皆無異志。

逆折盛勢

張遼折吳

曹操之征張魯也。爲敎與護軍薛悌。而署其函邊曰。賊至乃發。及是。孫權率衆十萬圍合肥。乃共發函敎曰。若孫權至者。張李將軍出戰。樂將軍守。護軍勿得與戰。諸將以衆寡不敵疑之。遼曰。公遠征在外。比救至。彼破我必矣。是以教指及其未合逆擊之。折其盛勢。以安衆心。然後可守也。進等莫對。遼怒曰。成敗之機。在此一戰。諸君若疑。遼將獨決之。李典素與遼不睦。慨然曰。此國家大事。顧君計何如爾。吾可以私憾而忘公義乎。請從君而出。於是遼夜募敢從之士。得八百人。椎牛饗將士。平旦。遼與典被甲持戟先登。陷陣殺數十人。斬二將。大呼自名。冲壘直入　至權麾下。權大驚。不知所爲。走登高冢。以長戟自守。遼叱權下戰。權不敢動。望見遼所將衆少。乃聚圍遼數重。遼左右麾圍直前。急擊圍開。遼將麾下數十人得出。餘衆號呼。曰。將軍棄我乎。遼復還突圍。拔出餘衆。權人馬披皆靡無敢當者。自旦戰至日中。吳人奪氣。還修守備。衆心乃安。

張巡折賊

令狐潮等。四萬餘衆。奄至雍邱城下。衆懼。張巡曰。賊兵精銳。有輕我心。今出其不意擊之。彼必驚潰。賊勢少折。然後城可守也。乃使千人乘城。自帥千人。分數隊開門突出。巡身先士卒。直冲賊陣。人馬辟易。賊遂退。

渾瑊折賊

吐蕃十萬衆至奉天。京城震恐。渾瑊戍奉天。虜始列營。瑊帥驍騎二百冲之。身先士卒。虜衆披艫。擒挾虜將一人。躍馬而還。從騎無中鋒鏑者。城上士卒望之。勇氣始振。

王文郁折夏

夏人數十萬圍蘭州。已據西關。李浩閉城距守。鈐轄王文郁請擊之。浩曰城中騎兵。不滿數百。安可輕戰。文郁曰。賊衆我寡。正當折其鋒。以安衆心。然後可守。此張遼所以破合肥也。乃夜集士七百餘人。縋城而下。持短刃突之。賊衆驚潰。時以文郁方尉遲敬德。擢知州事。

邀截歸路

費禕據三嶺

魏曹爽入漢中。蜀據興勢。兵不得進。引軍還。費禕進據三嶺以截爽。爽爭險苦戰。僅乃得過。失亡甚衆。關中為之虛耗。

陳泰斷姜維

蜀姜維圍狄道。陳泰引兵救之。揚言欲向其還路。維懼遁走。

朱桓斷夾石掛車

吳周魴遣親人齎牋以誘曹休。言被譴懼誅。欲以郡降北。求兵應接。時頻有郎官。詣魴詰問軍事。舫因詣都門下。下髮謝。休聞之。率步騎十萬向皖以應舫。朱桓言於吳王曰。休本以親戚見仕。非智勇名將也。今戰必敗。敗必走。走當由夾石挂車。此兩道皆險阨。若以萬兵柴路。則彼衆可盡。休可生擒臣請將所部以斷之。休與陸遜戰於石亭。追亡逐北。徑至夾石。斬獲萬餘。牛馬驢騾車乘萬輛。軍資器械略盡。

王軌鎖清水

陳吳明徹圍周彭城。環列舟艦。攻之甚急。周王軌引兵輕行據淮口。結長圍。以鐵鎖貫車輪數百。沉之清水。（清河之水）以遏陳船歸路。軍中洶懼。蕭摩訶言於明徹曰。聞王軌始鎖下流。其兩端築城未立。請往擊之。不然。吾屬皆爲虜矣。明徹奮髯曰。搴旗陷陣。將軍事也。長算遠略。老夫事也。摩訶失色而退。一旬之間。水路遂斷。周兵益至。明徹決堰退軍。至清口。（清河之口）水勢漸微。舟礙車輪不得過。王軌引兵蹙之。衆潰明徹被執。將士輜重。皆沒於周。獨蕭摩訶與將軍任忠周羅睺全軍退還。

吳玠伏神坌

金人自起海角。狃於常勝。及與吳玠戰。輒敗。憤甚。謀必取玠。復攻和尙原。玠令諸將選勁弓強弩。分番迭射號駐隊矢。連發不絕。繁如雨注。敵稍却。則以奇兵旁擊。絕其糧道。度其困且走。設伏於神垕以持之。遂復大敗。兀朮中流矢。僅以身免。急剃其須髯而遁。

吳玠伏河池

金人攻殺金平。戰敗宵遁。玠先遣兵伏河池。扼其歸路。又敗之。自是不敢妄動。

种師道議扼河

金人南下。种師道入援。帝問曰。今日之事。卿意何如。對曰。臣以爲議和非也。女眞不知兵。豈有孤軍深入人境。而能善其歸乎。請緩給金幣。使彼惰歸。扼而殲諸河。執政不可。

种師道請乘半濟擊金

斡离不退。師北去。京師解嚴。种師道請乘其半濟擊之。帝不許。李邦彥立大旗於河東北河。有擅出兵者幷依軍法。种師道曰。異日必爲國患。

居士曰。來既不能禦。去又不能追。何以立國。何以保民。嗚呼。殆已。

宗澤欲據金人歸路

宗澤聞金人逼二帝北行。即提軍趨滑。走黎陽。至大名。欲徑渡河。據金人歸路。邀還二帝。而勤王之兵。無一至者。

兀朮破臨安。帝如浙東。韓世忠以前軍駐青龍鎭。中軍駐江灣。後軍駐海口。大治舟艦。欲俟敵歸邀擊之。及兀朮由秀州趨平江。世忠事不就。遂移師鎭江以待之。先以八千人屯焦山寺。兀朮欲濟江。乃遣使通問。且約戰期。世忠許之。因謂諸將曰。是間形勢。無如金山龍王廟者。敵必登之。以覘我虛實。乃遣蘇德將百人伏廟中。百人伏廟下岸側。戒之曰。聞江中鼓聲。則岸兵先入。廟兵繼出。以合擊之。及敵至。果有五騎趨廟。廟兵先鼓而出。獲兩騎。其三騎。則振策以馳。馳者一人。紅袍玉帶。既墜復跳而免。詰諸獲者。則朮兀也。既而接戰江中。凡數十合。世忠妻梁氏親執桴鼓。敵終不得濟。俘獲甚衆。擒兀朮之婿龍虎大王。兀朮懼。請盡歸所掠以假道。世忠不許。復益以名馬。又不許。遂自鎭江泝流西上。世忠循北岸。且戰且行。世忠艨艟大艦。出金師前後數里。擊柝之聲達旦。將至黃天蕩。兀朮窘甚。或曰。老鸛河故道。今雖湮塞。若鑿之。可通秦淮。兀朮從之。一夕渠成。凡五十里。遂趨建康。岳飛以騎三百。步兵三千。邀擊於新城大破之。兀朮乃復自龍灣出江中。趨西淮。會撻懶又自濰州遣孛堇太一。引兵來援。兀朮乃復引還。欲北渡。世忠與之相持於黃天蕩。太一軍江北。兀朮軍江南。世忠以海艦進泊金山下。豫以鉄綆貫大鉤。授驍健者。明日。敵舟譟而前。世忠分海舟爲兩道。出其背。每縋一綆。則曳一舟沉之。兀朮窮蹙。求會語。祈請甚哀。世忠曰。還我兩宮復我疆土。則可以相全。兀朮語塞。又數日求再會而言不遜。世忠引弓欲射之。兀朮亟馳去。見海舟乘風使篷。往來如飛。謂其下曰。南軍使船如使馬奈何。乃募人獻破海舟之策。於是閩人王姓者。敎其舟中載土。以平板鋪之。穴船板以櫂槳。俟風息則出。海舟無風。不可動也。且以火箭射其篛篷。則不攻自破矣。兀朮然之。刑白馬以祭天。及天霽風止。兀朮以小舟出江。世忠絕流擊之。海舟無風不能動。兀朮令善射者。乘輕舟以火箭射之。煙燄漲天。師遂大潰。焚溺死者。不可勝數。世忠僅以身免。奔還鎭江。兀朮遂濟江屯於六合縣。世忠以八千人。拒兀朮十萬之衆。凡四十八日而敗。然金人自是亦不敢復渡江矣。

酒民曰。截歸之戰。未有如此之痛快者。兀朮絕望南渡。江左得以偏安 皆此一戰之力也。

誘攻城

虞詡誘羌

漢虞詡爲武都太守。兵不滿三千。而羌衆萬餘。攻圍赤亭數十日。詡乃令軍中。使强弩勿發。而潛發小弩。羌以爲矢力弱。不能至。幷兵急攻。詡於是以二十强弩。共射一人。發無不中。羌大震退。

劉基誘陳友諒

陳友諒傾國入寇。陷金陵。軍勢張甚。欲發兵禦之。而衆懼怯不決。有請背城借一者。有以鍾山王氣請奔據者。有勸納款者。劉基後至。獨張目不言。上爲起入內。趣召基。基言先斬主納款。及奔鍾山者。上因問計安出。基曰。賊驕矣。誘之深入。而伏兵邀取之。故易易爾。取威定伯。在此一舉。而言納款及奔何也。於是決策誘之。破友諒。盡覆其衆。

誘入城

陳宮誘曹操

曹操呂布濮陽相持。陳宮謂布曰。可令富民田氏。詐獻密書。願爲內應。誘操入城。操信之。劉曄謂操曰。陳宮多謀。或是反間。不可不防。當分軍三隊。一隊入城。兩隊伏城外接應。田氏又使人獻書。約初更時。城上鳴螺殼爲號。縱兵入城。至期。操引兵至。城內州衙中砲聲響。四門火起。伏兵齊出。操大敗。往東門逃。城有崩木擊操馬倒。操陷火內。手臂鬚髮。盡皆燒毀。得典韋救之而出。

安邑人誘崔乾祐

崔乾祐至安邑。安邑人開門納之。半入。閉門擊之。盡殪。

李雄誘羅尙

晉益州牧羅尙。遣隗伯攻蜀城。李雄與戰。互有勝負。雄乃募武都人朴泰。鞭之見血。使譎羅尙。欲爲內應。以火爲期。尙信之。悉出精兵。遣隗伯等率之。從泰擊雄。雄將李驤於道設伏。泰以長梯倚城而舉火。伯軍見火起。而爭緣梯。泰以繩繫上。尙軍百餘人。皆斬之。雄因放兵內外擊之。大破尙軍。

鐵鉉誘靖難兵

靖難兵圍濟南甚急。鐵鉉令軍民詐降。陰伏勇士。開城門。候燕王入。急下鐵板。幾中之。

誘戰

劉錡誘兀朮

兀朮至順昌。劉錡遣耿訓約戰。兀朮怒曰。劉錡何敢與我戰。以吾力破汝城。直用靴尖趯倒耳。訓曰。太尉非但請與太子戰。且謂太子必不敢濟河。願獻浮橋五所。濟而大戰。遲明。錡果爲五浮橋於河上。敵由以濟。錡遣人毒潁上流及艸中。戒軍士雖渴死。毋得飲於河。飲者夷其族。時天大暑。敵遠來。晝夜不解甲。人馬飢渴。食水艸者輒病。往往困之。

于謙誘虜

也先挾英宗皇帝破紫荊。直窺京師。諸門皆有兵。總二十萬。虜見明兵盛而嚴。不敢輕犯。以數騎來嘗。于謙設伏于空室。使數騎誘虜。虜遂以萬騎來薄。遂發伏敗之。

佚能勞之

夜擾

特選精壯勇敢士五百名。照依敵粧敵哨。約爲暗號。每遇晦夜雨雪。賊忽略倦怠時。則從暗門縱出。亂砍其營。聚散倏忽。人自爲戰。遇有順風。以火器火砲。燒其積聚。驚則佯與同驚。睡則佯與同睡。但以無聲爲妙機。暗傷爲妙手。明砍明攻。是爲下著。五鼓鐘鳴。仍以暗號。認是吾兵。方許放進。此之謂鬼兵。密如鷙探。速若鶻擊。非敢死士。熟練人不可。或只用大砲。齊放轟營亦可。

張巡鳴鼓嚴隊

尹子奇復攻睢陽。張巡於城中夜鳴鼓嚴隊。若將出擊者。賊聞之。遂達旦儆備。既明。巡乃寢兵絕鼓。賊以飛樓瞰城中。無所見。解甲休息。巡與南霽雲雷萬春等十餘將。各將五十騎。開門突出。直冲賊營。斬將甚衆。

史思明掠抄官軍

唐郭子儀等九節度圍鄴城。穿塹三重。引漳水灌之。城中井泉皆溢。構棧而居。人以爲克在旦夕。城中人欲降者。礙水深不得出城。久不下。上下解體。思明乃自魏州。引兵趣鄴。使諸將去城各五十里爲營。每營擊鼓三百面。遙脅之。又每營選精騎五百。日於城下掠抄。官軍出。輒散歸各營。諸軍人馬牛車。日有所失。樵採甚難。晝備之則夜至。夜備之則晝至。思明乃引大軍。直抵城下。刻日決戰。官軍大潰。

劉錡夜斫金營

宋順昌受圍已四日。金兵益盛。乃移砦東村。距城二十里。錡遣驍將閻充。募壯士五百人。夜斫其營。是夕天欲雨。電光四起。見辮髮者輒殲之。金兵後退十五里。錡復募百人以往。或請銜枚。錡笑曰。無以枚也。命折竹爲器。如市井兒以爲戲者。人持一以爲號。直犯金營。電所燭則皆奮擊。電止則匿不動。敵衆大亂。百人者聞吹聲而聚。金人益不能測。終夜自戰。積尸盈野。

犖再遇疲金八

金人以十萬進攻六合。環城四面。營帳亘三十里。畢再遇間出奇兵擊之。敵晝夜不得休。乃引退。

姚廣孝罷王師

明師圍北平。姚廣孝夜縋死士。下城刼南兵。或遣數十人。遠伏艸莽間。夜舉火鳴砲。罷南兵不得休息。輒出精兵奮擊敗之。盡焚九門諸棚寨。

飽能飢之

祖逖邀擊趙糧

晉祖逖將韓潛。與後趙將桃豹。分據東川故城。相守四旬。後趙運糧饋豹。逖潛使邀擊獲之。豹宵遁。

史思明焚九節度之糧

唐郭子儀九節度圍鄴城。穿塹三重。引漳水灌之。城中井泉皆溢。構棧而居。人以為克在旦夕。城中人欲降者。礙水深不得出。史思明引兵救之。時天下飢饉。轉餉者南自江淮。西自并汾。舟車相繼思明多遣壯士。竊官軍裝號。督趣運者。責其稽緩。妄殺戮人。運者駭懼。舟車所聚。則密縱火焚之。往復聚散。自相辨識。而官軍不能察也。由是諸軍乏食。思明乃引大軍直抵城下。劉日大戰。思明直前奮擊。殺傷相半。大風忽起。吹沙拔木。天地晝晦。咫尺不辨。官軍大潰。

張巡取賊鹽米

令狐潮圍張巡於雍邱。會粮乏。潮餉賊鹽米數百艘。且至。巡夜壁城南。潮悉軍來拒。巡遣勇士啣枚濱河。取鹽米千斛。焚其餘而還。

劉錡鑿金粮船

劉錡以兵駐清河口。扼金帥。金人以氈裹船載粮而來。錡使善沒者鑿沉其舟。

畢再遇焚金粮

金兵七萬。在楚州城下。三千守淮陰粮。又載粮三千艘。泊大清河。畢再遇諜知之。曰。敵衆十倍。難以力勝。可計破也。乃遣統領許俊。間道趨淮陰。夜二鼓。啣枚至敵營。各攜火潛伏粮車間。五十餘所。聞哨聲舉火。敵驚擾奔竄。糧草遂空。楚圍解。

安能動之

孫子疾走魏都以解趙圍

魏伐趙。圍邯鄲。齊威王謀救趙。乃使田忌爲將。孫子爲軍師。忌欲引兵之趙。孫子曰。夫解雜亂紛糾者不控拳。救鬥者不搏撠。批亢搗虛。形格勢禁。則自爲解耳。今梁之輕兵銳卒竭於外。而老弱疲於內。若引兵疾走其都。彼必釋趙而自救。是我一舉解趙之圍。而收弊於魏也。忌從之。魏師還。與齊戰於桂陵。魏師大敗。

孫子直走魏都以解韓圍

魏伐韓。韓請求於齊。齊因起兵。使田忌將孫子爲軍師。以救韓。直走魏都。龐涓聞之。去韓而歸。孫子度其暮當至馬陵。馬陵道狹而旁多阻隘。可伏兵。乃砍大樹。白而書之曰。龐涓死此樹下。令萬弩夾道而伏。期日暮。見火舉而俱發。涓果夜至。見白書以火燭之。讀未畢。萬弩俱發。魏師大亂。涓乃自刎。曰。遂成豎子之名。

劉琨淸嘯奏胡笳

晉劉琨爲幷州刺史。嘗爲胡騎所圍數重。城中窘迫無計。琨乃乘月。登樓淸嘯。賊聞之。皆悽然長嘆。中夜奏胡笳。賊又流涕歔欷。有懷土之切。向曉復吹之。賊並棄圍而走。

酒民曰。劉琨淸嘯胡笳。此亦兵法攻心之術也。

敵則能戰之

能戰而後能守。未有不能戰而可以守者也。若區區塡門守堞。使賊敢易視我兵氣先怯。乃庸愚之將。一籌不展。以賊不攻爲幸。攻卽破焉者也。烏足以寄專城之責哉。

漢光武昆陽之捷

漢軍進圍宛城。劉秀別與諸將狥昆陽。定陵郾。皆下之。多得牛馬財物。穀數十萬斛。轉以饋宛下。莽大懼。遣王尋王邑。將兵百萬。甲士四十二萬。復與嚴尤陳茂合。盡驅諸猛獸虎豹犀象之屬。以助威武。諸將見尋邑兵盛。反馳入昆陽。皆惶怖。欲散走。劉秀曰。今兵穀既少。而外寇强大。并力禦之。或可立功。如欲分散。勢無兩全。且宛城未拔。不能相救。昆陽卽破。諸部亦滅。今不同心膽。共擧功名。反欲守妻子財物耶。諸將咸怒曰。劉將軍何敢如是。秀笑而起。會候騎還。言大兵且至城北。軍陳數百里。不見其後。諸將遽相謂曰。更請劉將軍計之。秀復爲圖畫成敗。諸將皆曰諾。時城中僅有八千餘人。秀乃使王常留守。乘夜與李軼等十三騎出城南外收兵。時莽軍到城下者且十萬。秀等幾不得出。尋邑縱兵圍昆陽。嚴尤說邑曰。昆陽城小而堅。今假號者在宛。不如擊宛。宛敗。昆陽自服。不聽。遂圍之數十重。列營百數。鉦鼓之聲。聞數十里。或爲地道衝棚積弩亂發。矢下如雨。城中負戶而汲。王鳳等乞降不許。尋邑自以功在刻漏。不以軍站爲憂。嚴尤曰。兵法圍城爲之闕。宜使得逸出。以怖宛下。又不聽。秀旣至郾定陵。悉發諸營兵。而諸將貪惜財物。欲分留守之。秀曰。今若破敵。珍寶萬倍。大功可成。如爲所敗。首領無餘。何財物之有。乃悉發之。秀遂與營部俱進。自將步騎千餘爲前鋒。去大軍四五里而陳。尋邑亦遣兵數千合戰。秀奔之。斬首數十級。諸部喜曰。劉將軍平生。見小怯敵。今見大敵勇。甚可怪也。且復居前。請助將軍。秀復進。尋邑兵却。諸部共乘之。斬首數百千級。諸將旣經累捷。膽氣益壯。無不一當百。秀乃與敢死者三千人。從城西水上。沖其中堅。尋邑易之。自將萬餘人行陳。勑諸營皆按部。無得動。獨迎與漢兵戰。不利。大軍不敢擅相救。尋邑陳亂。乘銳奔之。遂殺王尋。城中亦鼓譟而出。中外合勢。震呼動天地。莽兵大潰。走者相騰踐。奔殪百餘里。會大雷風。屋瓦皆飛。雨下如注。滍川盛溢。虎豹皆股戰。士卒爭赴溺死者以萬數。水爲不流。王邑嚴尤陳茂。輕騎乘死人渡水逃去。盡獲其軍實輜重，車甲寶珍不可勝算。關中震恐。於是海內豪傑。翕然響應。

張巡睢陽之捷

賊引精兵攻雍邱。積六十餘日。巡與之大小三百餘戰。帶甲而食。裹瘡復戰。賊遂敗走。巡乘勝追之。獲胡兵二千人而還。軍聲大振。令狐潮圍張巡於雍邱。城中薪水竭。巡給潮曰。君須此城。歸馬三十匹。我得馬。且出奔。請君取城以藉口。潮歸馬。巡悉以給驍將。約曰。賊至人取一將。明日潮責巡。答曰。吾欲去。將士不從奈何。潮怒。欲戰。陣未成。三十騎突出。擒將十四。斬首百餘級。收其器械牛馬。潮遁還陳留。

尹子奇復引兵攻睢陽。巡出戰。晝夜數十合。屢摧其鋒。而賊攻圍益急。巡於城中鳴鼓嚴隊。若將出擊者。賊聞之。達旦儆備。既明。巡乃寢兵絕鼓。賊以飛樓瞰城中。無所見。遂休息。巡與南霽雲雷萬春等十餘將。各將五十騎。開門突出。直冲賊營。至子奇麾下。營中大亂。斬賊將五十餘人。殺士卒五千餘人。巡欲射子奇而不識。剡蒿大矢。中者喜。謂巡矢盡。走白子奇乃得其狀。使霽雲射之。中其左目。幾獲之。子奇乃收軍。退還。

劉錡順昌之捷

金人攻順昌。劉錡破其鐵騎數千。兀朮在汴聞之。即索靴上馬。帥十萬衆來援。錡遣耿訓請戰。敵用長勝軍。嚴陣以待。方晨氣淸涼。錡按兵不動。逮未申間。敵力疲氣索。忽遣數百人。出西門接戰。俄以數千人。出南門。戒令勿喊。但以銳斧犯之。統制官趙樽韓直。身中數矢。戰不肯已。士殊死鬥。入其陣。刀斧亂下。敵大敗。兀朮遂拔營北去。錡遣兵追之。死者數萬。方大戰時。兀朮被白袍。乘甲馬。以牙兵三千督戰，兵皆重鎧甲。號鐵浮圖。戴鐵兜牟。周市綴長簷。三人爲伍。貫以韋索。每進一步。卽用拒馬擁之。退不可卻。官軍以槍標去其兜牟。大斧斷其臂。碎其首。敵又以鐵騎分左右翼。貫以韋索。三人爲聯。號拐子馬。皆女眞爲之。號長勝軍。專以攻堅。戰酣。然後用之。自用兵以來。所向無前。至是亦爲錡軍所殺。棄尸斃馬。血肉枕籍。車旗器甲。積如山阜。兀朮平日所恃以爲强者。十損七八。至陳州。數諸將之罪。韓常以下皆鞭之。遂還汴。

吳玠吳璘和尙原仙關之捷

宋吳玠保和尙原。金將烏魯折合來攻。索戰。玠命諸將堅陣待之。更戰迭休。山谷路狹多石。馬不能行。金人舍馬步戰。遂大敗遁去。

金人自起海角。狃於長勝。及與玠戰。輒敗。憤甚。謀必取玠。復攻和尙原。玠命諸將選勁弓强弩。分番迭射。號駐隊矢連發不絕。繁如雨注。敵稍却。則以奇兵旁擊。絕其糧道。度其困且走。設伏於神坌以待之。遂復大敗。兀朮中流矢。僅以身免。急剃鬚髯而遁。兀朮撤離喝劉夔。帥步騎十萬。破和尙原。進攻仙人關。自鐵山鑿崖開道。循嶺東下。玠以萬人守殺金平。以當其冲。璘自武階路入援。先以書抵玠。謂殺金平之地闊遠。前陣散漫。後陣阻隘。宜益修第二隘。示必死戰。然後可以必勝。玠從之。急治第二隘。璘冒圍轉戰七晝夜。始得與玠合。敵首攻玠營。玠擊走之。又以雲梯攻壘壁。楊政以撞竿碎其梯。以長矛刺之。諸將有請別擇地以守者。玠拔刀畫地。謂諸將曰。死則死此。退者斬。金分軍爲二。兀朮陣於東。韓常陣於西。璘率銳卒介其間。左縈右繞。隨機而發。戰久。軍少憊。急屯第二隘。金生兵踵至。人被重鎧。鐵鉤相連。魚貫而上。璘以駐隊矢迭射。矢下如雨。死者層積。敵踐而登。撒離喝駐馬四視。曰吾得之矣。翌日。命攻西北樓。姚仲登樓酣戰。樓傾。以帛爲繩。挽之復正。金人用火攻樓。仲以酒缶撲滅之。玠急遣兵以長刀大斧左右擊。統領王喜王武率銳士。分紫白旗入金營，金陣亂。因奮擊。射韓常中左目。金人始宵遁。玠先遣兵伏河池。扼其歸路。又敗之。是役也。兀朮以下皆攜拏來。劉夔豫之腹心。本謂蜀可圖。既不得逞。度玠終不可犯。乃還據鳳翔。授甲士田。爲久留計。自是不妄動矣。

扈再興襄陽之捷

金人犯襄陽。勢如風雨。再興同孟宗政陳祥分三陣。設伏以待。既至。再興中出一陣。復卻。金人逐之。宗政與祥合。左右兩翼掩擊之。金人三面受敵。大敗。血肉枕籍谷山間。既而益兵數萬。復圍城。相持九十日。再興夜以鐵蒺藜密布地。黎明佯遁。金人馳中蒺藜者。十踣七八。金帥完顏訛可。擁步騎數萬薄城。再興與宗政縱之涉濠。半渡擊之。又令守壩者佯走。金人爭壩。急擊之。多墮水中。金人瓶對樓。鵝車。革洞決濠水。運土石塡城下。再興募死士著鐵面具披氈。列陣以待之，金人計無所施。棄旗甲輜重滿野。遁去。追敗之。

石亨京師之捷

亨以土木之變繫獄。虜酋乜先犯京城。有言亨勇者。於謙荐亨出獄。令立功贖罪。亨統兵出安定門。即與虜遇。挺刃車馬。進左右馳突。獨殺數十人。彪又持斧。率親兵從之。諸軍懽乎踴躍。聲震天地。虜却而西。亨等追戰城西。虜復却而南。亨令彪率精兵十人誘虜。南至彰義門。虜見彪軍少。逼之。亨率衆乘之。虜大潰南奔。亨日夜追虜。三日至淸風店北。虜將出紫荆倒馬關。懼我躡其後。亨遣諜者紿虜。亨且未至。陣中將者。假亨名耳。虜信之。來攻我軍。亨率彪與精銳數十騎。奮擊大呼。直貫虜陣。刀斧齊下。殺虜數百人。虜始知亨在。囂亂相蹂踐。亨悉衆乘之。虜盡棄所掠羊馬財物餌我。得遁去。虜自是不敢復踰塞深入。

酒民曰。古名將力戰解圍者多矣。然以少擊衆。以弱擊强。以智遇智。以勇遇勇。酣戰格鬥。未有如此數事之快者。讀之眞令人有擊鼓其螳踴躍用兵之意。特爲表出。以振積弱之氣也。

少則能守之

耿恭

匈奴圍關寵於柳中城。車師與匈奴共攻恭。恭率厲士衆禦之。數月。食盡窮困。乃煑鎧弩。食其筋革。恭與士卒推誠同死生。故皆無二心。而稍稍死亡。餘數十人。單於知恭已困。欲必降之。使招恭曰。苦降者。當封爲白屋王。妻以女子。恭誘其使上城。手擊殺之。炙諸上城。單于大怒。更益兵圍恭。不能下。關寵上書求救。帝發張掖酒泉敦煌三郡及鄯善兵。合七千餘人以救之。會關寵已歿。謁者王蒙等。欲引兵還。耿恭軍吏范羌。時在軍中。固請迎恭。諸將不敢前。乃分兵二千人。與羌從山迎恭。遇大雪丈餘。軍僅能至。城中夜聞兵馬聲。以爲虜來。大驚。羌遙呼曰。我范羌也。漢遣軍迎校尉矣。城中皆稱萬歲。開城共相持涕泣。明日。遂相隨俱歸。虜兵追之。且戰且行。吏士素飢困。發疏勒時。尚有二十六人。隨路死沒。三月至玉門。惟餘十三人。衣屨穿決。形容枯槁。中郎將鄭衆爲恭以下洗沐。易衣冠。上疏奏。虜以單兵守孤城。當匈奴數萬之衆。連月踰年。心力困盡。鑿山爲井。煑弩爲糧。前後殺傷醜虜數百千計。卒全忠勇。不爲大漢恥。宜蒙顯爵以勵將帥。恭至洛陽。拜騎都尉。

毛德祖守虎牢

魏奚斤公孫表等。共攻虎牢。虎牢被圍二百日。無日不戰。勁兵戰死殆盡。而魏增兵轉多。魏人毀其城。毛德祖於其內。更築三重城以拒之。魏人又毀其二重。德祖惟保一城。晝夜相拒。將士眼皆生瘡。德祖撫之以恩。終無離心。

陳憲守懸瓠

陳憲守懸瓠。城中戰士不滿千人。魏主圍之三月。晝夜攻懸瓠。夜作高樓臨城以射之。矢下如雨。城中負以汲。施大鉤於沖車之端。以牽樓堞。壞其南城。陳憲內設女牆。外立木柵以拒之。魏人塡塹肉薄登城。憲督厲將士苦戰。積尸與城等。魏人乘尸上城。短兵相接。憲銳氣愈奮。戰士無不一當百。殺傷萬計。城中死者亦過半。不克而還。

沈璞臧質守盱眙

初盱眙太守沈璞到官。王玄謨猶在滑臺。江淮無警。璞以郡當沖要。乃繕城浚隍。積財穀。儲矢石。爲城守之備。僚屬皆非之。朝廷亦以爲過。及魏兵南向。守宰多棄城走。或勸璞宜還建康。璞曰。虜若以城小不顧。夫復何懼。若肉薄來攻。此乃吾報國之秋。諸君封侯之日也。奈何去之。諸君嘗見數十萬人。聚於小城之下。而不敗者乎。昆陽合肥。前事之明驗也。衆心稍定。璞收集二千精兵。曰足矣。遂與臧質共守。魏人之南寇也。不齎糧用。唯以抄掠為資。及過淮。民多竄匿。抄掠無所得。人馬饑乏。聞盱眙有積粟。欲以為北歸之資。因攻盱眙。魏主就臧質求酒。質封溲便與之。魏主怒。築長圍一夕而合。運東山土石以塡塹。作浮橋於君山。絕水陸道。魏主遺質書曰。吾今所遣鬥兵。盡非我國人。城東北是丁零與胡。南是氐羌。設使丁零死。正可減常山趙郡賊。胡死減并州賊。氐羌死。減關中賊。卿若殺之。無所不利。質復書曰。省示。具悉姦懷。爾自恃四足。屢犯邊境。王玄謨退於東。申坦散於西。爾知其所以然邪。爾獨不聞童謠之言乎。蓋卯年未至。故以二軍開飲江之路爾。冥期使然。非復人事。寡人受命相滅。期之白登。師行未遠。爾自送死。豈容復令爾生全。享有桑乾哉。爾有幸。得為亂兵所殺。不幸。別生相鎖縛。載以一驢。直送都市爾。我本不圖全。若天地無靈。力屈於爾。齏之粉之。屠之裂之。猶未足以謝本朝。爾智識及衆力。豈能勝苻堅邪。今春雨已降。兵方四集。爾但安意攻城。勿遽走。糧食乏者。可見語。當出廩相貽。得所送劍刃。欲令我揮之爾身耶。魏主大怒。作鐵床於其上施鐵鑱。曰。破城得質。當坐之此上。質又與魏衆書曰。誠爾虜中諸士庶。佛狸所與書。相待如此。爾等正朔之民。何為自取糜滅。豈可不知轉禍為福耶。并寫臺格以與之云。斬佛狸首。封萬戶侯。賜布絹各萬匹。魏人以鉤車鉤城樓。城內繫以彄絙。數百人叫呼引之。車不能退。既夜。縋桶縣卒。出截其鉤。明旦。又以冲車攻城。城士堅密。每至頹落數升。魏人乃肉薄登城。分番相代。墜而復升。莫有退者。殺傷萬計。尸與城平。凡攻之三旬不拔。會魏軍中多疾疫。或告以建康遣水軍。自海入淮。又勅彭城斷其歸路。二月。魏主燒攻具退走。盱眙人欲追之。沈恭曰。今兵不多。雖可固守。不可出戰。但整舟楫。示若欲北渡者。以速其走計。不須實行也。臧質以璞城主。使之上露板。璞固辭。歸功於質。上聞益嘉之。

羊侃呉景守臺城

侯景濟江。建康大駭。景軍乘勝至闕下。城中洶懼。羊侃詐稱得射書。云邵陵王西昌侯援兵已至近路。衆乃少安。景列兵繞臺城既市。百道俱攻。鳴鼓吹脣。喧聲震地。縱火燒大司馬東西華諸門。羅侃使鑿門上爲竅。下水沃火。太子自捧銀鞍。往賞戰士。戰士踰城。出外灑水。久之方滅。賊又以長柯斧斫掖門。門將開。羊侃鑿扇爲孔。以槊刺殺二人。斫者乃退。景作木驢數百攻城。城上投石碎之。景更作尖頭木驢。石不能破。羊侃使作雉尾炬。灌以膏蠟。叢擲焚之俄盡。景又作登樓。樓高十餘丈。欲臨射城中。侃曰。車高塹虛。彼來必倒可臥而觀之。及車動果倒。景攻既不克。士卒死傷多。乃築長圍以絕內外。朱異張綰議出兵擊之。上問羊侃。侃曰不可。今出人若少。不足破賊。徒挫銳氣。若多。則一旦失利。門隘橋小。必大致失亡。異等不從。使千餘人出戰。鋒未及交。退走爭橋。赴水死者大半。侃子鸞爲景所獲。執至城下以示侃。侃曰我傾宗報主。猶恨不足。豈計一子。幸早殺之。數日復持來。侃謂曰久以汝爲死矣。猶在耶。引弓射之。景以其忠義。亦不之殺。景於城東西起土山。驅迫士民。不限貴賤。亂加毆捶。疲羸者因殺以塡山。號哭動地。民不敢竄匿。並出從之。旬日間。號至數萬。城中亦築土山以應之。太子宣成王已下。皆親負土。執畚鍤。於山上起芙蓉層樓。高四丈。飾以錦罽。募敢死二千人。厚衣袍鎧。謂之僧騰客。分配二山。晝夜交戰不息。會大雨城內土山崩。賊乘之。垂入。苦戰不能禁。羊侃令多擲火爲火城。以斷其路。徐於內築城。賊不能進。景募人奴降者悉免爲良。得朱異奴。以爲儀同三司。異家貲產悉與之。奴乘良馬。衣錦袍於城下。仰詬異曰。汝五十年仕宦。方得中領軍。我始事侯王。已爲儀同矣。於是三日之中。羣奴出就景者以千數。景皆厚撫以配軍。人人感恩。爲之致死。朱異遺景書。爲陳禍福。景報書。幷告城中士民。以爲梁自近歲以來。權倖用事。割剝齊民。以供嗜欲。如曰不然。公等試觀今日。國家池苑。王公第宅。僧尼寺塔。及在庶僚。姬姜百室。僕從千人。不耕不織。錦衣玉食。不奪百姓。從何得之。僕所以趨赴闕庭。指誅權倖。非傾社稷。今城下指望四方入援。吾觀王侯諸將。志在全身。誰能竭力致死。與吾爭勝負哉。長江天險。二曹所嘆。吾一葦杭之。日明氣淨。自非天人允協。何能如是。幸各三思。自求元吉。羊侃卒。城中益懼。景以火車焚臺城東南樓。材官吳景有巧思。於城內構地爲樓。火纔滅。新樓即立。賊以爲神。景因火起。潛遣人於其下穿城。城將崩。乃覺之。吳景於城內更築迂城。狀如却月以擬之。兼擲火焚其攻具。賊乃退走。

韋孝寬守玉壁

齊神武傾山東之衆。志圖西入。以玉壁冲要先命攻之。連營數十里。直至城下。乃於城南起土山。欲乘之以入。城上先有兩樓。直對土山。孝寬更縛木接之。令極高峻。齊神武使謂城中曰。縱爾縛樓至天。我會穿城取爾。遂於城南鑿地道。又於城北起土山。攻具晝夜不息。孝寬掘長塹。簡戰士屯塹。每穿至塹。戰士即擒殺之。又於塹外積柴貯火。敵人有在地道者。便下柴火。以皮排吹之。火氣一冲。咸即灼爛。城外又造攻車。車之所及。莫不摧毀。雖有排楯。莫之能抗。孝寬乃縫布爲縵。隨其所向。布懸空中。車不能壞。外又縛松於竿。灌油加火。規以燒布。並欲焚樓。孝寬復作長鉤利刃。火竿一來。以鉤刃遙割之。外又於城四面穿地作二十一道。分爲四路。於其中各施梁柱。以油灌柱。放火燒之。柱拆。城並崩壞。孝寬隨其崩處。立木柵以扞之。敵終不得入。神武無如之何。乃遣倉曹參軍祖孝徵謂曰。未聞救兵。何不降也。孝寬報云。我城池嚴固。兵糧有餘。攻者自勞。守者常逸。豈有旬朔之間。即須救援。適憂爾衆有不反之危耳。孝寬關西男子。必不爲降將軍也。孝徵復謂城中人曰。韋城主受彼榮祿。或復可爾。自外軍士。何事相隨入湯火中耶。乃射募格於城中去。能斬城主降者。拜太尉。封開國郡公。邑萬戶。賞帛萬疋。孝寬手題書背。反射外城云。若有斬高歡者。一依此賞。孝寬弟遷先在山東。被鎖至城下。臨以白刃。云若不早降。便行大戮。孝寬慷慨激揚。士卒感動。人有死難之心。神武苦戰六旬。傷及死病者十四五。智力俱困。因而發疾。其夜遁去，忿恚遂殂。

昌義之守鍾離

魏中山王英。與楊大眼等衆數十萬攻鍾離。鍾離城北阻淮水。魏人於邵陽洲兩岸爲橋。樹柵數百步。跨海通道。英據南岸。攻城。大眼據北岸。立城以通糧運。城中衆纔三千人。昌義之督師將士。隨方抗禦。魏人以車載土塡塹。使其衆負土隨之。嚴騎蹙其後。人有未及回者。因以土迮之。俄而塹滿。冲車所撞。城土輒頹。義之用泥補之。冲車雖入而不能壞。魏人晝夜苦攻。分番相代。墜而復升。莫有退者。一日戰數十合。前後殺傷莫計。魏人死者與城平。韋叡將兵救鍾離。旬日至邵陽。豫裝高艦。爲火攻之計。三月。淮水暴漲六七尺。叡使馮道根等。乘鬥艦競發。擊魏洲上軍盡殪。別以小船載艸。灌之以膏。從而焚其橋。風怒火盛。煙塵晦冥。敢死之士。拔柵砍橋。水又漂疾。倏忽之間。橋柵俱盡。魏軍大潰。英見橋絕。脫身棄城走。斬首十餘萬。叡遣使報昌義之。義之悲喜不暇答語。但叫曰更生更生。

酒民曰。古名將死守全城者多矣。又若張巡之守睢陽。渾瑊之守奉天。趙犨之守陳州。杜慆之守泗州。李嗣昭之守潞州。周德威之守幽州。王稟之守太原。孟宗政之守棗陽。鐵鉉之守濟南。率皆兵極寡。糧極乏。敵極强。攻極苦。困極久。眞兵家所謂以寡擊衆。以弱擊强之法也。如此數役者。讀之眞有天地爲之震怒。鬼神爲之飲泣之意。特表出之。以愧失守封疆者。固知守圉自有方也。

內外夾攻

陳宮

三國呂布。被操圍於下邳。陳宮曰。操遠來。不能久。公以步騎出屯於外。宮以衆餘守於內。若向公宮。攻其背。若攻城公救於外。不過旬日。操軍食盡。擊之可破也。布不用。圍久降遂。

慕容翰

晉平州刺史崔毖。陰說高句麗段氏。宇文氏。合兵伐慕容廆。進攻棘城。廆閉門自守。使召其子翰於徒河。翰曰。彼兵强盛。難以力勝。請爲奇兵於外。伺其間而擊之。若并兵爲一。彼得專意攻城。非策之得也。廆從之。宇文大入悉獨官聞之曰。翰不入城。或若爲患。當先取之。分遣數千騎襲翰。翰設伏以待。奮擊盡獲之。乘勝徑進。遣間使語廆出兵大戰。前鋒始交。翰將千騎從旁直入其營。縱火焚之。衆遂大敗。悉獨官僅以身免。

傅永

陳伯之再引兵攻壽陽。魏傅永將兵三千救之。彭城王勰。令永引兵入城。永曰。永之此來。欲以卻敵。若如教旨。乃是與殿下同受攻圍。豈救援之意。遂軍於城外。勰部分將士。與永幷勢。擊伯之於肥口。大破之。

柳元景

宋柳元景爲隨郡太守。羣蠻大爲寇暴。欲來攻城。郡內少糧。器杖又乏。元景設方略。得六七百人。分五百人屯驛道。或曰。蠻將逼城。不宜分衆。元景曰。蠻聞郡遣重戍。豈悟城內兵少。且表裏合攻於計爲長。會蠻垂至。乃使驛道爲備。潛出其後。戒曰。火舉馳進。前後俱發。蠻衆驚擾投鄖水死者千餘人。軒獲數百。郡境肅然。無復寇抄。

兵法有云。凡守者進不郭圍。退不亭障。以禦戰。非善者也。豪傑英俊。堅甲利兵。勁弓强矢。盡在郭中。乃收窖廩。毀折而八保。令客氣十百倍。而主之氣不半焉。敵攻者傷之甚也。然而世將弗能知。觀呂布以嬰城而敗。慕容翰。傅永。柳元景。以內外犄角而勝。則法戒犂然備矣。

不意奮擊

毛德祖穴地出圍

魏奚斤公孫表等共攻虎牢。魏主自鄴遣兵助之。毛德祖於城內穴地八七丈。分爲六道。出魏圍外。募敢死之士四百人。使參軍范道基等帥之。從穴中出。掩襲其後。魏軍驚擾。斬首數百。焚其攻具而還。

薛萬均薛表徹從地道掩擊

竇建德率衆二十萬。復攻幽州。賊已攀堞。萬均萬徹率敢死士百人。從地道而出。直掩賊背擊之。建德兵潰走。

李光弼

史思明等引兵十萬寇太原。圍守益固。光弼遣人詐與賊約。刻日出降。而使潛穿地道爲溝。周賊營中。持之以木。至期。光弼勒軍城上。裨將數千人以出。如欲降者。賊皆屬目。而賊營忽陷。

死者甚衆。賊衆驚亂。因鼓譟乘之。俘斬萬級。

夜縋人

令狐潮圍雍邱。城中矢盡。巡縛藁爲人千餘。被以黑衣。夜縋城下。潮兵爭射之。得矢數十萬。其後復夜縋人。賊笑不設備。乃以死士五百砍潮營。潮軍大亂。焚壘而遁。

猛火發於廬舍。蜂蠆出於懷袖。雖有勇夫。莫不錯愕失措。倉皇變色者。不意故也。專城者。能爲迅雷之勢。出其不意則善矣。

伐交

燭之武說秦伯

晉侯秦伯圍鄭。晉軍函陵。秦軍氾南。鄭使燭之武夜縋而出。見秦伯曰。秦晉圍鄭。鄭既知亡矣。若亡鄭而有益於君。敢以煩執事。越國以鄙遠。君知其難也。焉用亡鄭以倍鄰。鄰之厚。君之薄也。若舍鄭以爲東道主，行李之往來。共其乏困。君亦無所害。且君嘗爲晉君賜矣。許君焦瑕。朝濟而夕設版焉。君之所知也。夫晉何厭之有。既東封鄭。又欲肆其西封。若不闕秦。將焉取之。闕秦以利晉。惟君圖之。秦伯說。與鄭人盟。使杞子逢孫楊存戍之。乃還。晉亦去之。

慕容廆

崔毖自以中州人望鎭遼東。而士民多歸慕容廆。心不平。乃陰說高句麗。段氏。宇文氏。使共攻之。約滅廆分其地。三國合兵伐廆。諸將請擊之。廆曰。彼爲崔毖所誘。欲邀一切之利。軍勢初合。其鋒甚銳。不可與戰。當固守以挫之。彼烏合而來。既無統一。莫相歸服久必攜貳。一則疑吾與毖。詐而覆之。二則三國自相猜忌。待其人情離貳。然後擊之。破之必矣。三國進攻棘城。廆閉門自守。遣使獨以牛酒犒宇文氏。二國疑宇文氏與廆有謀。各引兵歸。宇文氏遂敗。

酒民曰。交絕則勢孤。勢孤則必走。離間之謀。不可少也。

分勢

吳玠

金將沒立自鳳翔。別將烏魯折合自階成出散關。約日俱會和尚原。烏魯折合先期至陣北山來索戰。玠命諸將堅陣待之。更戰迭休。山谷路狹多石。馬不能行。金人舍馬步戰。遂大敗。遁去。沒立方攻箭筈關。玠復遣將擊退之。兩軍終不得合。

康茂才

陳友諒率兵六十萬。順流攻建康。又遣使約張士誠同入寇。時有議降及奔鍾山者。太祖斥之。慮二虜相合。勢益難支。康茂才與友諒舊知。乃遣爲閒。紿僞降。約爲內應。招之速來。使分兵三道。以弱其勢。遂令閽者至友諒軍。友諒得書甚喜。問曰。康君何在。閽者曰。見守江東木橋。乃遣還謂曰。吾至。呼老康爲驗。閽者還。以告。善長亟撤江東橋。易以鐵石。友諒率舟師至。太祖命馮勝常遇春。伏石灰山側。徐達伏南門外。楊璟伏大勝港。張德勝朱虎將蒙冲出龍江關外，自總大軍於獅子山。友諒以舟不能進。徑冲江東橋。見鐵石大驚。呼老康無應者。伏兵起大破之。

酒民曰。勢分則力弱。力弱則易破。紿詐之計。亦不可少也。

形

廉范縛炬爇火

廉范守雲中。匈奴入寨。范兵不敵。會日暮。令衆各交縛兩炬。三頭爇火。營中星列。虜望火多。謂漢兵救至。待旦將退。范令軍蓐食。晨往赴之。斬首數百。虜不敢復向雲中。

虞詡貿易衣服

虞詡為武都太守。既到郡。兵不滿三千。而羌衆萬餘。攻圍赤亭數十日，詡悉陳其兵衆。令從東郭門出。北郭門入。貿易衣服。回轉數周。羌不知其數，更相恐動。詡計賊當退。乃潛遣五百餘人。淺水設伏候其走路。虜果大奔。因掩擊。大破之。

霍王元軌開門偃旗

突厥寇定州。刺使霍王元軌。命開門偃旗。虜疑有伏。懼而宵遁。

張守珪寘酒作樂

吐蕃陷瓜州。王君煥死。河西洶懼。以守珪為瓜州刺使。領餘衆。方復築州城。板幹裁立。賊又暴至。略無守禦之具。城中相顧失色。莫有鬥志。守珪曰。彼衆我寡。又創痍之後。不可以矢石相持。難以權道制之。乃於城上寘作樂以會將士。賊疑城中有備。不敢攻而退。

張齊賢列幟燃芻

契丹薄代州城。副部署盧漢贇畏懦。保壁自固。張齊賢選廂軍二千出禦之。誓衆感慨，無不一當百，契丹少卻。先是齊賢遣使。期潘美以幷師來會戰。使為契丹所執。俄而美使至。云師出者柏井。得密詔云。東路王師敗衂。幷之全軍。不許出戰，已還州矣。齊賢曰。敵知美來而不知美退。乃閉美使室中，夜發兵二百。人持一幟。負一束芻。距州西南三十里。列幟芻燃。契丹遙見火光中見旗幟。意謂幷師至。駭而北走。齊賢先伏卒二千於士燈砦。掩擊。大破之。

酒民曰。主勢弱則形之。然形則貴早。若情見勢屈。則無濟矣。

乘

燕君臣有隙田單乘而讒之

燕昭王薨。惠王自爲太子時，不快於樂毅。田單乃縱反間曰。樂毅與燕新王有隙。畏誅。欲連兵王齊。齊人未附。故且緩攻卽墨。以待其事。齊人惟恐他將來。卽墨殘矣。惠王聞之。卽使騎劫代將。毅遂奔趙。將士由是憤惋不和。田單夜縱火牛燒葦端。壯士五千人隨之。牛爇。怒奔燕軍。所觸盡死傷。燕軍大驚。而城中鼓譟從之。燕軍敗走。齊人殺騎刼。追亡逐北。至河上。七十餘城。皆復爲齊。

秦將相不知蘇代乘而間之

秦應侯之爲人妬。白起將而伐趙。殺趙將趙括。降其卒四十萬人。挾詐而盡坑殺之。趙王恐。使蘇代厚幣說秦相。應侯曰。武安君爲秦戰勝。攻取者七十餘城。南定鄢郢漢中。北擒趙括之軍。雖周召呂望之功。不益於此矣。今趙亡秦王。王則武安君必爲三公。君能爲之下乎。雖欲無爲之下。固不得已矣。不如因而割之。無以為武安君功也。於是應侯言於秦王曰。秦兵勞。請許趙之割地以和。且休士卒。王聽之。割趙六城以和。武安君由是與應侯有隙。

黃巾依草結營皇甫嵩乘而火之

漢皇甫朱嵩雋。共討穎州黃巾。雋前與賊波才戰。戰敗。嵩因進保長社。波才引大衆圍城。嵩兵少。軍中皆恐。嵩召軍吏謂曰。兵有奇變。不在衆寡。今賊依艸結營。易為風火。若因夜縱燒。必大驚亂。吾出兵擊。四面俱合。田單之功可成也。其夕遂大風。嵩乃約勅軍士。皆束炬乘城。使銳士間出圍外。縱火大呼。城上舉燎應之。嵩因鼓而奔其陳。賊驚亂奔走。

突厥弧矢俱敝太宗乘而蹙之

頡利突利二可汗。舉國入寇。會天久雨。秦王謂諸將曰。虜控弦鳴鏑。弓馬是憑。今雨連時。弧矢俱敝。突厥人衆如鳥鎩羽。吾屋居火食。刀槊犀利。料我之逸。揣敵之勞。此而不勝。將復何待。乃潛師夜出。冒雨而進。突厥大驚。乃請和親。與盟而去。

宸濠力憊鼾睡楊銳乘而襲之

宸濠攻安慶。溽暑力憊。夜鼾睡去。楊銳分募善沒者數人。於船中聞鼾聲。即斬首絕其纜。放之中流。又遣一二強卒。突上岸入營。舉火砲。城上應之。乘勝捕殺。聲震數里。濠浩歎出涕。舉帆順風而返。

酒民曰。敵有隙則乘之。然乘之貴速。若持疑不決。則失機矣。

認賊首

南霽雲射尹子奇

張巡欲射尹子奇。莫能辨。因剡蒿矢。中者喜。謂巡矢盡。走白子奇。乃得其狀。使霽雲射之。一發中左目。幾獲之。子奇乃走。

取賊箭

藁人得射

令狐潮圍雍邱。城中矢盡。巡縳藁爲人。披黑衣夜縋城下。潮兵爭出射之。得箭數十萬。

青蓋獲矢

金人以十萬進攻六合。城中矢盡。畢再遇令人張青蓋。往來城上。金人意其主兵官也。爭射之。須臾矢集牆如蝟。獲矢二十餘萬。

焚賊攻具

李綱燒金雲梯

金人薄都城。李綱募壯士數百人。縋城而下。燒其雲梯數十座。

孟珙燒元船材

孟珙諜知元兵將入犯。乃潛遣兵至順陽。燒其所積船材。

張玉火元資糧器械焚船場

劉整既叛。獻計。欲自青居進築馬駿虎頭二山。扼三江口。以圖合州。遣合刺帥兵築之。知合州張玉。聞合刺至。潛師渡平陽灘。火其資糧器械。越呰七十里。焚船場。由是馬駿城築卒不就。

焚賊糧艸

張巡焚賊鹽米

令狐潮圍雍邱。賊餉鹽米數百艘且至。巡遣勇士銜枚濱河。取鹽米千斛。焚其餘而還。

畢再遇焚金糧艸

金兵七萬。在楚州城下。載糧三千艘。泊大清河。再遇諜知之。曰。敵衆十倍。難以力勝。可計破也。乃遣統領許俊。間道趨淮陰。夜二鼓。銜枚至敵營。各攜火潛入。伏糧車間五十餘所。聞哨聲舉火。敵驚擾奔竄。

祖逖下城靜坐

齊祖逖爲北徐州刺史。至州。會有陳寇百姓多反。不關城門。守陵者皆令下城。靜坐街巷。禁斷行人。雞犬不亂鳴吠。賊無所見聞。不測所以。或疑人走空城。不設儆備。逖忽然令大叫。鼓譟聒天。賊大驚。登時走散。

劉錡城中肅然

順昌之役。錡兵不盈二萬。出戰僅五千人。金兵數十萬營西北。亘十五里。每暮。鼓聲震山谷。營中喧嘩。終夜有聲。而我城中肅然。不聞雞犬聲。唯能以靜待譁。是以大勝。

酒民曰。以靜待譁。兵法也。雖然。靜豈易言哉。惟胆識定於內。而後肅清布於外也。

暇

諸葛亮掃地却洒

諸葛亮屯陽平。遣魏延等並力東下。留萬人守城。懿率衆二十萬拒亮。懿垂至欲赴延軍。又遠乃意氣自若。令軍中偃旗息鼓。大開城門。掃地却洒。懿嘗謂亮持重。而猥見勢弱。疑有伏。引軍趨北山。亮撫手笑曰。懿必謂吾怯。將有强伏。循山走矣。候還白如亮言。懿後知以爲恨。

按三國志司馬懿此時。有衆二十萬。卽遇伏兵。未必能敗。使懿數整於外。先捨兵三五千人入城之。則虛實立見。豈不殆哉。或曰。若至此際。諸葛君必別有一番作略矣。乃知所謂暇者。固非矯情鎭物。亦非僥倖一擲也。

蕭道成解衣高臥

宋桂陽王休範反。朝廷惶駭。蕭道成至新亭。治城壘未畢。休範前軍。已至新林。道成方解衣高臥。以安衆心。

寇準飲博懽呼

宋澶淵之役。帝悉以軍事付寇準。準承制專決。號令明肅。士卒畏悅。帝還行宮。留準居北城上。徐使人視準何爲。準方與知制誥楊億飲博。歌謔懽呼。帝喜曰。準如是吾復何憂。

畢再遇臨門作樂

金人以十萬攻六合。環城四面。營帳亘三十里。畢再遇令臨門作樂。以示閒暇。

酒民曰。以暇待亂。兵法也。然暇豈易言哉。惟拮据在平時。而後從容於臨事也。

佚

劉錡軍皆番休

兀朮攻順昌。時大暑。敵遠來。晝夜不解甲。錡士氣閑暇。軍皆番休。方晨氣清涼。錡按兵不動。逮未申間。敵力疲氣索。忽遣數百人出西門接戰。俄以數千人出南門。戒令勿喊。但以銳斧犯之。入其陣。刀斧亂下。自辰至申。既以拒馬木為障。少休歇。食已。撤拒馬木。復深入砍敵。又大破之。棄尸斃馬。血肉枕籍。車旗器甲。積如山阜。是役也。錡兵出戰僅五千人。金兵數十萬。唯能以逸待勞。是以大勝。

張觷兵分數替

張觷守南劍。范汝為來寇。觷起鄉兵與之戰。分兵為數替。使更迭出戰。士卒力皆有餘。遂勝汝為。

朱晦庵先生曰。大要臨陣在番休迭上。分一軍為數替。將戰。便食第一替人。既飽。遣人入陣。便食第二替人。第一替人力將困。即調發第二替人往代。第三替亦如之。只管如此更番。則士常飽健。而不至困乏。又劉信　順昌之役。大概亦是如此。時極暑。深報人至云。虜騎至矣。信叔令一卒擐甲。立之烈日中。少頃。問甲熱乎。曰熱矣。可著手乎。曰熱甚。不可著手矣。時城中軍五千人。信叔爲五隊。於是下令軍中。依次飲食。士卒更番而上。又多合暑藥。往者歸者皆飲之。故能大敗虜人方我甲士。甲熱。不堪著手。則虜騎被甲來者。其熱可知。又未免有困餒之患。於此斃之。是以勝也。

以佚待勞兵法也。此更無他道。番休以戰。則士有餘力矣。所以吳子云。無絕人馬之力。更迭法也。

飽

劉錡坐餉戰士

兀朮攻順昌。時大暑。敵遠來。人馬饑渴。飲食水艸者輒病。方晨氣清涼。錡按兵不動。逮未申間。敵力疲氣索。忽遣人接戰。自辰至申。敵敗退。以拒馬木爲障。少休歇。乃出羹飯。坐餉戰士。如平時。又多合暑藥。往者歸者皆飲之。飲食已。撤拒馬木。復深入斫敵。又大破之。唯能以飽待饑。是以大勝。

張翼更迭食士

張巡守南劍。范汝爲來寇。巡起鄉兵與之戰。令城中殺羊牛豕作肉。串仍作飯。分兵爲數替。以入陣之。先後更迭食之。士卒力皆有餘。遂勝汝爲。

以飽待饑。兵法也。此亦無他道。惟飲食以時。則士有餘飽矣。所以吳子云。無失飲食之節。調攝得也。

治

李綱以百步法守都城

僉兵渡河。道君皇帝東幸。以李綱爲親征行營使。治都城四壁守具。以百步法分兵備禦。每壁用正兵萬二千餘人。而保甲居民廂軍之屬不與焉。修樓櫓。掛氈幕。安砲坐。設弩牀。運磚石。施燎炬。垂擂木。備火油。凡防守之具。無不畢備。

以治待亂。兵法也。然任得其人則治。任非其人則亂。故主將之法。務攬英雄也。

密

李光弼

史思明圍太原。月餘不下。乃選驍銳爲遊兵戒之曰。我攻其北。則汝潛趨其南。有隙則乘之。而李光弼軍令嚴整。雖寇所不至。儆邏亦不少懈。賊不得入。

以密待疎。兵法也。然神憂於事則密。事叢於神則疎。故曰。爲將之道。當先治心也。

選將安邊

唐太宗

并州長史李世勣。在州十六年。令行禁止。民夷懷服。上曰隋煬帝勞百姓。築長城以備突厥。卒無所益。朕惟置李世勣於晉陽。而邊塵不驚。其爲長城。豈不壯哉。

宋太祖

帝常注意於謀帥。命趙贊屯延州。姚全斌守慶州。董遵誨屯環州。王彥昇守原州。馮繼業鎮靈武以備西夏。李漢超屯關南。馬仁守瀛州。韓令坤鎮常州。賀惟忠守易州。何繼筠領棣州以拒北敵。又以郭進控西山。武守琪戍晉州。李謙溥守隰州。李繼勳鎮昭義。以禦太原。其家族在京師者。撫之甚厚。所部州縣筦榷之利悉與之。恣圖回貿易。免所過征稅。令召募驍勇以爲爪牙。凡軍中事悉聽便宜處寘。年來朝。必召對。命坐。賜以飲食。賜賚殊異。由是邊臣皆富於財。得以養士用間。洞見番夷情狀。時有寇鈔。必能先知預備。設伏掩擊。多致克捷。故終太祖之世。無西北之憂。得以盡力東南。取荆湖川廣吳楚之地。

晁家令有言。安邊境。立功名。在於良將。不可不擇也。唐太宗宋太祖。豈非千古帝王之帥哉。

王瓊

昔者王瓊之在本兵也。宸濠之亂。談笑自如。人或訝之。瓊曰。凡事吾已料理之矣。王伯安有大將材。吾寘之贛州是也。未幾而叅捷聞。人咸稱服。

用財由泰

總論

能成天下之大功者。在於信賞必罰。厚賞重罰而已。然賞爲裏。罰爲表，必也先能揮金如土。而後可以殺人如艸。若無千金之賞誘之於前。徒以猛虎之威迫之於後。將懦則譁。將武則逃耳。故泥沙之汰雖可惜。而出納之吝。則明君賢將之所深愧而不屑者也。黃石公不云乎。軍無財。士不來。軍無賞。士不往。財者士之所歸。賞者士之所死也。

漢高祖

楚圍漢王於滎陽。陳平謂漢王曰。項王骨鯁之臣。亞父鍾離昧龍且周殷之屬。不過數人。大王誠能出捐數萬斤金。行反間。間其君臣。以疑其心。項王爲人。意忌信讒。必內相誅。漢因舉兵而攻之。破楚必矣。漢王以爲然。乃出黃金四萬觔。予平恣所爲。不問出入。平既多金以縱反間於楚。項王果大疑亞父。亞父欲急擊下滎陽城。項王不聽。亞父聞項王疑之。大怒。乞骸骨歸。用平計策。卒滅楚。

宋太祖

按田況言於仁宗曰。古之良將。以宴犒士卒爲先。所以然者。鋒刃之下。死生俄頃。固宜推盡恩義。以慰其心。李牧備匈奴。市租皆入幕府。爲士卒費。趙充國禦羌戎。亦日享軍士。太祖用姚全斌董遵誨抗西戎。何繼筠李漢超當北虜。人各得環慶。齊棣一州征租農賦。市牛酒犒軍中。不問其出入。故得戎寇屏息。不敢窺邊。兵法曰。軍無財。士不來。軍無賞。士不往。又曰。用財欲泰。若瑣瑣稽核金錢。縱有良將。可得盡其技耶。又按蘇轍曰。太祖李漢超等五人。使備契丹。郭進等四人。使備河東。用趙贊等五人。使備西羌。皆厚之以關市之征。饒之以金帛之賜。其家屬之在京師者。仰給於縣官。貿易之在道路者。不問其商稅。故此十四人者。皆富厚有餘。其視棄財如棄糞土。周人之急。如恐不及。是以死力之士。貪其金錢。捐軀命冒患難。深入敵國。刺其陰計而效之。至於飲食動靜。無不畢見。每有入寇。輒先知之。故其所備者寡。而兵力不分。敵之至者舉皆無得而有喪。是以當此之時。備邊之兵。多者不過萬人。少者五六千人。以天下之大。而三十萬兵足爲之用。今則不然。一錢之上。皆籍於三司。有敢擅用。謂之自盜。而所謂公使。多者不過數千緡。百需在焉。而監司又伺其出入。而繩之以法。至於用間。則曰。官給茶綵。夫百餅之茶。數束之綵。其不足以易人之死也明矣。是以今之爲間者。皆不足恃。聽傳聞之言。採疑似之事。其行不過於出境。而所不過於熟戶。苟有藉口以欺其將帥則止。非有能知敵之至情者也。敵之至情。既不可得而知。故嘗多屯兵。以備不意之患。以百萬之衆。而嘗患於不足。由此故也。昔太祖起於布衣。百戰以定天下。軍旅之事。其思之也詳。其計之也熟矣。故臣願陛下復修其成法。擇任將帥。而厚之以財。使多養間諜之士。以爲耳目。耳目既明。雖有强敵而不敢輒近。

國家圖書館出版品預行編目資料

洴澼百金方／（清）惠麓酒民著；李浴日選輯. -- 初版. -- 新北市：華夏出版有限公司, 2022.05

面； 公分. -- (中國兵學大系；11)

ISBN 978-986-0799-45-3(平裝)

1.兵法 2.中國

592.0957 110014489

中國兵學大系 011

洴澼百金方

著　　作　（清）惠麓酒民
選　　輯　李浴日
印　　刷　百通科技股份有限公司
　　　　　電話：02-86926066 傳真：02-86926016
出　　版　華夏出版有限公司
　　　　　220 新北市板橋區縣民大道 3 段 93 巷 30 弄 25 號 1 樓
　　　　　電話：02-32343788 傳真：02-22234544
E-mail：　pftwsdom@ms7.hinet.net
總 經 銷　貿騰發賣股份有限公司
　　　　　新北市 235 中和區立德街 136 號 6 樓
　　　　　電話：02-82275988 傳真：02-82275989
　　　　　網址：www.namode.com
版　　次　2022 年 5 月初版一刷
特　　價　新臺幣 780 元 (缺頁或破損的書，請寄回更換)

ISBN-13：978-986-0799-45-3

《中國兵學大系：洴澼百金方》由李浴日紀念基金會 Lee Yu-Ri Memorial Foundation 同意華夏出版有限公司出版繁體字版